江西省"十四五"普通高等教育本科省级规划教材

普通高等学校机械基础课程规划教材

新编机械设计基础课程设计

主　编　贺红林　封立耀
副主编　刘文光　冯占荣
　　　　　朱保利　吴　晖

华中科技大学出版社

中国·武汉

内 容 简 介

本书结合学生所学的理论知识,兼顾非机械类和近机械类专业的教学特点和教学要求,阐述了机械运动方案一级圆柱齿轮减速器的设计过程。本书以课程设计步骤为主线,循序渐进、由浅入深,以"易用、够用"为宗旨,精心组织了课程设计的有关内容,方便学生及指导教师使用。同时按最新国家标准和技术规范摘录了课程设计所需连接件、电动机、轴承等常用标准件的相关内容。本书的特色在于较系统地介绍了减速器三维装配结构设计与建模的全过程。

本书被评为首批江西省"十四五"普通高等教育本科省级规划教材(2024 年)。

本书可作为普通高校非机械类、近机械类专业"机械原理课程设计""机械设计课程设计""机械设计基础课程设计"的教材,也可供从事相关设计的工程技术人员参考。

图书在版编目(CIP)数据

新编机械设计基础课程设计/贺红林,封立耀主编. —武汉:华中科技大学出版社,2018.8(2025.1 重印)
普通高等学校机械基础课程规划教材
ISBN 978-7-5680-4396-0

Ⅰ.①新…　Ⅱ.①贺…　②封…　Ⅲ.①机械设计-高等学校-教材　Ⅳ.①TH122

中国版本图书馆 CIP 数据核字(2018)第 191385 号

新编机械设计基础课程设计　　　　　　　　　　　　　　　贺红林　封立耀　主编
Xinbian Jixie Sheji Jichu Kecheng Sheji

策划编辑:万亚军
责任编辑:姚　幸
封面设计:原色设计
责任监印:朱　玢
出版发行:华中科技大学出版社(中国·武汉)　　　电话:(027)81321913
　　　　　武汉市东湖新技术开发区华工科技园　　　邮编:430223
录　　排:华中科技大学惠友文印中心
印　　刷:武汉市洪林印务有限公司
开　　本:787mm×1092mm　1/16
印　　张:17.75
字　　数:463 千字
版　　次:2025 年 1 月第 1 版第 10 次印刷
定　　价:54.80 元

前　　言

　　"机械原理课程设计""机械设计课程设计""机械设计基础课程设计"是高等学校机械类及近机械类专业的学生理论联系实际、实际联系理论的重要教学环节。通过课程设计训练，可使学生了解并掌握创新原理、方法和手段，熟悉设计资料，了解国家标准、规范，掌握一般传动装置的设计方法、设计步骤，从而使学生的设计能力得到初步培养。

　　传统的课程设计，是学生根据教师布置的设计任务，使用计算器等工具对所设计的传动装置进行大量的机构设计和结构强度计算，使用铅笔、圆规、丁字尺、图板等绘图工具把图样画出来，最后把设计说明书整理出来。本书能指导学生完成这样的课程设计。

　　所不同的是：本书强调使用创新技法进行方案构思；结合课程发展趋势，增加了计算机辅助三维设计内容。在第1篇"机械原理课程设计"中简要介绍了创造性设计方法，在第4篇"减速器三维设计"中阐述了计算机辅助三维设计与建模的步骤，这在计算机辅助设计及分析技术迅猛发展的今天显得尤为重要。

　　本书结合学生所学的理论知识，兼顾非机械类和近机械类专业的教学特点和教学要求，主要介绍了机械工作原理方案设计及一级圆柱齿轮减速器的设计过程。它以课程设计步骤为主线，循序渐进、由浅入深，以"易用、够用"为宗旨，精心组织了课程设计的有关内容，方便学生及指导教师使用。同时按最新国家标准和技术规范编入了所需连接件、电动机、轴承等常用标准件的相关内容，并较为系统地介绍了减速器装配结构设计及其三维建模的过程。

　　书中列出的标准或规范是根据需要从标准或规范中摘录下来的，并不是全部标准内容，请在使用时注意。

　　本书分为4篇：第1篇为"机械原理课程设计"（第1～3章），包括机械原理课程设计概述、机械运动方案设计、专用精压机运动方案设计实例；第2篇为"机械设计课程设计"（第4～9章），包括机械设计课程设计概述，机械传动装置总体设计，减速器的结构、润滑与密封，减速器装配图设计，零件工作图的设计，编写设计说明书和答辩准备；第3篇为"常用设计资料"（第10～17章），包括一般标准与规范，常用工程材料，连接，流动轴承，公差、表面粗糙度及齿轮精度，联轴器，润滑与密封，电动机；第4篇为"计算机辅助设计"。

　　本书可作为普通高校非机械类、近机械类专业"机械原理课程设计""机械设计课程设计""机械设计基础课程设计"教材。

　　本书主编为贺红林、封立耀，副主编为刘文光、冯占荣、朱保利、吴晖。

　　本书受江西省高等学校省级教改课题项目（项目编号：JXJG-18-8-6，JXJG-15-8-2）和南昌航空大学机械设计创新创业课程以及机械设计基础创新创业课程的资助，特此表示感谢。

　　鉴于编者水平有限，本书不足之处在所难免，敬请广大同行与读者对本书提出意见和建议。

编　者

2018 年 5 月

目　　录

第1篇　机械原理课程设计

第2篇　机械设计课程设计

第3篇　常用设计资料

第 4 篇　计算机辅助设计

第 1 篇　机械原理课程设计

第1章 机械原理课程设计概述

1.1 机械原理课程设计的目的、意义和任务

1. 机械原理课程设计的目的

"机械原理课程设计"课程是继"机械原理"课程教学之后的重要实践性教学环节,是"机械原理"课程的重要组成部分,也是实现现代机械原理教学中以"机械系统的运动方案设计"为目标的重要组成部分。通过课程设计,学生可以更全面、系统地掌握和运用机械原理课程中的基本原理和方法,并得到"根据设计任务确定机械运动方案、分析和设计机械的能力"及"创新设计能力"的基本训练。

"机械原理课程设计"课程希望达到以下目的。

(1)在"机械原理"课程中,由于受到课程内容安排及章节相互独立的限制,学生很难把所学的各种机构的知识与一台整体机器的工作原理结合起来,而在课程设计中,学生可将分散于各章的机械原理理论知识和各种机构进行融合,进一步巩固和加深对所学知识的理解。

(2)针对具体的设计任务,充分调动学生的实践和创新能力,通过对所学常用机构的选型、组合、设计和运用,使学生具备制订机械系统运动方案的基本能力。

(3)通过课程设计,使学生对机械的运动、动力分析和设计有一个较完整的概念。

(4)进一步提高学生进行文献检索和查阅相关资料的能力。

(5)通过编写说明书,培养学生表达、归纳、总结和独立思考与分析问题的能力。

(6)增强学生对本学科课题的开放式研究能力和工程实践能力。

2. 机械原理课程设计的意义

进入 21 世纪以来,市场愈加需要各种各样性能优良、质量可靠、价格低廉、效率高、能耗低的机械产品,而决定产品性能、质量、水平、市场竞争能力和经济效益的重要环节是产品设计。机械产品设计中,首要任务是进行机械运动方案的设计和构思、各种传动机构和执行机构的选用和创新设计。这就要求设计者综合应用各类典型机构的结构组成、运动原理、工作特点、设计方法及其在系统中的作用等知识,根据使用要求和功能分析,选择合理的工艺动作过程,选用或创新机构形式并巧妙地组合成新的机械运动方案,从而设计出结构简单、制造方便、性能优良、工作可靠、实用性强的机械产品。

在全球化的知识经济时代,人类将更多地依靠知识创新、技术创新及知识和技术的创新应用,来赢得市场竞争力和产品生命力。设计中的创新需要丰富的创造性思维,没有创造性的构思,就没有产品的创新,而机械产品的创新设计的关键是机械系统的运动方案设计。

"机械原理课程设计"课程结合一种简单机器进行机器功能分析、工艺动作过程确定、执行机构选择、机械运动方案评定、机构尺度综合、机械运动方案设计等,使学生通过一台机器的完整的运动方案设计过程,进一步巩固、掌握并初步运用机械原理的知识和理论,对分析、运算、绘图、文字表达及技术资料查询等诸方面的独立工作能力进行初步的训练,培养理论与实际相

结合、应用计算机完成机构分析和设计的能力,更为重要的是培养开发和创新能力。因此,"机械原理课程设计"课程在机械类学生的知识体系训练中,具有不可替代的重要作用。

3. 机械原理课程设计的任务

"机械原理课程设计"课程的任务是:根据给定机械的工作要求,确定机械工作的工艺动作和执行构件的运动形式,绘制运动循环图;进行机构的选型和组合,设计若干种机械运动方案,并对各方案进行分析、比较及选择;对选定运动方案中的各机构进行综合、运动分析及评价,确定其运动参数并绘制机构运动简图;编写设计说明书。

1.2　机械原理课程设计的内容和要求

1. 机械原理课程设计的内容

(1)分析设计任务书,明确设计目的、设计条件和设计要求。

(2)根据设计任务,完成功能分析,提出多种设计方案,并进行分析、评价与综合。

(3)编制运动循环图。

(4)确定机械运动方案中各机构构件的尺度,绘制方案机构运动简图。

(5)编写设计说明书。

2. 机械原理课程设计的要求

机械原理课程设计是学生第一次接触机械设计工作,在对机械设计知识了解甚少的情况下,要求学生独立进行机械运动方案设计等一系列课程设计任务,困难确实不小。特别是课程设计开始阶段,学生往往不知道从何处下手,因此教师应给予适当指导;另外,课程设计是培养学生独立工作能力的机会,学生应充分发挥主观能动性和创新设计精神,尽可能独立思考和综合考虑运用所学知识,使自己确确实实得到一次机械设计的训练。

在课程设计中,要求每个学生都能独立地提出一种方案,然后进行小组讨论,通过分析比较,选择2~3种方案进行评价,针对一种较优的方案进行设计。每个学生都应按时编写出设计说明书,以总结说明自己分析、计算、设计的正确性与合理性,并在技术资料的书写方面得到一次训练。

1.3　机械原理课程设计说明书

1. 课程设计说明书的内容

课程设计说明书是技术说明书中的一种,是整个设计过程中各方面内容的整理和总结,也是科技工作者必须掌握的基本技能之一。通过课程设计说明书的编写,学生应学会整理设计思路、设计数据、绘制图表和简图,以及运用工程术语来表达设计成果的方法。

课程设计说明书的内容针对不同的设计题目会有所差异,但主要应包括如下内容。

(1)设计题目与内容(设计任务书:包括设计条件、设计要求等)。

(2)设计任务的分析与分解。

(3)机械系统运动方案的拟定和比较。这是课程设计的核心内容,要求构思至少两种可行的运动方案,进行原动件、传动机构、执行机构的选择、比较及创新;通过机械系统运动方案的评价、比较,最终确定一种较好的机械系统运动方案。

(4)绘制机械系统的运动循环图,确定各部分机构的尺寸。

(5)绘制详细的机械系统运动方案布置图(机构运动简图)。

(6)完成设计所用方法及其原理的简要说明,列出必要的计算公式和计算结果。

(7)完成课程设计小结。

(8)列出主要参考文献。

2. 课程设计说明书的编排顺序

1)封面

2)目录

3)设计任务书

4)正文

(1)总功能分析。

(2)总功能分解。

(3)功能元求解。

(4)确定方案:拟定机械运动方案(至少 2 种),进行方案评价,选出一个较优方案。

(5)绘制运动循环图:包括相应的计算及运动循环图的说明。

(6)尺寸设计:齿轮机构要算出中心距及各轮的齿数、模数;连杆机构的各杆长要用解析法或作图法确定;凸轮机构自选基圆半径绘制凸轮廓线。

(7)机械运动方案各工艺动作说明:说明各机构动作顺序及动作时间。

(8)设计小结体会。

(9)参考文献。

3. 引用参考文献的格式要求

参考文献来源主要有两类,即期刊和图书。

1)引用期刊参考文献格式

[序号]作者(用逗号分隔).文献名[J].刊名,出版年,卷号(期号):起始页码-终止页码.

2)引用图书参考文献格式

[序号]作者(用逗号分隔).书名[M].版本号(初版不写).出版地:出版者,出版年.

第 2 章 机械运动方案设计

2.1 拟定运动方案的一般步骤

拟定机械运动方案是一种创造性活动。一个好的机械运动方案(有的就是一项创造发明或专利)往往是在充分调查研究的基础上,运用所学的基础知识、专业知识,借助于丰富的想象力并通过不断的实践和总结才能够获得。

拟定机械运动方案的一般步骤如下。

步骤 1 将给出的运动要求(包括输入、输出量之间的函数关系或工艺动作要求等)及外部的各种约束条件分解成若干个基本运动动作及其限制范围(此步骤内容也可由设计任务书规定),确定执行构件的数目及其运动的基本形式和特征。

步骤 2 选择能实现以上执行构件运动或动作功能的机构或机构组合。

步骤 3 选择原动机的类型及个数,选择由原动机(或原动件)至执行机构的传动方式与传动机构及它们的组合方式,构成若干机构系统。

步骤 4 拟定表示各机构系统中执行构件间运动协调配合关系的整个机构系统的运动循环图(它为随后的机构运动设计提供了设计依据,也为最后整机安装、调试确定了具体要求)。

按上述步骤设计的运动方案还是初步的,由于尚未对构成机构系统中的各机构进行尺度设计,机构特征尺寸尚未确定,因而不可能对其进行定量的运动、动力等性能分析,当然也就不能对其进行评价。在实际设计中,拟定机械系统的运动方案与对方案进行机构尺度设计、运动、动力、性能分析是不能截然分开的,经常是交叉进行:有时在机构尺度设计基础上需要对原运动方案进行修改;有时甚至会全面否定,推倒重做也是可能的。所以在考虑机构系统运动方案时往往要多设计一些方案,在进行了机构尺寸设计和运动、动力分析后的基础上,再进行评价与比较,从中选择一种较好方案。

2.2 运动方案的拟定方法

一般来说,满足设计要求的运动方案往往很多。在设计构思阶段,应当提出尽可能多的设计方案。这就要求设计者的知识面要广,思路要开阔;另外,掌握一定的运动方案分析方法能起到事半功倍的效果。机械运动方案的拟定方法常用的有功能分析法和创造性设计方法等。

1. 功能分析法

机械产品的用途或其所具有的特定工作能力称为机械产品的功能,包括机械产品所具有的转换能量、物料、信号的特性。功能分析法是系统设计中探寻功能原理方案的主要方法,这种方法将机械产品的总功能分解成若干简单的功能元,通过对功能元求解、组合,往往可以得到机械运动方案的多种解。功能分析法有利于设计人员摆脱经验设计和类比设计的束缚,简化实现机械产品总功能的功能原理方案的构思方法,同时可以使功能原理方案构思时的创造性思维大大开阔,易于得到较优的功能原理方案和机械运动方案。

功能分析法的设计步骤及各阶段应用的主要方法如图 2-1 所示。

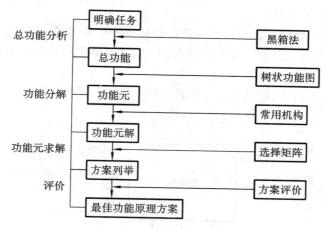

图 2-1　功能分析法的步骤

1)总功能分析

通过调查研究列出机械功能分析需求表。根据这些功能要求和工作性质,着手选择机械的工作原理、工艺动作的运动方式和机构形式,从而拟定机械的运动方案。表 2-1 列出了机械功能分析需求的大概内容,以供参考。

表 2-1　机械功能分析需求

机器规格	动力特征:能源种类(电源、气液源等)、功率、效率。
	生产率。
	机械效率。
	结构尺寸的限制及布置
执行功能	运动参数:运动形式、方向、转速、变速要求。
	执行构件的运动精度。
	执行动作顺序与步骤。
	在步骤之间要否加入检验。
	可容许人工干预的程度
使用功能	使用对象、环境。
	使用年限、可靠性要求。
	安全、过载保护装置。
	环境要求:噪声标准、振动控制、废弃物的处置。
	工艺美学:外观、色彩、造型等。
	人机学要求:操纵、控制、照明等
制造功能	加工:公差、特殊加工条件、专用加工设备等。
	检验:测量和检验的仪器、检验的方法等要求。
	装配:装配要求、地基及现场安装要求等。
	禁用物质

总功能分析常常采用黑箱法来实现。

黑箱法是指一个系统内部结构不清楚时,从外部输入控制信息,使系统内部发生反应后输出信息,再根据其输出信息来研究其功能和特性的一种方法。

黑箱法的出发点在于:自然界中没有孤立的事物,任何事物间都是相互联系,相互作用的。

所以,即使不清楚黑箱的内部结构,仅注意到它对于信息刺激如何作出反应,注意到它的输入-输出关系,就可以对它进行研究。

黑箱法从综合的角度为人们提供了一条认识事物的重要途径,尤其对某些内部结构比较复杂的系统,对迄今为止人们的力量尚不能分解的系统,黑箱理论提供的研究方法是非常有效的。

例如,用黑箱法来进行挖掘机的原理设计(见图2-2)。

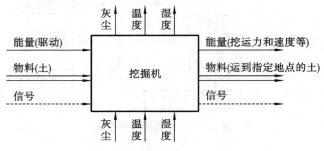

图2-2　挖掘机的黑箱法

2)功能分解

机器的功能是多种多样的,但每一种机器都要求完成某些工艺动作,所以往往把总功能分解成一系列相对独立的工艺动作,把复杂的运动分解成转动、摆动或移动等比较简单的运动。这些简单运动所能实现的简单功能称为功能元,总功能与功能元的关系一般用树状功能图来描述。

例如,由挖掘机的黑箱法确定挖掘机的总功能是将泥土搬运到指定地点。就机械运动方案来说,机械设备一般要考虑其中的3个系统:动力系统,传动系统,执行系统。其技术过程可用图2-3表示。

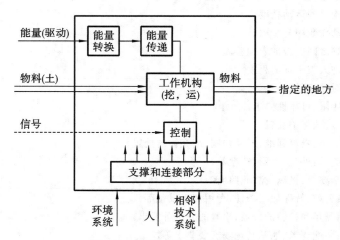

图2-3　挖掘机技术过程流程图

在图2-3中,环境系统是指根据设计要求明细中提出的要求,比如爬坡、作业范围等;人是指操作工人对机器的要求,即考虑人机工程学设计;相邻技术系统是指运输机械的种类。

对上述的总功能进行第一步分解,可得到图2-4所示的功能结构简图。

进一步分解,可得挖掘机功能元树状功能图。

再如,干粉压片机是将陶瓷干粉料压制成直径为34 mm,厚度为5 mm的圆形片坯。其生

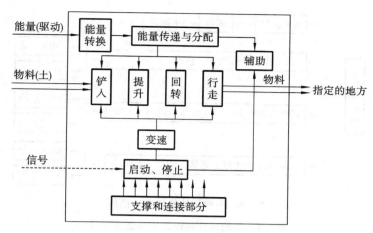

图 2-4 挖掘机的功能结构简图

产工艺需要实现以下 5 个动作(见图 2-5)。

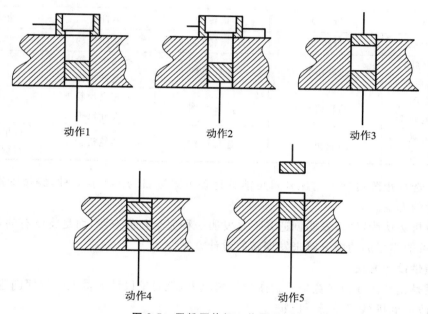

图 2-5 干粉压片机工作原理图

动作 1 移动料斗至模具的型腔上方准备将粉料装入型腔,同时将已经成形的毛坯推出。

动作 2 料斗振动,将料斗内粉料筛入型腔。

动作 3 下冲头下沉至一定深度,以防止上冲头向下压制时将型腔内粉料扑出。

动作 4 上冲头向下,下冲头向上,将粉料加压并保证一定时间,使毛坯成形较好。

动作 5 上冲头快速退出,下冲头随着将成形工件推出型腔,完成压片工艺过程。

由以上工艺动作可知,该机械共需 3 个执行构件,即:上冲头、下冲头和料筛。除此之外,干粉压片机电动机至执行构件还需一套传动系统。传动系统用于传递运动及减速。若电动机转速较低,可采用 2 级减速,若电动机转速较高,可考虑采用 3~4 级减速。

由此可画出图 2-6 所示的树状功能图,得到各功能元。

根据功能元要求及常用功能元求解的方法,可得到运动方案选择矩阵如表 2-2 所示。

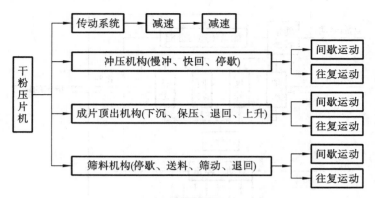

图 2-6　干粉压片机树状功能图

表 2-2　干粉压片机运动方案选择矩阵

功能元	功能元解（匹配机构）			
	1	2	3	4
减速 A	带传动	链传动	蜗杆传动	齿轮传动
减速 B	带传动	链传动	蜗杆传动	齿轮传动
上冲头双侧间歇往复运动 C	凸轮机构	连杆机构	不完全齿轮＋连杆机构	
上冲头双侧间歇往复运动 D	凸轮机构	凸轮机构	不完全齿轮＋连杆机构	
粉料筛单侧间歇往复移动 E	凸轮机构	连杆机构	凸轮机构	行星轮内摆线间歇移动机构

通过该选择矩阵可知干粉压片机可能的运动方案数目为 $N=576$ 种，经过筛选、评价，即可得到较优的方案。

功能分析法认为，许多发明创造并不是发明一种完全新的东西，而是将已有的东西重新组合，通过尽可能详尽的功能分解来发现新的设计方案。

2. 创造性设计方法

创造就是创新。在市场竞争日益激烈的情况下，就要求设计人员充分发挥创造力，不断提出新方案，改造老机械，开发新机械。

创造性设计方法具有以下特点。

1）独创性

敢于打破陈规，异想天开，独具卓识。

2）推理性

对于一种现象或想法，善于由此及彼进行纵向、横向、逆向推理。

3）多向性

善于从不同的角度思考问题，通过发散思维（提出多种设想、答案）、换元（变换诸多因素中的其中一个）、转向（转变受阻的思维方向）等途径，以获得新的思路和方案。

4）综合性

善于进行综合思维，根据已有的概念、事实、信息通过巧妙结合，形成新的成果。

创造性设计过程因人而异，各种各样，但大体可表述为

潜创造力＋各种创造技法＋灵感思维＝创新设计成果

（1）潜创造力：创造力蕴藏在每个设计者身上，其基础是知识。普通知识可以开阔设计者的思路，激发创造动机，扩展联想范围的内容。专门化知识是创新的必要因素，成功的创造性设计是专门化知识和想象力相结合的硕果。

（2）创造技法：创造性设计虽无一定之规，但在设计时应结合自身情况，选用适当的技法，可起到事半功倍的效果。常用的几种创造性技法如表 2-3 所示。

（3）灵感思维：灵感是短暂的、突发性的过程，它是在经过长时间的知识经验积累与思考后才迸发出来的。不掌握扎实的知识，就没有质的飞跃，就不会有创造性设计。

表 2-3　创造性设计的几种技法

方　　法	目　　标	特征或特例
集智法	在很短的时间内建立许多概念，获得多种设想、方案、而不管其实用性	集体努力，各抒己见，自由发言，提出各种新思路、新概念、新方案，不深入讨论，不限制"异想天开"，不评论别人的设想
推理法	构成创新性的概念设计，或经改变以改良设计	以提问方式询问设计能否改善、变更、重新配置、反向、允许新的使用、变大、变小、组合功能、更方便、更安全、更轻等
功能分析法	考虑所有可能的选择，搜索出好的设计方案	把系统分解成几个独立因素，并列出每个因素所包含的几种可能状态（作为列元素），构成形态矩阵，通过组合，找出可能实施的方案
联想创造法	通过启发、类比、联想、综合，创造出新的设计方案	通过相似类比，由齿轮啮合传动设计出同步齿形带传动；受滑动轴承发展到滚动轴承的启发，把滑动丝杠发展成为滚珠丝杠
抽象类比法	把问题加以抽象，对其实质进行类比，以扩大思路，寻求解决	如要发明一种开罐头的新方法，先抽象出"开"的概念：打开、拧开、撕开、割开，然后获得"开"的设想
仿生法	通过对自然界生物机能的分析和类比，产生出新的设想	如已创造出了仿人手的机械手，仿动物行走的四足步行机器人
组合法	把已有知识和现有的成果进行新的组合，从而产生新的方案	如日本本田摩托车是将其他国家几十台摩托车剖析、研究后，综合其优点而设计出来的
逆向探求法	对现有解决方案体系否定，或寻求其相反的功能，从而获得新的设想和方案	如电话由声音使音膜振动，通过逆向探求，同样的振动能否使之转换为原来的声音，由此爱迪生发明了留声机
机构演绎法	对其一种单环链、多环链机构形式，通过变更机架，把移动副演变成转动副，变更 3 副杆（或多副杆）的相对排列位置等，可以演绎出多种机构方案，以扩展思路	如由斯蒂芬 6 杆机构可以演绎出多种 6 杆机构，从中创造发明出多种窗门操纵机构，不少已获得专利，并已投入实用

2.3　常用机构功能分类简介

1. 执行动作和执行机构

为了实现机械的某一生产动作过程，可以将它分解成几个动作，这些动作称为机构的执行动作,以便与其他非生产性动作区别开来。完成执行动作的构件称为执行构件,它是机构中许多从动件中能实现预期执行动作的构件,故也称为输出构件。

实现各执行构件所需要完成的执行动作的机构称为执行机构。一般来说,一个执行动作由一个执行机构来完成,但也有用多个执行机构完成一个执行动作,或者用一个执行机构完成一个以上的执行动作。

在确定机械运动方案的过程中,对于执行动作多少为宜,执行动作采用何种形式及各执行动作间如何协调配合等都可以成为创造性设计的内容。采用什么样的执行机构来巧妙地实现所需的执行动作,这就要深入了解各类机构的结构特点、工作性能和设计方法,同时也要有开阔的思路和创新的能力,以便创造性地构思出新的机构。

2. 执行构件的基本运动及其基本功能

进行机械设备的创新设计,就是采用各种机构来完成某种工艺动作过程或功能,因此,在设计中需要对执行构件的基本运动和机构的基本功能有一全面的了解。

1) 执行构件的基本运动

常用机构的执行构件的运动形式有回转运动、直线运动和曲线运动三种,回转运动和直线运动是最简单的机械运动形式。按运动有无往复性和间歇性划分,基本运动的形式如表 2-4 所示。

表 2-4　执行构件的基本运动形式

序号	运动形式	举　例
1	单向转动	曲柄摇杆机构中的曲柄、转动导杆机构中的导杆、齿轮机构中的齿轮
2	往复摆动	曲柄摇杆机构中的摇杆、摆动导杆机构中的摆动导杆、摇块机构中的摇块
3	单向移动	带传动机构或链传动机构中的输送带(链)移动
4	往复移动	曲柄滑块机构中的滑块、牛头刨机构中的刨头
5	间歇运动	槽轮机构中的槽轮、棘轮机构中的棘轮、凸轮机构、连杆机构也可以构成间歇运动
6	实现轨迹	平面连杆机构中的连杆曲线、行星轮系中行星轮上任意点的轨迹等

2) 机构的基本功能

机构的功能是指机构实现运动交换的完成某种功用的能力。利用机构的功能可以组合成完成总功能的新机械。表 2-5 列出了机构的一些基本功能,表 2-6 列出了常用机构的主要特点。

表 2-5　机构的基本功能

序号	基本功能		举　例
1	变换运动形式	转动-转动	双曲柄机构、齿轮机构、带传动机构、链传动机构
		转动-摆动	曲柄摇杆机构、曲柄摇块机构、摆动导杆机构、摆动从动件凸轮机构
		转动-移动	曲柄滑块机构、齿轮齿条机构、挠性输送机构、螺旋机构、正弦机构、移动推杆凸轮机构
		转动-单向间歇转动	槽轮机构、不完全齿轮机构、空间凸轮间歇运动机构
		摆动-摆动	双摇杆机构
		摆动-移动	正切机构
		移动-移动	双滑块机构、移动推杆凸轮机构
		摆动-单向间歇转动	齿式棘轮机构、摩擦式棘轮机构

续表

序号	基本功能	举例
2	变换运动速度	齿轮机构(用于增速或减速)、双曲柄机构(用于变速)
3	变换运动方向	齿轮机构、蜗杆机构、锥齿轮机构、斜面机构等
4	进行运动合成(或分解)	差动轮系、各种 2 自由度机构
5	对运动进行操纵或控制	离合器、凸轮机构、连杆机构、杠杆机构
6	实现给定的运动位置或轨迹	平面连杆机构、连杆-齿轮机构、凸轮-连杆机构、联动凸轮机构
7	实现某些特殊功能	增力机构、增程机构、急回特性机构、夹紧机构、定位机构

表 2-6　常用机构的主要特点

机构类型	主要特点
连杆机构	可以方便地实现已知复杂轨迹; 承载能力高,不易磨损; 加工工艺性好; 易引入运动误差; 设计方法复杂,不易精确实现较复杂的运动规律、轨迹; 机构难以平衡惯性力,在高速时易产生较大震动和动载荷
凸轮机构	设计原理简单; 可以实现丰富的运动规律; 结构简单、紧凑; 凸轮从动件行程不宜过大,否则将导致凸轮过大或压力角过大; 承载能力低,易磨损; 运动中的动载荷容易引起冲击; 必须采用适当的方法防止从动件和凸轮分离; 制造成本较高
圆柱齿轮机构	结构紧凑,适合中心距小的传动; 传动精确; 适合的功率和速度范围广; 工作可靠,效率高,寿命长; 不适用于中心距大的传动; 成本高
锥齿轮机构	同圆柱齿轮机构特点; 可实现运动传递方向的变换
蜗轮蜗杆机构	可实现大传动比,单机传动比≤60; 可进行两垂直交错轴之间的运动传递; 具有自锁功能,即蜗轮可驱动蜗杆,但蜗杆一般不能驱动蜗轮
槽轮机构	可实现将连续转动转化为单向间歇转动; 由于轮槽数一般不超过 10,因此转动的角度范围较小; 槽轮机构的转角不可调节,如需调节可通过与其他机构组合实现; 具有柔性冲击,不适用于高速场合

机构类型	主要特点
棘轮机构	可实现将往复摆动转化为单向间歇转动或移动(棘条机构); 可实现的转角范围大; 可实现转角有级调节(齿式棘轮机构)或无级调节(摩擦式棘轮机构); 齿式棘轮棘爪机构具有较大的刚性冲击,因此只适用于低速场合; 可作为超越离合器或制动器使用
凸轮式间歇运动机构	可精确实现广泛的运动规律; 运动平稳,适用于高速传动; 设计较复杂
不完全齿轮机构	可将单向连续转动转化为单向间歇转动; 具有刚性冲击,因此不适用于高速传动的场合; 可实现的转角范围大
带传动机构	结构简单; 适用的中心距较大; 使用与维护成本低; 对于靠摩擦传动的带传动,瞬时传动比和平均传动比不恒定
链传动机构	结构简单; 适用于中心距较大的场合; 使用与维护成本较低; 平均传动比恒定; 瞬时传动比随时间呈周期性变化; 传动中存在柔性冲击

2.4　机构选型原则与方法

机械运动方案设计的主要内容是机构系统中各个执行机构的选型。在机构选型时,必须考虑各个执行构件的运动形式、功能特点,同时应考虑采用原动机的形式。机构选型时应遵循的原则见表2-7。

表 2-7　选用执行机构的原则与方法

序号	机构选型原则	实施办法
1	依照生产工艺要求恰当的机构形式和运动规律	按执行构件运动形式选用相应的机构形式; 在机构的运动误差不超过允许限度的情况下,可以采用近似的实现运动规律的机构; 机构的执行构件在工作循环中的速度、加速度的变化应符合要求,以保证产品质量
2	结构简单、尺寸适度,在整体布置上占的空间小,布局紧凑	在满足要求的前提下机构的结构力求简单、可靠; 由主动(输入)件到从动件(执行构件)间的运动链要尽可能短,它包括构件和运动副数都要尽量减少

续表

序号	机构选型原则	实 施 办 法
3	制造加工容易	在采用低副的机构中,转动副制造简单、易保证运动副元素的配合精度,移动副元素制造较困难,不易保证配合精度; 采用带高副的机构,可以减少运动副数和构件数,但高副元素形状一般较为复杂,制造较困难
4	考虑动力源的形式	有气、液源时常利用气动、液压机构,以简化机构结构,便于调节速度; 采用电动机后,执行机构又要考虑原动件为连续转动,有时也有不方便之处
5	动力特性更好	考虑机构的平衡,使动载荷最小; 执行构件的速度、加速度变化应符合要求; 采用传动角最大和增力系数最小的机构,以减小原动轴上的力矩
6	具有较高的生产效率与机械效率	机构的传动链尺量短; 尽量少采用移动副(这类运动副易发生楔紧或自锁现象,并易于产生爬行现象); 合适的机构形式,如急回机构,可提高生产效率; 机构的动力特性好; 执行机构的选择要考虑到动力机的运动方式、功率、转矩及其载荷特性能够相互匹配协调; 机构的传力特性好,有利于机械效率提高

2.5　机械运动方案的综合评价指标及评价方法

1. 系统综合评价

1)系统综合评价的目的

机械运动方案的拟定和设计,最终要通过分析比较后提供最优的方案。一个方案的优劣只有通过系统综合评价来确定。从机构系统设计的全过程来看,评价工作不仅在整个机构系统方案设计完成后是需要的,而且评价工作在设计过程的每一个阶段中也是需要的。

2)综合评价的原则

综合评价的原则如表 2-8 所示。

表 2-8　综合评价的原则

序号	基本原则	说　　明
1	保证评价的客观性	评价的目的是为了决策,因此评价是否客观,就会影响决策是否正确。为了保证评价的客观性,要求评价资料的全面性和可靠性,要求防止评价人员的倾向性,评价人员组成要有代表性等
2	保证方案的可比性	各个方案要求在实现基本功能上要有可比性。有的方案个别功能突出或有新颖之处,只能表明它在这方面的优越之处,不能代替其他方面的要求,更不能掩盖其他的不足。否则,会失去综合评价的作用,陷入"突出一点,不顾其他"的错误。这种主观片面的做法,显然不利于评选最优方案

序号	基本原则	说　明
3	要有评价指标体系	评价指标体系是全面反映系统目标要求的一种评价模式。因此,评价体系应主要考虑机械运动方案总功能所涉及的对机构系统的各方面的要求和指标,不考虑或少考虑其他方面的要求。建立评价指标体系不仅是定性的要求,而且应该将各个评价指标进行量化。评价指标体系的建立要依据科学知识和专家的经验,要体现评价指标体系的科学性、全面性和专家的经验

3)系统综合评价的步骤

系统综合评价的步骤如表 2-9 所示。

表 2-9　系统综合评价的步骤

序号	评价的步骤	说　明
1	确定系统综合评价的指标体系	机械运动方案的评价指标体系一般包括实现功能、工作性能、动力性能、经济性、结构紧凑等五大类的评价指标,这些大类和具体的评价项目均要与机械运动方案设计内容密切相关。在建立系统评价体系时,应尽可能广泛地听取这一领域内的权威专家的建议
2	确定各大类及具体评价指标重要程度的系数	权重系数的确定,实际上是使评价指标体系对各种特殊用途和特殊使用场合的机械运动方案进行整体上的调整,使系统评价指标体系有更大的灵活性、广泛性、实用性,使系统评价指标体系有更大的适用范围。例如对重型机械运动方案设计评价指标,应与轻工机械的机械运动方案设计评价指标有一定区别。权重系数就可以适应这两者区别的需要
3	评价各执行机构的方案	对机械运动方案中各子系统(各执行机构)进行综合评价,由综合评价值选定若干个机构形式。每一执行动作可能均有若干个机构形式,其数量不等。各子系统的综合评价是整个系统(机械运动方案)评价的基础
4	对机械运动方案进行综合评价	通过功能分析法将各子系统(执行机构)可能的方案组合成若干个机械运动方案(整个系统),在各执行机构评价的基础上进行系统综合评价。由于各子系统在整体中所起的作用大小、重要性程度等不一样,在整体系统综合评价前可以对各子系统进行加权。对多个方案求出它们整体的总评价值
5	确定最优方案	在确定最优方案时,还应考虑制造工厂生产类似产品的情况、加工设备条件、技术力量等。有时总评价值最高的方案不一定被最后选定,就是由于这些因素的影响所造成的

2. 机械运动方案的评价特点

机械运动方案的设计是机械设计初始阶段的设计工作,其评价特点如表 2-10 所示。

表 2-10　机械运动方案评价的特点

序号	评价特点	说　明
1	评价准则应包括技术、经济、安全可靠三个方面	由于这一阶段的设计工作只解决机械运动方案的设计问题,因此不可能十分深入和具体涉及机械结构设计的细节。因此,对于经济性评价往往只能从定性角度加以考虑。对机械运动方案的评价准则所包括的评价指标数量不宜过多
2	一般对评价指标不考虑权重系数	由于在机械运动方案设计阶段,对技术、经济、安全可靠三方面的内容所能提供的信息大多还不够充分,只是对某些评价指标在不同场合下有明显差异,才考虑其权重系数
3	从评价的实际需要和可能,一般采用五级评价	对机械运动方案采用 0~4 分的五级评分方法来进行评价是比较合适的。当然也可采用 0,0.25,0.5,0.75,1 的相对量化值进行五级评分
4	一般采用相对评价值高于 0.8 的方案(理想方案的评价值为1)	相对评价值高于 0.8 的方案,只要它的各项评价指标值都较为均衡就可以采用,对于相对评价值在 0.6~0.8 之间的方案则要求对具体问题进行具体分析,有的方案可以在找出薄弱环节后加以改进,从而使其成为较好的方案,再加以采纳
5	为了使评价更有效,应充分集中设计专家的知识和经验	机械运动方案设计和评价过程中要充分集中机械设计专家的知识和经验,要尽可能多地掌握各种技术信息和技术情报,要尽量采用功能成本指标值来比较

　　为了使机械运动方案评价结果是准确的、有效的,必须建立一个机械运动方案所要达到的目标群的评价体系。这个指标体系应满足表 2-11 所示的基本要求。

表 2-11　评价指标体系的基本要求

序号	基本要求	说　明
1	应尽可能全面,但又必须抓住重点	不仅要考虑那些对机械产品性能有决定性影响的主要设计要求,而且还应考虑对设计结果有影响的主要条件
2	评价指标应具有独立性	各项评价指标相互间应该不相关,即提高方案中某一评价指标的评价值不应对其他评价指标的评价值有明显影响
3	评价指标都应进行定量化	对于难以定量的评价指标可以通过分级量化。评价指标定量化后有利于对机械运动方案进行评价与选优

3. 运动方案评价指标及评价体系

1)机构的评价指标

　　机械运动是由若干个执行机构组成的。在方案设计阶段,对于单一机构的选型或整个机械运动方案的选择都应建立合理的、有效的评价指标。从机构和机械运动方案的选择和评定的要求来看,主要应满足五个方面的性能指标,具体见表 2-12。

　　表 2-12 所列五个方面的评价指标的依据,一是根据机构及机械运动方案设计的主要性能要求;二是根据机械设计专家的咨询意见。因此,这些评价指标需要不断增删和完善。有了一个比较合适的评价指标,将会有利于去评价选优。

表 2-12　机械运动方案的评价指标

序号	性能指标	具体内容
1	机构的功能	运动规律的形式；传动精度的高低
2	机构的工作性能	应用范围、可调性； 运转速度、承载能力
3	机构的动力性能	加速度峰值、噪声； 耐磨性、可靠性
4	经济性	制造难易、误差敏感度； 调整方便性； 能耗大小
5	结构	尺寸、重量； 结构复杂性

2）典型机构的评价指标的初步评定

在机械运动方案构思和拟定时，大多数的执行机构是选择四种典型的机构，这样做的理由是对这几种典型机构的结构特性、工作原理和设计方法都比较熟悉，便于选用和设计；同时这几种典型机构大多结构比较简单易于实际应用。为了便于选用，在表 2-13 中列出 4 种典型机构评价指标的初步评定。

表 2-13　4 种典型机构的性能、特点、评价

性能指标	具体项目	评价			
		连杆机构	凸轮机构	齿轮机构	组合机构
A （功能）	A1:运动规律形式	不具备任意性	基本上能任意	一般做定速比转动或移动	基本上可以任意
	A2:传动精度	较高	较高	高	较高
B （工作性能）	B1:应用范围	较广	较广	广	较广
	B2:可调性	较好	较差	较差	较好
	B3:运转速度	高	较高	很高	较高
	B4:承载能力	较大	较小	大	较大
C （动力性能）	C1:加速度峰值	较大	较小	小	较小
	C2:噪声	较小	较大	小	较小
	C3:耐磨性	耐磨	差	较好	较好
	C4:可靠性	可靠	可靠	可靠	可靠
D （经济性）	D1:制造难易	易	难	较难	较难
	D2:制造误差敏感	不敏感	敏感	敏感	敏感
	D3:调整方便性	方便	较麻烦	较方便	较方便
	D4:能耗大小	一般	一般	一般	一般
E （结构）	E1:尺寸	较大	较小	较小	较小
	E2:重量	较轻	较重	较重	较重
	E3:结构复杂性	简单	复杂	一般	复杂

3）机构选型的评价体系

机构选型的评价体系是根据上述评价指标所列项目，逐项评定分数值。

表 2-14 所示为机构选型的评价体系。在该评价体系,总评分值为 100 分,表 2-13 中的 17 项指标按重要程度将分别给予相应的分值,如"运动规律形式"分配得 15 分,"传动精度"分配得 10 分等。

表 2-14 机构选型的评价体系

性能指标代号	总 分	总 分	分 配 分	备 注
A	25	A1 A2	15 10	以实现某一运动为主时,权重系数为1.5,即 A×1.5
B	20	B1 B2 B3 B4	5 5 5 5	受力较大时,这两项权重系数为1.5,即 B×1.5
C	20	C1 C2 C3 C4	5 5 5 5	加速度较大时,权重系数为 1.5,即 C×1.5
D	20	D1 D2 D3 D4	5 5 5 5	
E	15	E1 E2 E3	5 5 5	

4)机构评价指标的评价量化

利用机构选型评估体系对各种被选用机构进行评估、选优的重要步骤就是将各种常用机构的各项评价指标进行评价量化。由于实际评价较难量化,因此可采用 5 档评价量值,见表2-15。

表 2-15 5 档评价的量化

序 号	评 价	评 价 值	相对量化值
1	很好	4	1
2	好	3	0.75
3	较好	2	0.5
4	一般	1	0.25
5	不好	0	0

利用表 2-14 所示的机构选型评估体系,再加上对各个选用的机构的评价指标的评价量化后,就可以对几种被选用的机构进行评估、选优。

5)典型机构的性能评价分值

典型机构的性能评价分值见表 2-16。

表 2-16　典型机构的性能评价分值

性能指标	具体项目	评 价								
		连杆机构	凸轮机构	齿轮机构	带传动机构	链传动机构	槽轮机构	棘轮机构	蜗轮蜗杆机构	螺旋机构
A（功能）	A1	0.25	1	0.5	0.5	0.5	0.5	0.5	0.5	0.5
	A2	0.75	0.75	1	0.5	0.75	0.75	0.75	1	1
B（工作性能）	B1	0.75	0.75	1	1	1	0.5	0.5	1	1
	B2	0.75	0.25	0.25	1	1	0.25	0.75	0.25	1
	B3	0.75	0.5	1	0.75	0.5	0.5	1	1	1
	B4	0.75	0.5	1	0.5	0.75	0.75	0.5	0.75	1
C（动力性能）	C1	0.5	0.75	1	1	0.25	0.5	0.5	1	1
	C2	0.75	0.5	1	1	0.25	0.5	0.25	1	1
	C3	1	0.5	0.75	0.5	0.5	0.5	0.5	0.75	0.75
	C4	1	1	1	1	1	1	1	1	1
D（经济性）	D1	1	0.5	0.75	1	1	1	0.75	0.75	1
	D2	1	0.5	0.5	1	1	0.75	0.5	0.5	1
	D3	1	0.25	0.75	1	1	0.5	0.75	0.75	1
	D4	0.75	0.5	0.75	0.25	0.5	0.5	0.5	0.75	0.75
E（结构）	E1	0.25	0.75	0.5	0.25	0.5	0.5	0.75	0.5	0.75
	E2	1	0.5	0.5	0.5	0.5	0.5	0.5	1	1
	E3	1	0.25	0.75	1	1	0.75	0.5	0.5	1

注：①不完全齿轮按齿轮机构的量化值评价，只需将 C1 改为 0.75；

　　②组合机构（如由齿轮与连杆组合而成）的量化值按两种机构量化值之和除 2 进行评价。

6）机械运动方案的评价方法

　　机械运动方案的评价按表 2-15 及表 2-16 所列的分值，给所选方案中的机构打分，算出各机构的总得分值，再考虑各机构在机器中的权重（权重应归一化，根据各机构的重要程度自定，如干粉压片机中有 5 种机构，减速 A、减速 B、冲压机构、成片顶出机构、筛料机构权重分别可取 0.15、0.20、0.30、0.25、0.10）算出方案的评价值，分值高的即为较优方案。

　　如从干粉压片机运动方案选择矩阵（见表 2-2）中筛选出方案 I，即

　　A1＋B4＋C2＋D2＋E1＝带传动＋齿轮传动＋连杆机构＋凸轮机构＋凸轮机构

　　则干粉压片机方案 I 的评价表如表 2-17 所示。

表 2-17　干粉压片机方案 I 评价表

评价指标		方 案				
		带传动	齿轮机构	连杆机构	凸轮机构	凸轮机构
A（功能）	A1	15×0.5	15×0.5	15×1	15×1	15×1
	A2	10×0.5	10×1	10×0.75	10×0.75	10×0.75
B（工作性能）	B1	5×1	5×1	5×0.75	5×0.75	5×0.75
	B2	5×1	5×0.25	5×0.25	5×0.25	5×0.25
	B3	5×0.75	5×1	5×0.5	5×0.5	5×0.5
	B4	5×0.5	5×1	5×0.75	5×0.5	5×0.5

续表

评价指标		方案				
		带传动	齿轮机构	连杆机构	凸轮机构	凸轮机构
C（动力性能）	C1	5×1	5×1	5×0.5	5×0.75	5×0.75
	C2	5×1	5×1	5×0.75	5×0.5	5×0.5
	C3	5×0.5	5×0.75	5×1	5×0.5	5×0.5
	C4	5×1	5×1	5×1	5×1	5×1
D（经济性）	D1	5×1	5×0.75	5×1	5×0.5	5×0.5
	D2	5×1	5×0.5	5×1	5×0.5	5×0.5
	D3	5×1	5×0.75	5×1	5×0.25	5×0.25
	D4	5×0.25	5×0.75	5×0.75	5×0.5	5×0.5
E（结构）	E1	5×0.25	5×1	5×0.25	5×0.75	5×0.75
	E2	5×0.5	5×0.5	5×1	5×0.5	5×0.5
	E3	5×1	5×0.75	5×1	5×0.25	5×0.25
各机构评价值		71.25	77.5	72.5	62.5	62.5
各机构权重系数		0.15	0.2	0.3	0.25	0.1
方案总评价值		69.8125				

由表 2-17 可知,干粉压片机方案 I 所采用的带传动机构、齿轮机构、连杆机构、凸轮机构的性能评价分值分别为 71.25、77.5、72.5、62.5、62.5,考虑各机构的权重系数,则

方案 I 总评价值＝71.25×0.15＋77.5×0.20＋72.5×0.30＋62.5×0.25＋62.5×0.10

＝69.8125

2.6　机械运动的协调设计

1. 机械运动协调设计的要求及注意事项

在工程上,一台机械设备通常由多个执行机构组合而成。为了使一台机械设备中各执行机构的执行动作按工艺动作过程要求进行有序的、相互协调配合的动作,应对各执行机构进行运动协调设计。如自动钻床机械,其执行动作包括送料块左右往复直线运动、定位块前后往复直线运动、夹紧块前后往复直线运动,以及钻孔刀具上下的往复直线运动。这些执行动作中,必须要求它们在时间上、次序上相互配合、协调,才能保障实现预定的总功能,这方面的设计工作通常称为机械运动的协调设计。

1)机械运动协调设计的要求

(1)执行机构中执行构件的动作必须满足工艺要求。

(2)执行机构中执行构件的动作要保证空间同步。

(3)为提高机器生产率应使各执行机构的动作周期尽量重合。

(4)一个执行机构动作结束点到另一个执行机构动作起始点之间应有适当间隔,以避免发生干扰。

2)机械运动协调设计注意事项

(1)各执行机构空间上的协调配合。有些机械的执行机构除了在时间上必须按一定顺序动作外,在空间位置上也必须协调一致,以免干涉。

图 2-7 所示为自动打印机的工作示意图。送料器首先将产品送至打印工位,然后由打印头对产品进行打印。由此可知,送料器和打印头对产品进行顺序作业,故它们只具有时间上的顺序关系而无空间上的相互干涉,因此需要考虑送料器和打印头在空间上的协调配合。

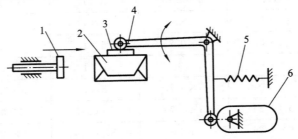

图 2-7　自动打印机工作示意图

1—送料器;2—产品;3—打印头;4—杠杆;5—弹簧;6—凸轮

(2)各执行机构在时间上的协调配合。不少机械的执行机构的执行动作是按一定的时间顺序进行的。在图 2-8 所示的平压印刷机中,首先由油辊机构把油墨刷在铅字上,然后印头机构把字压在铅字上,完成印字工作。当印头退回时,操作工人就取出印好的纸片。这两个执行机构的动作先后顺序不能搞乱,即当油辊还在铅字上刷油墨时,印头不能压上去,否则印头会压在油辊上,造成两机构动作相互干涉,严重时还会损坏机器。

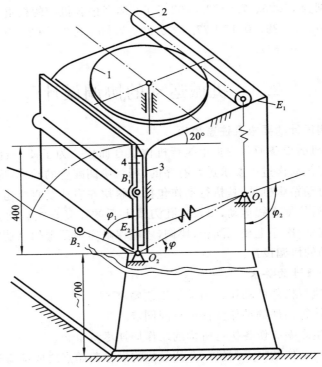

图 2-8　平压印刷机工作示意图

1—油盘;2—油辊;3—固定铅字版;4—印头

（3）多个执行机构完成一个执行动作时，各执行机构之间的运动协调配合。图 2-9 所示的纹版冲孔机构的冲孔动作是由曲柄摇杆机构和电磁铁操纵的曲柄滑块机构的组合运动来实现的。当曲柄摇杆机构的摇杆向下摆动到水平位置时，滑块向右平移至冲针上方并固定不动。摇杆（又称打击板）继续下摆，滑块（又称榔头）打击冲针实现冲制小孔的功能。如果这两个机构动作不协调，摇杆从水平位置向下摆动时，滑块不在冲针上方位置或滑块虽已到位但摇杆却向上摆动，都不能完成冲孔工艺动作。

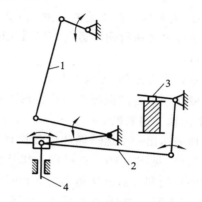

图 2-9　纹版冲孔机工作示意图

1—曲柄摇杆机构；2—滑块机构；3—电磁铁；4—冲针

（4）各执行机构在速度上的协调配合。在实际生产中，还有一些机械的执行机构的执行构件不仅存在着时间、空间协调设计问题，还存在着速度的协调设计问题。如插齿机中齿坯和插齿刀的两个旋转运动之间必须保持一定的传动比，只有这样才能完成插齿功能。

2. 运动协调设计的方法

根据生产工艺的不同，机械的运动循环可分为两大类：一类是非周期性运动循环，即机械中各执行机构的运动规律是非周期性的，例如起重机、建筑机械和某些工程机械；另一类是周期性运动循环，即机械中各执行机构的运动是周期性的，经过一定的时间间隔后，各执行构件的位移、速度和加速度等运动参数就周期性地重复。生产中大多数机械属于这一类型。对于周期性运动循环的机械，其执行机构运动协调设计的过程如下。

1）确定机械的工作循环周期

机械的运动循环周期是指该机械设备完成其生产工艺过程所需要的总时间。机械的运动循环周期与各执行机构的运动循环周期是一致的。因此，机械的工作循环周期往往用主执行机构的运动循环周期 T_p 来表示。

2）确定机械在一个运动循环中各执行构件的各个行程段及其所需的时间

根据机械生产工艺过程，分别确定各个执行构件的工作行程段、空回行程段和可能具有的若干个停歇段。确定各执行构件的状态（运动或停止）、在每个行程段所需花费的时间及对应于原动件的转角（或在一个运动循环中的对应位置）。

3）确定各执行构件动作间的协调配合关系

根据机械生产过程对工艺动作先后顺序和配合关系的要求，协调各执行构件在各行程段的配合关系。此时，不仅要考虑动作的先后顺序，还应考虑各执行机构在时间和空间上的协调性，即不仅要保证各执行机构在时间上按一定顺序协调配合，而且要保证在运动过程中不会产生空间位置上的相互干扰。

3. 机械运动循环图

1)机械运动循环图的定义

用来描述各执行机构之间运动协调配合关系的图称为机械的运动循环图。所谓运动循环图就是标明机械在运动循环中各执行构件间的运动配合与时序的关系图。

由于机械在主轴或分配轴转动一周或若干周内完成一个运动循环,故运动循环图常以主轴或分配轴的转角为坐标来编制。通常选取机械中某一主要的执行构件作为参考件,取其有代表性的特征位置作为起始位置(通常以生产工艺的起始点作为运动循环的起始点)。由此来确定其他执行构件的运动相对于该主要执行构件运动的先后次序和配合关系。

2)机械运动循环图的三种形式

机械运动循环图常用的表示方法有三种,见表2-18。

直线式运动循环图是将机械在一个运动循环中各执行构件的各行程区段的起止时间和先后顺序,按比例地绘制在直角坐标轴上得到的。

直线式运动循环图能清楚地表达出一个运动循环内各执行构件运动的顺序和时间关系。以绘制平压印刷机运动循环图为例(见图2-10),选择印头机构的主轴为定标构件,以主轴转角为横坐标,安排印头机构、油辊机构和油盘机构运动的起止时间。主轴每转一周为一个工作循环,印头机构的印头印字时油辊退回沾油墨,油盘静止。该形式不能显示出各执行构件在各区段的大体运动规律,直观性较差,但绘制方法简单。

表 2-18   机械运动循环图的分类、表示方法和优缺点

类别	表 示 方 法	优 缺 点
直线式	将运动循环的各运动区段的时间和顺序按比例绘在直线坐标轴上	能清楚地表示整个运动循环内各执行机构的执行构件行程之间的相互顺序和时间(或转角)的关系,绘制比较简单。但执行构件的运动规律无法显示,直观性差
同心圆式	将运动循环的各运动区段的时间和顺序按比例绘在圆形坐标轴上	直观性强,可以直接看出各执行机构原动件在分配轴上所处的相位,便于各机构设计、安装、调试。但执行机构较多时,由于同心圆太多看起来不清楚
直角坐标式	将运动循环的各运动区段的时间和顺序按比例绘在直线坐标轴上,实际上它是执行构件的位移线图(为了简明起见,各区段之间都用直线相连)	直观性最强,能清楚地看出各执行机构的运动状态及起止时间,有利于指导执行机构的几何尺寸设计

分配轴转角	0° 30° 60° 90° 120° 150° 180° 210° 240° 270° 300° 330° 360° 195°		
印头机构	印头印字		印头退回
油辊机构	油辊退回沾油墨		油辊给铅字刷油墨
油盘机构	油盘静止	油盘转动	油盘静止

图 2-10   平压印刷机运动循环图(直线式)

同心圆式运动循环图的绘制方法是确定一个圆心,画一个圆。再以该圆心为中心,作若干个同心圆环,每个圆环代表一个执行构件。各执行构件不同行程的起始和终止位置由各相应圆环的径向线表示。图 2-11 所示为平压印刷机圆周式运动循环图。

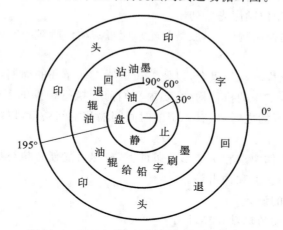

图 2-11 平压印刷机运动循环图(同心圆式)

直角坐标式运动循环图是将各执行构件的各运动区段的时间和顺序按比例绘制在直角坐标系里而得到的。用横坐标表示分配轴或主要执行机构主动件的转角,用纵坐标表示各执行构件的角位移或线位移。

图 2-12 所示为平压印刷机直角坐标式运动循环图。

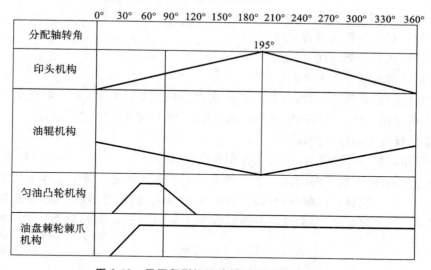

图 2-12 平压印刷机运动循环图(直角坐标式)

平压印刷机的直角坐标式运动循环图能清楚地表示一个运动循环中各动作的先后顺序及各区段的位移变化、相位关系和运动配合关系,对指导各执行机构的几何尺寸设计非常便利。一般情况下,优先采用直角坐标式运动循环图。

运动循环图三种形式间的关系:画一个圆,将直线式运动循环图以执行构件为层绕到该圆上便得到圆周式运动循环图;将直线式运动循环图中各执行构件的位移图画上便得到直角坐标式运动循环图。

3)机械运动循环图的设计要点

(1)以主要机构的主轴转角为横坐标,以主要机构的位移为纵坐标,以主要机构的工艺过程开始点作为机械工作循环的起始点,画出主要机构在工作循环中的主轴转角与位移的关系,其他执行机构则按工艺动作顺序先后列出。

(2)不在分配轴上的控制构件(一般是凸轮),应将其动作所对应的中心角换算成分配轴相应的转角。

(3)尽量使各执行机构的动作重合,以便缩短机器工作循环的周期,提高生产率。

(4)按顺序先后进行工作的执行构件,要求它们前一执行构件的工作行程结束之时,与后一执行构件的工作行程开始之时,应有一定的时间间隔和空间裕量,以防止两机构在动作衔接处发生干涉。

(5)在不影响工艺动作要求和生产率的条件下,应尽可能使各执行机构工作行程所对应的中心角增大些,以便减小速度和冲击等。

4. 机械运动循环图的设计

1)确定主要执行机构的运动循环时间

运动循环时间是指机械完成其功能所需的总时间,通常以 T_p 表示。机械的运动循环往往与各执行机构的运动循环相一致,因为执行机构的生产节奏就是整台机器的运动节奏。执行机构中执行构件的运动循环至少包括一个工作行程和一个空回程。有时有的执行构件还有一个或若干个停歇阶段。因此,执行机构的运动循环时间 T_p 可以表示为

$$T_p = t_w + t_d + t_s \tag{2-1}$$

式中：t_w——执行机构工作行程时间；

t_d——执行机构工作空回程时间；

t_s——执行机构停歇时间。

2)机械运动循环图的设计步骤与方法

在设计机械的运动循环图时,通常机械应实现的功能是已知的,它的理论生产率也已确定,机器的传动方式及执行机构的结构均已初步拟定,然后可按以下过程进行。

(1)确定执行机构的运动循环时间。

对于平压印刷机,选曲柄摇杆机构作为印头执行机构。执行构件摇杆就是印头,它往复摆动一次就是一个循环,其所需时间由平压印刷机的生产率来确定。若平压印刷机的生产率 $Q = 24P_c/\min$(P_c 表示张数),即曲柄轴每转一周(360°),印头便往复摆动一次,完成执行机构的一个工作循环。为满足生产率,曲轴每分钟转数为 $n_1 = 24$ r/min,其运动循环时间为

$$T_p = \frac{60}{n_1} = 2.5 \text{ s}$$

(2)确定运动循环的各区段时间。

如平压印刷机的印头执行机构,其运动循环可由两段组成,即印头印字的工作行程及印头退回时的空回行程。为了提高生产率,印头退回的时间应尽可能短,所以它必须具有急回特性。若根据工艺要求其行程速比系数 $K = 1.17$,由 $K = t_w/t_d$ 及 $T_p = t_w + t_d$ 可得

$$\frac{t_w}{t_d} = 1.17$$

$$t_w + t_d = 2.5 \text{ s}$$

联立上述两式可得

$$t_d = 1.15 \text{ s}$$
$$t_w = 1.35 \text{ s}$$

(3)确定执行构件各区段的运动时间及相应的分配轴转角。

在平压印刷机中,印头机构的运动循环时间为 2.5 s,与此相应的曲柄轴转角(即分配轴转角)为

$$\varphi_w = t_w \times \frac{360°}{T_p} \tag{2-2}$$

$$\varphi_w + \varphi_d = 360° \tag{2-3}$$

式中:φ_w——印头工作行程中相应的曲柄轴转角;

$\quad\quad\varphi_d$——印头空回行程中相应的曲柄轴转角。

则

$$\varphi_w = t_w \times \frac{360°}{T_p} = \frac{1.35 \times 360°}{2.5} \approx 195°$$

$$\varphi_d = 360° - 195° = 165°$$

3)初步绘制主要执行机构的运动循环图

根据以上计算,选定比例系数即可画出印头机构和送料机构的运动循环图(见图 2-12)。值得指出的是,当选用不同类型的机构作为执行机构时,它们的运动循环图也随之不同。

4)对主要执行机构的循环运动循环图进行修改

初步确定的主要执行机构往往由于整体布局和结构方面的原因,或者因为加工工艺方面的原因,在实际使用中要作必要的修改,例如为了满足压力角、传动角、曲柄存在等条件构件的尺寸必须进行调整。

5)分别画出其余执行机构的循环图

如在半自动钻床中(见图 2-13),以送料凸轮机构的送料起始点为基准,以凸轮轴(工作主轴)的转角为横坐标,绘出定位凸轮机构、夹紧机构、钻头进给齿轮齿条机构的运动循环图(见图 2-14)。

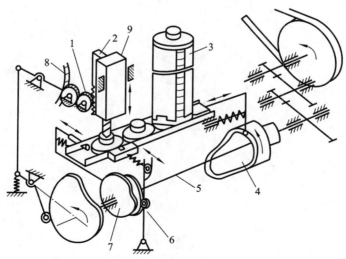

图 2-13　半自动钻床工作示意图

1—钻头进给齿轮齿条机构;2—齿条;3—料斗;4—送料凸轮机构;

5—工作主轴;6—夹紧机构;7—定位凸轮机构;8—齿扇;9—动力头

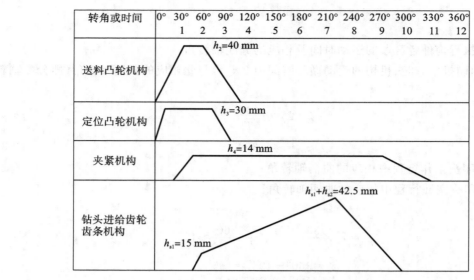

转角或时间	0°	30°	60°	90°	120°	150°	180°	210°	240°	270°	300°	330°	360°
	1	2	3	4	5	6	7	8	9	10	11	12	
送料凸轮机构				$h_2=40$ mm									
定位凸轮机构				$h_3=30$ mm									
夹紧机构				$h_4=14$ mm									
钻头进给齿轮齿条机构			$h_{s1}=15$ mm					$h_{s1}+h_{s2}=42.5$ mm					

图 2-14　半自动钻床运动循环图

第3章 专用精压机运动方案设计实例

3.1 机械原理课程设计任务书

专用精压机运动方案设计

班级：　　　　学号：　　　　姓名：

1. 总功能要求及工艺动作分解提示

总功能：专用精压机用于薄壁铝合金制件的精压深冲工艺（见图 3-1）。它将薄壁铝合金板一次冲压成为筒形。它的工艺动作主要如下。

(1)将新坯料(铝合金板)送至待加工位置。

(2)下模到达指定位置，上模冲压拉延成形(为简化计算，冲压时上模行程不分快速、慢速)。

(3)将冲压拉延成形的成品顶出模腔。

(4)成品被推出加工位置后移出加工区。

2. 原始数据及设计要求

(1)数据分为 A、B 两大编号。

A 编号电动机转速为 720 r/min，筒深 $h=80$ mm；B 编号电动机转速为 960 r/min，筒深 $h=90$ mm。

(2)小编号数据如表 3-1 所示。

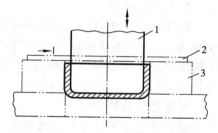

图 3-1　专用精压机工艺原理

1—上模(冲头)；2—坯料；3—下模

表 3-1　小编号数据

	1	2	3	4	5	6	7	8	9	10	11	12	13	14	15	16	17	18
H	390	380	370	360	350	340	330	320	310	300	390	380	370	360	350	340	330	320
S	300	230	220	210	200	240	230	220	210	200	230	220	210	200	230	220	210	200
Q	30	42	45	48	50	52	56	40	42	45	48	50	52	56	40	42	45	48
K	1.3	1.35	1.4	1.45	1.5	1.55	1.3	1.35	1.4	1.45	1.5	1.55	1.3	1.35	1.4	1.45	1.5	1.55

注：①H 为上模行程，S 为送料距离；生产率 Q 单位为件/分；各长度单位为 mm；

②各机构只能共用一台电动机；

③各机构之间的动力传递可使用齿轮、链轮、带轮等；

④本任务书数据按大编号＋小编号配置，学号 1～15：A—1～A—15。学号 16～42：B—1～B—21。

3. 完成的设计工作量

(1)编写设计说明书一本。

(2)绘制 A1 图幅图纸 1 张：按比例绘制精压机工作原理方案的机构运动简图(图中应有

各运动副之间尺寸和各机构的序号及其说明）；

（3）绘制 A3 图幅图纸 3 张：连杆尺寸设计图、运动循环图、凸轮轮廓曲线设计图（大编号 A 推程要求用等加速等减速运动规律、回程用等速运动规律；大编号 B 推程要求用等速运动规律、回程用余弦加速度运动规律）。

4. 考核方式

综合根据学生平时的学习态度、出勤率、各阶段完成的进度、图样及说明书质量、档案袋书写是否清晰正确等决定学生的成绩。

指导教师：
年　　月　　日

3.2　总功能分析及分解

1. 总功能说明

专用精压机用于薄壁铝合金制件的精压深冲工艺，将薄壁铝合金板一次冲压成为筒形。本课程设计按功能分析法来解答。

2. 总功能分析

本课程设计中，动力已选择电动机。由于已规定电动机转速，所以传动系统主要是完成减速的功能；本课程设计已给出总功能执行系统对应的工艺动作，根据工艺动作，可将专用精压机总功能分解为送料功能、冲压功能和顶料功能，在此只需根据工艺动作设定相应机构即可。

3. 总功能分解

由总功能分析可知专用精压机分解为四个子功能：减速功能、送料功能、冲压功能和顶料功能。这些都还不是功能元，所以必须继续分解。

若电动机转速选 960 r/min，生产率 54 次/分钟，则总传动比 $i_{总}=960/54=17.8$。对于一般机械设备，为了缓冲吸振，宜采用带传动，带传动比范围 $i_v=2\sim4$，小于总传动比，所以此处要采用 2～3 级减速。

经分析，绘出专用精压机的功能元的树状功能图，如图 3-2 所示。

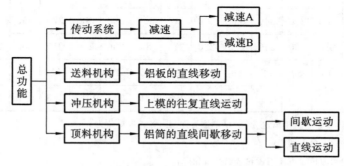

图 3-2　专用精压机功能元的树状功能图

4. 功能元求解

针对图 3-2 所示专用精压机功能元，可从常用机构中搜索相应的功能元解。列出专用精压机运动方案选择矩阵如表 3-2 所示。

表 3-2　专用精压机运动方案选择矩阵

功能元	功能元分解（匹配机构）			
	1	2	3	4
减速 A	带传动	链传动	蜗杆传动	齿轮传动
减速 B	带传动	链传动	蜗杆传动	齿轮传动
上模往复直线运动（冲压机构）C	凸轮机构	连杆机构	齿轮齿条	螺旋机构
往复直线运动（送料机构）D	凸轮机构	连杆机构	齿轮齿条	螺旋机构
间歇往复直线运动（顶料机构）E	槽轮＋连杆机构	凸轮机构	不完全齿轮＋连杆机构	棘轮＋连杆机构

由表 3-2 所列矩阵可知，专用精压机可能的运动方案数目为 $N=4^5=1024$ 种。

经分析、筛选，从表 3-2 中选出两种以下方案。

方案Ⅰ：

A1＋B4＋C2＋D2＋E2，带传动机构→齿轮机构→连杆机构→连杆机构→凸轮机构。

方案Ⅱ：

A1＋B2＋C2＋D1＋E2，带传动机构→链传动机构→连杆机构→凸轮机构→凸轮机构。

然后对这两种方案进行评价，择优选一种。

3.3　方案评价表

分别对方案Ⅰ、方案Ⅱ进行机械运动方案评价，作出评价表（见表 3-3、表 3-4）。

表 3-3　专用精压机方案Ⅰ评价表

评价指标		方案Ⅰ				
		带传动机构	齿轮机构	连杆机构	连杆机构	凸轮机构
A（功能）	A1	15×0.5	15×0.5	15×0.25	15×0.25	15×1
	A2	10×0.5	10×1	10×0.75	10×0.75	10×0.75
B（工作性能）	B1	5×1	5×1	5×0.75	5×0.75	5×0.75
	B2	5×1	5×0.25	5×0.75	5×0.75	5×0.25
	B3	5×0.75	5×1	5×0.75	5×0.75	5×0.5
	B4	5×0.5	5×1	5×0.75	5×0.75	5×0.5
C（动力性能）	C1	5×1	5×1	5×0.5	5×0.5	5×0.75
	C2	5×1	5×1	5×0.75	5×0.75	5×0.5
	C3	5×0.5	5×0.75	5×1	5×1	5×0.5
	C4	5×1	5×1	5×1	5×1	5×1
D（经济性）	D1	5×1	5×0.75	5×1	5×1	5×0.5
	D2	5×1	5×0.5	5×1	5×1	5×0.5
	D3	5×1	5×0.75	5×1	5×1	5×0.25
	D4	5×0.25	5×0.75	5×0.75	5×0.75	5×0.5

评价指标		方案 Ⅰ				
		带传动机构	齿轮机构	连杆机构	连杆机构	凸轮机构
E（结构）	E1	5×0.25	5×1	5×0.25	5×0.25	5×0.75
	E2	5×0.5	5×0.5	5×1	5×1	5×0.5
	E3	5×1	5×0.75	5×1	5×1	5×0.25
各机构评价值		71.25	77.5	72.5	72.5	62.5
机构权重系数		0.1	0.3	0.25	0.20	0.15
方案总评价值		72.875				

表 3-4　专用精压机方案 Ⅱ 评价表

评价指标		方案 Ⅱ				
		带传动机构	链传动机构	连杆机构	凸轮机构	凸轮机构
A（功能）	A1	15×0.5	15×0.25	15×0.25	15×0.25	15×0.25
	A2	10×0.5	10×0.75	10×0.75	10×0.75	10×0.75
B（工作性能）	B1	5×1	5×0.75	5×0.75	5×0.75	5×0.75
	B2	5×1	5×0.75	5×0.75	5×0.75	5×0.75
	B3	5×0.75	5×0.75	5×0.75	5×0.75	5×0.75
	B4	5×0.5	5×0.75	5×0.75	5×0.75	5×0.75
C（动力性能）	C1	5×1	5×0.5	5×0.5	5×0.5	5×0.5
	C2	5×1	5×0.75	5×0.75	5×0.75	5×0.75
	C3	5×0.5	5×1	5×1	5×1	5×1
	C4	5×1	5×1	5×1	5×1	5×1
D（经济性）	D1	5×1	5×1	5×1	5×1	5×1
	D2	5×1	5×1	5×1	5×1	5×1
	D3	5×1	5×1	5×1	5×1	5×1
	D4	5×0.25	5×0.75	5×0.75	5×0.75	5×0.75
E（结构）	E1	5×0.25	5×0.25	5×025	5×0.25	5×0.25
	E2	5×0.5	5×1	5×1	5×1	5×1
	E3	5×1	5×1	5×1	5×1	5×1
各机构评价值		71.25	68.75	72.5	62.5	62.5
机构权重系数		0.1	0.3	0.25	0.2	0.15
方案总评价值		67.75				

由于方案 Ⅰ 的总评价值大于方案 Ⅱ 的总评价值，所以采用方案 Ⅰ。

3.4　机械运动协调设计

1. 确定机械的工作循环时间

以冲压机构为主机构,若生产率为 54 次/分钟,即每分钟冲压 54 次,则冲压机构主轴转速为 $n=54$ r/min,工作循环时间 T_p 为

$$T_p=\frac{60}{n_1}=\frac{60}{54}\ \text{s}=1.11\ \text{s}$$

2. 确定运动循环的各区段时间

主机构为往复直线运动,只有工作行程时间和回程时间,没有间歇时间。

由式(2-1)得

$$T_p=t_w+t_d=1.11\ \text{s}$$

由行程速比系数 $K=1.3$,得

$$\frac{t_w}{t_d}=1.3$$

联立上述两式可得

回程时间 $t_d=0.48$ s

工作行程时间 $t_w=0.63$ s

3. 冲压机构主轴转角计算

工作行程转角由式(2-2),得

$$\varphi_w=t_w\times\frac{360°}{T_p}=194.59°$$

回程转角由式(2-3),得

$$\varphi_d=360°-\varphi_w=165.41°$$

4. 关键点的相应转角的确定

由已知条件,上模行程为 300 mm,筒深 90 mm,送料距离 200 mm。

(1)在上模提升一个筒深距离时,顶料机构开始上顶,考虑时间裕度,主轴转角延后 5°,经计算,上顶时主轴转角为 256°。

(2)顶料机构上升至工作台面,保持不动,待送料机构将新的坯料(铝板)送到冲压位置,推走成品(铝筒)后,顶料机构才能下降。顶料机构保持不动的时间,最迟不能超过上模下降至两个筒深距离,否则上模和铝筒可能相碰。上模下降至两个筒深距离时主轴转角 81.7°。

考虑时间裕度,主轴转角超前 3°,经计算,顶料机构下降时的主轴转角不能超过 78.7°;另外,顶料机构的下模应先于上模下降至底部,考虑时间裕度,主轴转角超前 6°,顶料机构降至最低位置时,主轴转角不能超过 198.3°。

(3)送料机构必须在顶料机构下降前将坯料送出,仅考虑 3°的时间裕度(不考虑坯料及铝筒的尺寸实际干涉),送料机构推送坯料时,主轴转角 75.7°。

5. 绘制运动循环图

确定转角比例尺 μ_φ 和位移比例尺 μ_s,以横坐标为主轴转角,纵坐标为位移。以冲压机构的位移曲线为首,其余各机构的位移曲线紧接其下在同一页上绘出。图中要有坐标值,要标出曲线各转折处的角度,如图 3-3 所示。

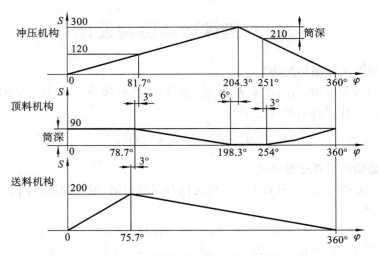

图 3-3　专用精压机方案 I 运动循环图

3.5　各机构尺度的拟定

1. 传动系统

1）总传动比计算及分配

电动机转速选 960 r/min，冲压机构主轴转速为 $n=54$ r/min，则总传动比

$$i = \frac{n_{\mathrm{d}}}{n_{\mathrm{w}}} = \frac{960}{54} = 17.78$$

带传动机构较优传动比 $i_{\mathrm{v}}=2\sim4$，齿轮机构较优传动比 $i_{\mathrm{g}}=2\sim6$。考虑大齿轮兼备飞轮功能，取其传动比为 5.5，则带传动机构传动比 $i_{\mathrm{v}}=3.2$，总传动比误差不超过 5%。

2）确定齿轮机构的参数

齿轮机构参数的确定应在方案机构运动简图基本绘制完成后，即机构运动简图完成了冲压机构、送料机构及工作台面的绘制，根据方案机构运动简图的布置情况，如齿轮、带轮的大小在整个方案布置中是否协调等，可估计齿轮分度圆直径的大小，再取定齿轮模数，进而确定齿轮的齿数。

在此课程设计中，根据机构运动简图的布置情况，估计小齿轮分度圆直径为 60 mm 左右。取齿轮模数等于 3，则小齿轮齿数 $z_1=20$。再由齿轮传动比为 5.5，计算出大齿轮齿数 $z_2=110$。

3）确定带传动机构的参数

带轮直径及中心距的大小也要根据方案机构运动简图的布置情况来估计，带轮及其中心距过大或过小都不行。

在此课程设计中，取小带轮直径 $D_1=75$ mm，根据带传动机构传动比 $i_{\mathrm{v}}=3.2$，则大带轮直径 $D_2=240$ mm。

4）各机构之间的动力传递

一台机器一般采用一台电动机，这样各机构之间的动力传递就必须配有相应的传动机构。

可以把动力传递安排在主轴上，这样就只涉及动力传递问题，不涉及传动比问题。可采用一对相同直径的带传动机构或一对相同直径的链传动机构来实现，同样也需要考虑该方案机构运动简图布置的协调性。

在此课程设计中,在冲压机构和送料机构之间、在送料机构和顶料机构之间,均选用主、从动带轮直径为 75 mm 的带传动机构来实现动力传递。

2. 冲压机构

冲压机构采用六杆机构较为理想,但计算分析更为复杂。所以本设计采用曲柄滑块机构。由 $K=1.3$,可计算出极位夹角为

$$\theta = 180° \frac{K-1}{K+1} = 180° \times \frac{1.3-1}{1.3+1} = 23.5°$$

按给定行程速比系数、给定滑块行程(偏距自定)用作图法求出曲柄滑块机构各杆尺寸,如图 3-4 所示。

由图可量得:$AC_1 = 228$ mm,$AC_2 = 495$ mm,则

曲柄长度:
$$AB = \frac{AC_2 - AC_1}{2} = 133.5 \text{ mm}$$

连杆长度:
$$BC = \frac{AC_2 + AC_1}{2} = 361.5 \text{ mm}$$

3. 送料机构

由图 3-3 可算出此连杆机构的行程速比系数 $K=3.75$,滑块行程为 200 mm,其余参数自定。

为改善力学性能,可采用六杆机构,用作图法求出各杆尺寸。

4. 顶料机构

顶料机构采用凸轮机构。滚子从动件、滚子半径自定,对心、偏置均可;凸轮基圆直径根据方案的机构运动简图的布置情况自定。

本课程设计选用偏置直动滚子从动件盘形凸轮,凸轮基圆直径取 100 mm,滚子半径取 20 mm,图 3-5 所示为顶料凸轮的轮廓曲线。

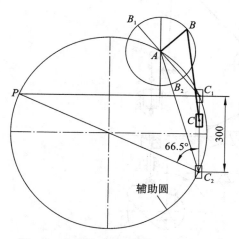

图 3-4 作图法求出冲压机构各杆尺寸

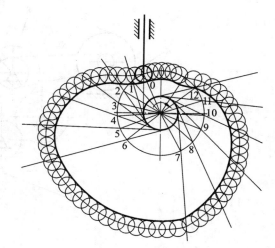

图 3-5 顶料凸轮的轮廓曲线

5. 专用精压机方案Ⅰ运动方案简图

专用精压机方案Ⅰ运动方案简图如图 3-6 所示。

6. 专用精压机运动方案集锦

专用精压机运动方案集锦如图 3-7 至图 3-10 所示。

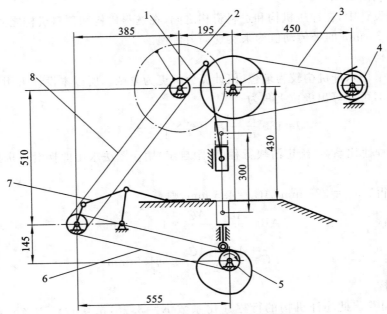

图 3-6　专用精压机方案 I 运动方案简图

1—冲压机构；2—齿轮机构；3—带传动机构；4—电动机；

5—顶料机构；6—带传动机构；7—送料机构；8—带传动机构

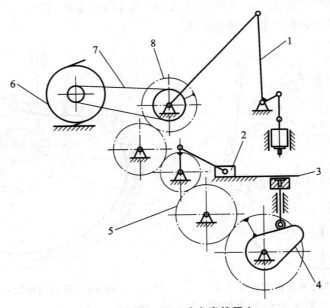

图 3-7　专用精压机运动方案简图之一

1—冲压机构；2—送料机构；3—工作台；4—顶料机构；

5—齿轮机构；6—电动机；7—带传动机构；8—齿轮机构

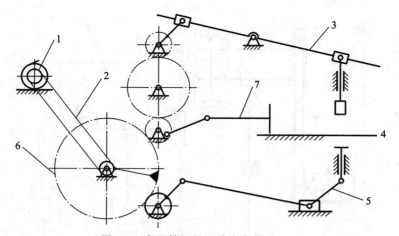

图 3-8　专用精压机运动方案简图之二

1—电动机;2—带传动机构;3—冲压机构;4—工作台;

5—顶料机构;6—齿轮机构;7—送料机构

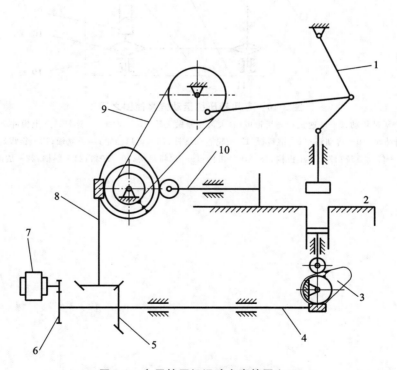

图 3-9　专用精压机运动方案简图之三

1—冲压机构;2—工作台;3—顶料机构;4—蜗杆机构;5—锥齿轮机构;6—齿轮机构;

7—电动机;8—蜗杆机构;9—带传动机构;10—送料机构

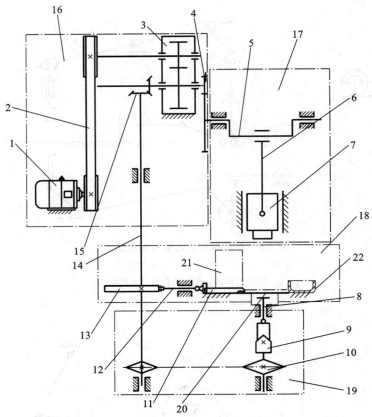

图 3-10　专用精压机运动方案简图之四

1—电动机;2—V 带传动;3—减速机;4—齿轮传动(大齿轮兼做飞轮);5—曲轴;6—连杆;7—上模冲头;8—顶料杆;
9—顶料凸轮;10—传动链;11—推料板;12-凸轮直动推杆;13—盘形凸轮;14—立轴;15—锥齿轮传动;
16—传动系统;17—冲压机构;18—送料机构;19—顶料机构;20—坯料;21—料槽;22—成品

第 2 篇　机械设计课程设计

第4章 机械设计课程设计概述

4.1 课程设计的目的、内容和任务

1.课程设计的目的

"机械设计课程设计"是"机械设计"课程的综合性与实践性教学环节,是培养学生机械设计能力的重要实践环节,同时也是第一次对学生进行全面的机械设计训练,其基本目的如下:

(1)训练学生综合运用"机械设计"或"机械设计基础"课程及有关先修课程的知识,培养理论联系实际的设计思想,以巩固、深化、融会贯通及扩展有关机械设计方面的知识。

(2)培养学生分析和解决工程实际问题的能力,使学生了解和掌握机械零件、机械传动装置或简单机械的一般设计过程和步骤。

(3)使学生熟悉设计资料(如手册、图册、标准和规范等)和经验数据的使用,提高学生有关设计能力(如计算能力、绘图能力等),掌握经验估算和处理数据的基本技能。

2.课程设计的内容

课程设计的题目通常为一般机械装置(如结构简单的机械、机械传动装置和减速器等)的设计,设计的主要内容一般包括以下几个方面。

(1)确定传动装置的总体设计方案。

(2)选择电动机。

(3)计算传动装置运动和动力参数。

(4)设计、计算传动零件的工作能力。

(5)设计传动零件的支承箱体结构。

(6)设计并校核轴,选择和校核轴承、联轴器、键等。

(7)对传动零件进行结构设计。

(8)绘制减速器装配图和零件图。

(9)编写设计说明书。

3.课程设计的任务内容

课程设计要求在2周时间内完成以下任务。

(1)一级减速器装配图(A1图纸)1张。

(2)零件图2张。

(3)设计说明书一份,约20页A4纸。

(4)答辩。

4.2　课程设计的方法和步骤

1. 课程设计的方法

1) 独立思考,继承与创新

任何设计都不可能是设计者独出心裁、凭空臆想、不依靠任何资料所能实现的。设计时,要认真阅读参考资料,继承或借鉴前人的设计经验和成果,但不能盲目地全盘抄袭,应根据具体的设计条件和要求,独立思考,大胆地进行改进和创新。只有这样,才能做出高质量的设计。

2) 全面考虑机械零部件的强度、刚度、工艺性、经济性和维护等要求

任何机械零部件的结构和尺寸,除了考虑它的强度和刚度外,还应综合考虑零件本身及整个部件的工艺性要求(如加工和装配工艺性)、经济性要求(如制造成本低)、使用要求(如维护方便)等才能确定。

3) 采用"三边"设计方法

机械设计中,多数零件可以由计算(强度计算和刚度计算)确定其基本尺寸,再通过草图设计决定其具体结构和尺寸;而有些零件(如轴)则需先经初算和绘制草图,得出初步符合设计条件的基本结构尺寸,然后再进行必要的计算,根据计算的结果,再对结构和尺寸进行修改。因此,计算和画图互为依据,交叉进行。这种边计算、边画图、边修改的"三边"设计方法是机械设计的常用方法。

4) 采用标准和规范

设计时应尽量采用标准和规范,这有利于加强零件的互换性和工艺性,同时也可减少设计工作量,节省设计时间。对于国家标准或部门规范,一般设计都要严格遵守和执行。设计中采用标准或规范的多少,是评价设计质量的一项指标。因此,课程设计中,凡有标准或规范的,应该尽量采用。

2. 课程设计的步骤

机械设计课程设计以学生独立工作为主,指导教师除了集中辅导 1~2 次外,平时只对设计中出现的问题进行指导。机械设计课程设计结束时,由指导教师负责组织课程设计的总结和答辩。

1) 课程设计准备工作

(1) 熟悉任务书,明确设计的内容和要求。

(2) 通过查阅有关资料和图样、参观实物或模型等,了解机械装置的结构特点和加工过程。

(3) 准备好设计所需要的图书、资料和用具等。

(4) 复习有关课程的内容,熟悉有关零件的设计方法和步骤。

2) 传动装置的总体设计

(1) 分析或确定传动方案。

(2) 选择电动机类型,计算电动机所需功率,确定电动机额定转速,选定电动机型号。

(3) 确定传动装置的总传动比并分配各级传动比。

(4) 计算传动装置的运动和动力参数,计算各轴的转速和转矩等。

3) 传动零件的设计计算

(1) 机械装置外部传动零件的设计计算,如带传动的主要参数和几何尺寸计算。

(2) 机械装置内部传动零件的设计计算,如齿轮传动的主要参数和几何尺寸计算。

4)装配图草图的设计

(1)选择参考图。

(2)确定机械装置的结构方案和结构尺寸。

(3)确定机械装置各零件的位置尺寸。

(4)进行轴、轴上零件及轴承组件的结构设计。

(5)轴的强度校核。

(6)滚动轴承的寿命计算,键的强度计算。

(7)完成机体及其附件的结构设计。

5)装配图的设计

(1)画底线图。

(2)选择配合,标注尺寸公差。

(3)编写零件序号,书写明细栏。

(4)加深线条,整理图面。

(5)书写技术特性(机械装置特性)和技术要求。

6)零件图的设计

略。

7)编写设计说明书

设计说明书包括封面、设计任务、设计参数、目录、所有的计算,并附有必要的简图、个人总结及参考文献。

8)答辩

(1)作答辩前准备。

(2)分组答辩。

对一级圆柱齿轮减速器课程设计时间为 2 周,具体设计的时间进度如表 4-1 所示。

表 4-1　一级圆柱齿轮减速器课程设计时间安排

设计内容	课程设计准备工作	传动装置的总体设计传动零件的设计计算	完成草图	完成装配图及零件图	整理说明书	答辩
时间/日	0.5	2	2	4	1	0.5

4.3　课程设计中应注意的问题

本课程设计是学生第一次接受较全面的设计训练,学生一开始往往不知所措。指导教师应给予学生适当的指导,引导学生的设计思路,启发学生独立思考,解答学生的疑难问题,并掌握学生的设计进度,对课程设计进行阶段性检查。

另外,作为设计的主体,每个学生都应明确设计任务和要求,注意掌握进度。课程设计分段进行,学生应在教师的指导下发挥主观能动性,积极思考问题,认真阅读设计指导书,查阅有关设计资料,按老师的布置循序渐进地进行设计,按时完成设计任务。设计过程中,提倡独立思考、深入钻研,主动地、创造性地进行设计;反对不求甚解、照抄照搬或依赖老师。要求设计态度严肃认真、有错必改;反对敷衍塞责和容忍错误的存在。

在课程设计中应注意以下事项。

1. 认真设计草图

草图是提高设计质量的关键,草图应按正式图所选的比例画,而且着重注意各零件之间的相对位置,有些细节部分的结构可先以简化画法画出。

2. 掌握和贯彻"三边"设计方法

设计时,有些零件可以由计算得到主要尺寸,通过绘图决定结构;而有些零件,例如轴的设计,则需先估算轴径,通过绘制草图确定轴的结构,然后校核验算其强度,根据验算结果修改轴的结构。这种边画、边算、边修改的设计方法,称为设计计算与绘图交替进行的"三边"设计方法。"三边"设计方法是设计的正常过程,在设计中应该注意运用这种方法。产品的设计总是经过多次修改才能得到较高的设计质量,因此在设计时应该坚持运用"三边"的设计方法,避免害怕返工或单纯追求图样的表面美观,而不愿意修改已经发现的不合理或错误的地方。只有这样才能在设计过程中养成严肃认真、一丝不苟、有错必改、精益求精的工作作风。

3. 正确确定尺寸

(1)由几何关系导出的公式相关参数是严格的等式关系,若改变其中其一参数,则其他参数必须相应改变,例如斜齿轮传动中,随着中心距的圆整,螺旋角的值也要相应改变。

(2)强度、刚度、磨损等条件导出的计算公式经常是不等式关系,有的是机械零件必须满足的最小尺寸,却不一定就是最终采用的结构尺寸。例如由强度计算所得某段轴的直径需要42.3 mm,但考虑到轴上与之相配的零件(如联轴器、齿轮、滚动轴承等)的结构、安装、拆卸和加工制造等要求,最终采用的尺寸可能为 60 mm,这个尺寸不仅满足了强度的要求,也满足了其他的要求,是合理的,并没有浪费。

(3)由实践经验总结出来的经验公式,常用于确定那些外形复杂、强度情况不明的尺寸,例如箱体的结构尺寸。这些经验公式是经过生产实践考验的,应当尊重它们。但这些尺寸关系都是近似的,一般应圆整取用。

(4)有一些次要尺寸,强度不是主要问题,又无经验公式可循,根本不必进行计算,可由设计者考虑加工、使用等条件,参照类似结构,用类比的方法来确定,例如轴上的定位轴套、挡油盘等。

4. 培养记录存档的习惯,注意计算数据的记录和整理

数据是设计的依据,应及时记录与整理计算数据,设计开始时,就应准备记录存档,把设计过程中所考虑的主要问题及一切计算都记录存档。向指导教师提出的问题和解决问题的方法、从参考书中摘录的资料和数据等也应及时存档,以供备查。数据有变动也应及时修正并记录存档,使各方面的问题都做到有理有据。这样在编写说明书时可节省很多时间。

5. 体现整体观念

设计时应考虑问题周全、整体观念强,就会少出差错,从而提高设计的效率。

6. 理论联系实际

在设计中,注重理论联系实际,综合考虑问题,力求设计合理、实用、经济、工艺性好。如在选择电动机转速时,由于它与整个传动装置的传动比有关,还与电动机造价、伸出轴直径相关,应根据设计要求,综合考虑。

7. 注重创新与继承

设计是继承和创新结合的过程,正确处理继承与创新的关系,正确继承以往的设计经验和已有的资料,这样既可减轻设计的重复工作量,加快设计的进程,又有利于提高设计质量。但继承不是盲目机械地抄袭,必须弄懂每一步的来龙去脉。要善于在设计中学习和借鉴长期的设计和生产实践积累出的宝贵经验和资料,要继承和发展这些经验和成果,提高自己分析和解决实际工程设计问题的独立工作能力。

第5章 机械传动装置的总体设计

5.1 机械系统的传动方案设计

机械装置通常由原动机、传动系统、工作机和控制系统组成。传动系统介于机械装置中原动机与工作机之间,用来将原动机的运动形式、运动及动力参数以一定的转速、转矩及作用力转变为工作机所需的运动形式、运动及动力参数,并协调两者的转速和转矩。

传动系统设计是机械设计工作的一个重要组成部分,是具有创造性的设计环节。传动系统方案设计的优劣,对机械装置的工作性能、外形尺寸、重量等具有很大的影响。通常机械传动系统的设计方案不是唯一的,在相同设计条件下,可以有不同的传动系统方案,因此,需要根据设计任务书的要求,分析和比较各种传动系统的特点,确定最佳的传动系统方案。

在传动系统设计时,应发扬创新精神,树立正确的工程设计观念,培养独立工作能力。学生可依据设计任务书已给定的设计目标和工作要求,通过分析和比较传动系统参考方案,充分发挥个人的创造才能,提出自己的传动系统设计方案,也可以采用设计任务书中给出的传动系统参考方案。

1. 对传动方案的要求

在设计机械系统传动方案时,首先应满足工作机的功能要求,如所传递的功率及转速要求;此外,还应具有结构简单、尺寸紧凑、加工方便、成本低廉、传动效率高和使用维护方便等特点,以保证工作机的工作质量。要同时满足这些要求常常是困难的,设计时要满足主要要求,兼顾其他要求。

合理的传动方案,首先应满足工作机的功能要求,其次还应满足工作可靠、传动效率高、结构简单、尺寸紧凑、质量小、成本低廉、工艺性好、使用和维护方便等要求。任何一个方案,要满足上述所有要求是十分困难的,设计时要统筹兼顾,满足最主要的和最基本的要求。

以带式输送机为例,设计时可同时考虑几个方案,通过分析比较,最后选择其中较合理的一种。图 5-1 所示的是带式输送机的 4 种传动方案。方案(a)选用了 V 带传动和闭式齿轮传动。V 带传动布置于高速级,能发挥它传动平稳、缓冲吸振和过载保护的优点,但该方案的结构尺寸较大。方案(b)结构紧凑,但由于蜗杆传动效率低,功率损耗大,不适宜用于长期连续运转的场合。方案(c)采用二级闭式齿轮传动,能在繁重及恶劣的条件下长期工作,且使用维护方便。方案(d)适合布置在狭窄的场所中工作,但锥齿轮加工比圆柱齿轮加工困难,成本也较高。这 4 种方案各有其特点,适用于不同的工作场合。设计时要根据工作条件和设计要求,综合比较,选取最适用的方案。

表 5-1 列出了常用传动机构的性能及适用范围。

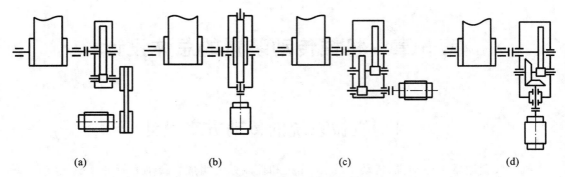

(a) (b) (c) (d)

图 5-1 带式输送机的传动方案比较

表 5-1 常用传动机构的性能及适用范围

传动机构选用指标		平带传动	V 带传动	链传动	圆柱齿轮传动
功率(常用值)/kW		小(≤20)	中(≤100)	中(≤100)	大(最大达 50000)
单级传动比	常用值	2～4	2～4	2～5	3～5
	最大值	5	7	6	8
传动效率		查表 5-3			
许用的线速度		≤25	≤25～30	≤40	6 级精度≤18
外廓尺寸		大	大	大	小
传动精度		低	低	中等	高
工作平稳性		好	好	较差	一般
自锁性能		无	无	无	无
过载保护作用		有	有	无	无
使用寿命		短	短	中等	长
缓冲吸振能力		好	好	中等	长
要求制造及安装精度		低	低	中等	高
要求润滑条件		不需	不需	中等	高
环境适应性		不能接触酸、碱、油、爆炸性气体		好	一般

减速器在传动装置中应用最广,表 5-2 所示为几种常用减速器的类型、特点及应用,可供合理选择减速器的类型时参考。

表 5-2 常用减速器的类型、特点及应用

类型		简 图	推荐传动比	特点及应用
单级圆柱	齿轮减速器		3～5	轮齿可为直齿、斜齿或人字齿,箱体通常用铸铁铸造,也可用钢板焊接而成。轴承常用滚动轴承,只有重载或特高速时才采用滑动轴承

类型		简　图	推荐传动比	特点及应用
双级圆柱齿轮减速器	展开式		8～40	高速级常为斜齿,低速级可为直齿或斜齿。由于齿轮相对轴承布置不对称,要求轴的刚度较大,并使转矩输入、输出端远离齿轮,以减少因轴的弯曲变形引起载荷沿齿宽分布不均匀。结构简单,应用最广
	分流式			一般采用高速级分流。由于齿轮相对轴承布置对称,因此齿轮和轴承受力较均匀。为了使轴上总的轴向力较小,两对齿轮的螺旋线方向应相反。结构较复杂,常用于大功率、变载荷的场合
	同轴式			减速器的轴向尺寸较大,中间轴较长,刚度较差。当两个大齿轮的浸油深度相近时,高速级齿轮的承载能力不能充分发挥。常用于输入和输出轴同轴线的场合
单级锥齿轮减速器			2～4	传动比不宜过大,以减小锥齿轮的尺寸,利于加工。仅用于两轴线垂直相交的传动中
锥齿轮圆柱减速器			8～15	锥齿轮应布置在高速级,以减小锥齿轮的尺寸。锥齿轮可为直齿或曲线齿。圆柱齿轮多为斜齿,使其能将锥齿轮的轴向力抵消一部分
蜗杆减速器			10～80	结构紧凑,传动比大,但传动效率低,适用于中小功率、间歇工作的场合。当蜗杆圆周速度 $v \leqslant 4～5$ m/s时,蜗杆为下置式,润滑冷却条件较好;当 $v > 4～5$ m/s 时,油的搅动损失较大,一般蜗杆为上置式
蜗杆齿轮减速器			60～90	传动比大,结构紧凑,但效率低

　　通常原动机的转速与工作机的输出转速相差较大,在它们之间常采用多级传动机构来减速。为了便于在多级传动中正确而合理地选择有关的传动机构及其排列顺序,以充分发挥各自的优点,下面提出几点原则,以供拟定传动方案时参考。

　　(1)齿轮传动具有承载能力大、效率高、允许速度高、尺寸紧凑、寿命长等特点,因此在传动装置中一般应首先采用齿轮传动。由于斜齿圆柱齿轮传动的承载能力和平稳性比直齿圆柱齿轮传动好,故在高速级或要求传动平稳的场合,常采用斜齿圆柱齿轮传动。

(2)带传动具有传动平稳、吸振等特点,且能起过载保护作用。但由于它是靠摩擦力来工作的,在传递同样功率的条件下,当带速较低时,传动结构尺寸较大。为了减小带传动的结构尺寸,应将其布置在高速级。

(3)锥齿轮传动,当其尺寸太大时,加工困难,因此应将其布置在高速级,并限制其传动比,以控制其结构尺寸。

(4)蜗杆传动具有传动比大、结构紧凑、工作平稳等优点,但其传动效率低,尤其在低速时,其效率更低,且蜗轮尺寸大、成本高。因此,它通常用于中小功率、间歇工作或要求自锁的场合。为了提高传动效率、减小蜗轮结构尺寸,通常将其布置在高速级。

(5)链传动,由于工作时链速和瞬时传动比呈周期性变化,运动不均匀、冲击振动大,为了减小振动和冲击,故应将其布置在低速级。

(6)开式齿轮传动,由于润滑条件较差和工作环境恶劣,磨损快、寿命短,故应将其布置在低速级。

根据各种传动机构的特点和上述选择原则及对传动方案的要求,结合设计的工作条件,对初步拟定的方案进行分析比较,从中选择出合理的方案。此时选出的方案并不是最后方案,最后方案还有待于各级传动比得到合理分配后才能决定。当传动比不能合理分配时,则需要修改原方案。

5.2　选择电动机

电动机为标准化、系列化产品,设计中应根据工作机的工作情况和运动、动力参数,并根据选择的传动方案,合理选择电动机的类型、结构形式、容量和转速,选出具体的电动机型号。

1.选择电动机的类型和结构形式

电动机有交、直流之分,一般工厂都采用三相交流电,因而选用交流电动机。交流电动机分异步、同步电动机,异步电动机又分笼型和绕线型两种,其中以普通笼型异步电动机应用最多。目前应用较广的 Y 系列自散热式笼型三相异步电动机,结构简单、启动性能好,工作可靠、价格低廉、维护方便,适用于不易燃、不易爆、无腐蚀性气体、无特殊要求的场合,如运输机、机床、农机、风机、轻工机械等。

常用 Y 系列笼型三相异步交流电动机分为 Y 系列(IP23)防护式笼型三相异步电动机和 Y 系列(IP44)封闭式笼型三相异步电动机。

(1)Y 系列(IP23)防护式笼型三相异步电动机　采用防淋水结构,能防止淋水对电动机的影响。该系列电动机具有效率高、耗电少、性能好、噪声低、振动小、体积小、重量轻、运行可靠、维修方便等特点。适用于驱动无特殊要求的各种机械设备,如切削机床、水泵、鼓风机、破碎机、运输机械等。

(2)Y 系列(IP44)封闭式笼型三相异步电动机　采用封闭结构,能防止灰尘、铁屑或其他固体异物进入电动机内,并能防止任何方向的溅水对电动机的影响。适用于灰尘多、土扬水溅的场合,如农用机械、矿山机械、搅拌机、磨粉机等。

2.确定电动机的功率

电动机的功率选择是否合适,对电动机的正常工作和经济性都有影响。功率选得过小,不能保证工作机的正常工作或使电动机长期过载而过早损坏;功率选得过大,则电动机价格高,且经常不在满载下运行,电动机效率和功率因数都较低,造成很大的浪费。

电动机功率的确定主要与其载荷大小、工作时间长短、发热多少有关。对于长期连续工作、载荷较稳定的机械(如连续运输机、鼓风机等),可根据电动机的所需功率 P_d 来选择。选择时,应使电动机的额定功率 P_e 稍大于电动机的所需功率 P_d,即 $P_e \geqslant P_d$,电动机在工作时就不会过热。通常不必校验发热量和启动力矩。

若已知工作机的阻力(例如运输带的最大拉力)为 $F(\mathrm{N})$、工作速度(例如运输带的速度)为 $v(\mathrm{m/s})$,则工作机所需的有效功率 P_w 为

$$P_w = \frac{Fv}{1000} \mathrm{~kW} \tag{5-1}$$

电动机所需的功率为

$$P_d = \frac{P_w}{\eta_z} \mathrm{~kW} \tag{5-2}$$

式中:η_z——传动装置的总效率。

$$\eta_z = \eta_1 \eta_2 \cdots \eta_n \tag{5-3}$$

式中:$\eta_1, \eta_2, \cdots, \eta_n$——分别为传动装置中每对运动副或传动副(如联轴器、齿轮传动、带传动、链传动和轴承等)的效率。

表 5-3 给出了常用机械传动和轴承等的效率的概略值。

表 5-3 机械传动和轴承等的效率的概略值

类　　　型		效　率　η
圆柱齿轮传动	7～9 级精度(油润滑)	0.96～0.98
	开式传动(脂润滑)	0.94～0.96
锥齿轮传动	7 级精度(油润滑)	0.97
	8 级精度(油润滑)	0.94～0.97
	开式传动(脂润滑)	0.92～0.95
蜗杆传动	单头蜗杆(油润滑)	0.70～0.75
	双头蜗杆(油润滑)	0.75～0.82
滚子链传动	开式	0.90～0.93
	闭式	0.95～0.97
V 带传动	—	0.94～0.97
滚动轴承	—	0.98～0.99
滑动轴承	—	0.97～0.99
联轴器	弹性联轴器	0.99
	齿式联轴器	0.99
运输机滚筒	—	0.95～0.96

计算总效率时,要注意以下几个方面。

(1)先确定齿轮精度等级,带、轴承和联轴器的类型。

(2)如果表 5-3 中的效率值是范围值时,一般需取在其范围内的一个确定的数值。由于效率与工作条件、加工精度及润滑状况等因素有关,当工作条件差、加工精度低、维护不良时,应取低值;反之,可取高值;当情况不明时,一般取中间值。

(3)同类型的几对传动副、轴承或联轴器,均应单独计入总效率。

（4）轴承的效率均指一对轴承的效率。

3. 确定电动机的转速

同一功率的异步电动机有同步转速 3000 r/min、1500 r/min、1000 r/min 和 750 r/min 等几种。一般来说，电动机的同步转速愈高，磁极对数愈少，外廓尺寸愈小，价格愈低；反之，转速愈低，外廓尺寸愈大，价格愈高。当工作机转速高时，选用高速电动机较经济。但若工作机转速较低也选用高速电动机，则此时总传动比增大，会导致传动装置结构复杂，造价较高。所以，在确定电动机转速时，应全面分析。在本课程设计中，建议选择同步转速为 1000 r/min 或 750 r/min 的电动机。

设计时可由工作机所需转速要求和传动结构的合理传动比范围，推算出电动机转速的可选范围，即

$$n_{\mathrm{d}} = (i_1' i_2' \cdots i_n') n_{\mathrm{w}} \tag{5-4}$$

式中：n_{d}——电动机可选转速范围；

　　n_{w}——工作机所需转速；

　　$i_1', i_2', \cdots, i_n'$——分别为各级传动机构的合理传动比范围。

最终选定的电动机满载转速应在可选转速范围之内。

4. 确定电动机的型号

由选定的电动机类型、结构、功率和转速查出电动机型号，并记录其型号、额定功率、满载转速、中心高、轴伸尺寸、键连接尺寸等。

根据电动机的类型、同步转速和所需功率，参照表 16-1 和表 16-2 中电动机的技术参数确定电动机的型号和额定功率 P_{e}，记下电动机的型号、额定功率 P_{e}、满载转速 n_{m}、中心高、轴外伸轴径和轴外伸长度，供选择联轴器和计算传动件使用。

5.3　计算总传动比和分配传动比

1. 计算总传动比

传动装置的总传动比 i，可根据电动机的满载转速 n_{m} 和工作机所需转速 n_{w} 来计算，即

$$i = \frac{n_{\mathrm{m}}}{n_{\mathrm{w}}} \tag{5-5}$$

总传动比 i 为各级传动比的连乘积，即

$$i = i_{01} i_{12} i_{23} \cdots i_{n(n+1)} \tag{5-6}$$

2. 传动比的分配

在设计多级传动的传动装置时，分配传动比是设计中的一个重要问题。传动比分配得不合理，会造成结构尺寸大、相关尺寸不协调、成本高、制造和安装不方便等问题。因此，分配传动比时，应考虑下列几项原则。

（1）各种传动的每级传动比应在推荐值的范围内（见表 5-1）。

（2）各级传动比应使传动装置尺寸协调、结构匀称、不发生干涉现象。例如，V 带的传动比选得过大，将使大带轮外圆半径 r_{a} 大于减速器中心高 H（见图 5-2(a)），安装不便；又如，在双级圆柱齿轮减速器中，若高速级传动比选得过大，就可能使高速级大齿轮的顶圆与低速轴相干涉（见图 5-2(b)）；再如，在运输机械装置中，若开式齿轮的传动比选得过小，也会造成滚筒与开式小齿轮轴相干涉（见图 5-2(c)）。

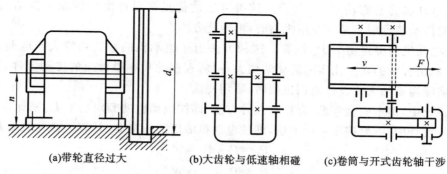

(a)带轮直径过大　　　(b)大齿轮与低速轴相碰　　(c)卷筒与开式齿轮轴干涉

图 5-2　结构尺寸不协调及干涉现象相碰

（3）设计双级圆柱齿轮减速器时,应尽量使高速级和低速级的齿轮强度接近相等,即按等强度原则分配传动比。

（4）当减速器内的齿轮采用油池浸油润滑时,为使各级大齿轮浸油深度合理,各级大齿轮直径应相差不大,以避免低速级大齿轮浸油过深而增加搅油损失。

3.减速器传动比分配的参考值

根据上述原则,提出一些减速器传动比分配的参考值如下。

（1）展开式双级圆柱齿轮减速器,考虑各级齿轮传动的润滑合理,应使两大齿轮直径相近,推荐取 $i_1 = (1.3 \sim 1.4)i_2$,或 $i_1 = \sqrt{(1.3 \sim 1.4)i}$,其中 i_1、i_2 分别为高速级和低速级的传动比,i 为减速器的总传动比。对于同轴式双级圆柱齿轮减速器,一般取 $i_1 = i_2 = \sqrt{i}$。

（2）锥-圆柱齿轮减速器,为了便于大锥齿轮加工,高速级锥齿轮传动比取 $i_1 = 0.25i$,且使 $i_1 \leqslant 3$。

（3）蜗杆-圆柱齿轮减速器,为使传动效率高,低速级圆柱齿轮传动比可取 $i_2 = (0.03 \sim 0.06)i$。

5.4　传动装置的运动和动力参数计算

为了进行传动件的设计计算,应计算出各轴上的转速、功率和转矩。计算时,可将各轴从高速级向低速级依次编号为 0 轴(电动机轴)、1 轴、2 轴等,并按此顺序进行计算。

1.各轴的转速计算

各轴的转速可根据电动机的满载转速和各相邻轴间的传动比进行计算。各轴的转速为

$$\begin{cases} n_1 = \dfrac{n_m}{i_{01}} & \text{r/min} \\[2mm] n_2 = \dfrac{n_1}{i_{12}} & \text{r/min} \\[2mm] n_3 = \dfrac{n_2}{i_{23}} & \text{r/min} \\[1mm] \vdots \end{cases} \tag{5-7}$$

式中：i_{01}、i_{12}、$i_{23} \cdots$——相邻两轴间的传动比；

　　　n_m——电动机的满载转速。

2.各轴的输入功率计算

计算各轴的功率时,有以下两种计算方法。

(1)按电动机的所需功率 P_d 计算。这种方法的优点是设计出的传动装置结构较紧凑。当所设计的传动装置用于某一专用机器时,可用此方法。

(2)按电动机的额定功率 P_e 计算。这种方法由于电动机的额定功率大于电动机的所需功率,故计算出各轴的功率比实际需要的要大一些,根据此功率设计出的传动零件,其结构尺寸也会较实际需要的大。设计通用机器时,可用此法。

工程设计中,出于安全考虑,可按第二种方法,即按电动机的额定功率 P_e 来计算。

在课程设计中,一般按第一种方法,即按电动机的所需功率 P_d 计算。各轴的输入功率为

$$\begin{cases} P_1 = P_d \eta_{01} & \text{kW} \\ P_2 = P_1 \eta_{12} & \text{kW} \\ P_3 = P_2 \eta_{23} & \text{kW} \\ \quad \vdots \end{cases} \tag{5-8}$$

式中:η_{01}、η_{12}、$\eta_{23}\cdots$——相邻两轴间的传动效率。

3. 各轴的输入转矩计算

各轴的输入转矩为

$$\begin{cases} T_1 = 9550 \dfrac{P_1}{n_1} & \text{N} \cdot \text{m} \\[2mm] T_2 = 9550 \dfrac{P_2}{n_2} & \text{N} \cdot \text{m} \\[2mm] T_3 = 9550 \dfrac{P_3}{n_3} & \text{N} \cdot \text{m} \\[2mm] \quad \vdots \end{cases} \tag{5-9}$$

5.5　设计计算示例

图 5-3 所示为带式输送机的传动方案。已知卷筒直径 $D=300$ mm,运输带的有效拉力 $F=3200$ N,运输带的线速度 $v=2$ m/s,输送机在常温下连续单向工作,载荷较平稳,环境有轻度粉尘,结构尺寸无特殊限制,电源为三相交流电。要求对该带式运输机的传动装置进行总体设计。

设计过程如下。

1. 传动方案的分析

带式输送机由电动机驱动带传动、圆柱齿轮传动,再经过联轴器使驱动滚筒转动带动输送带运送碎粒物料,如图 5-3 所示。V 带传动还具有良好的吸振缓冲性能,结构简单,成本低廉,使用维护方便,并能在过载时保护其他零件不被损坏。在传动方案中,V 带传动放在传动链的第一级是合理的。根据原始数据可知,该传动装置属于小功率传动,因此齿轮传动可采用斜齿圆柱齿轮传动。

2. 选择电动机

1)选择电动机类型

电动机选择无特殊要求,常温下连续单向工作,载荷较平稳,环境有轻度粉尘,所以选择能防止灰尘的 Y 系列(IP44)封闭式笼型三相异步电动机。

2)选择电动机功率

(1)计算总效率。

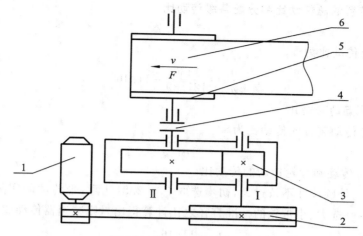

图 5-3　带式输送机传动装置

1—电动机；2-V 带传动；3—圆柱传动减速器；4—弹性联轴器；5—卷筒；6—输送带

由式(5-3)，有

$$\eta_z = \eta_1 \cdot \eta_2 \cdot \eta_3 \cdot \eta_2 \cdot \eta_4 \cdot \eta_5 = 0.94 \times 0.98 \times 0.96 \times 0.98 \times 0.99 \times 0.94 = 0.81$$

式中：η_1、η_2、η_3、η_4、η_5——分别为带传动、轴承、齿轮传动、联轴器和卷筒的传动效率。

根据表 5-3，上述各效率选取为：$\eta_1 = 0.94$；$\eta_2 = 0.98$；$\eta_3 = 0.96$；$\eta_4 = 0.99$，$\eta_5 = 0.94$。

（2）确定电动机功率。

工作机所需功率由式(5-1)，有

$$P_w = \frac{Fv}{1000} = \frac{3200 \times 2}{1000} \text{ W} = 6400 \text{ W} = 6.4 \text{ kW}$$

工作机所需的电动机输出功率由式(5-2)，有

$$P_d = \frac{P_w}{\eta_z} = \frac{6.4}{0.81} \text{ kW} = 7.9 \text{ kW}$$

电动机额定功率即 $P_e \geqslant P_d$，由表 17-1，取 $P_e = 11$ kW。

3）确定电动机转速

卷筒轴的工作转速为

$$n_w = \frac{60 \times 1000 v}{\pi D} = \frac{60 \times 1000 \times 2}{300\pi} \text{ r/min} = 127.39 \text{ r/min}$$

根据表 5-1 中所推荐的传动比合理范围，取 V 带的传动比 $i_1' = 2 \sim 4$，一级圆柱齿轮减速器传动比 $i_2' = 3 \sim 5$，则总传动比合理范围为 $i_z' = 6 \sim 20$，故电动机转速的可选范围为

$$n_d' = i_z' \cdot n_w = (6 \sim 20) \times 127.39 \text{ r/min} = 764.34 \sim 2547.80 \text{ r/min}$$

符合这一范围的同步转速有 1000 r/min、1500 r/min，综合考虑电动机和传动装置的尺寸、重量及带和减速器的传动比，本课程设计取同步转速 1500 r/min。

电动机型号由表 17-1 和表 17-2 选出，电动机参数如表 5-4 所示。

表 5-4　电动机参数

电动机型号	额定功率 P_e/kW	电动机转速/(r/min)		电动机轴	
		同步转速	满载转速	轴伸直径 D/mm	轴伸长度 E/mm
Y160M-4	11	1500	1460	42	110

3. 计算传动装置的总传动比和分配各级传动比

1）总传动比

由式（5-5），总传动比为

$$i_z = \frac{n_m}{n_w} = \frac{1460}{127.39} = 11.46$$

2）分配传动装置的传动比

由式（5-6），各传动装置的传动比为

$$i_z = i_{01} i_{02}$$

式中：i_{01}、i_{02}——带传动和齿轮传动的传动比。

为使 V 带传动外廓尺寸不致过大，初步选取 $i_{01} = 2.8$（注意：带传动的实际传动比是当设计 V 带传动时，由所选大、小带轮的标准直径之比计算得出），则减速器传动比为

$$i_{12} = \frac{i_z}{i_{01}} = \frac{11.46}{2.8} = 4.09$$

4. 传动装置的运动参数和动力参数计算

1）各轴的转速

由式（5-7）得：

Ⅰ轴　　　　　$n_{\text{I}} = \dfrac{n_m}{i_{01}} = \dfrac{1460}{2.8}$ r/min $= 521.43$ r/min

Ⅱ轴　　　　　$n_{\text{II}} = \dfrac{n_1}{i_{12}} = \dfrac{521.43}{4.09}$ r/min $= 127.49$ r/min

卷筒轴　　　　　$n_w = n_{\text{II}} = 127.49$ r/min

2）各轴的输入功率

由式（5-8）得：

Ⅰ轴　　　　$P_{\text{I}} = P_d \cdot \eta_{01} = P_d \cdot \eta_1 = 7.9 \times 0.94$ kW $= 7.43$ kW

Ⅱ轴　　$P_{\text{II}} = P_{\text{I}} \cdot \eta_{12} = P_{\text{I}} \cdot \eta_2 \cdot \eta_3 = 7.43 \times 0.98 \times 0.96$ kW $= 6.99$ kW

卷筒轴　$P_w = P_{\text{II}} \cdot \eta_{23} = P_{\text{II}} \cdot \eta_2 \cdot \eta_4 = 6.99 \times 0.98 \times 0.99$ kW $= 6.78$ kW

3）各轴的输入转矩

由式（5-9）计算电动机轴及 1 轴、2 轴的输出转矩。

电动机轴：

$$T_d = 9550 \frac{P_d}{n_m} = 9550 \times \frac{7.9}{1460} \text{ N·m} = 51.67 \text{ N·m}$$

1 轴：

$$T_1 = 9550 \frac{P_1}{n_1} = 9550 \times \frac{7.43}{521.43} \text{ N·m} = 136.08 \text{ N·m}$$

2 轴：

$$T_2 = 9550 \frac{P_2}{n_2} = 9550 \times \frac{6.99}{127.49} \text{ N·m} = 523.61 \text{ N·m}$$

将上述的运动和动力参数的计算结果列于表 5-5 中。

表 5-5　计算结果

轴的名称	输入功率/kW	输入转矩/(N·m)	转速/(r/min)
电动机轴	7.9(输出)	51.67	1460
1 轴	7.43	136.00	521.43
2 轴	6.99	523.31	127.49

第6章 减速器的结构、润滑与密封

减速器一般由箱体、轴系部件和附件三大部分组成。图 6-1 中标出了组成一级圆柱齿轮减速器的主要零部件名称、相互关系及箱体部分尺寸。

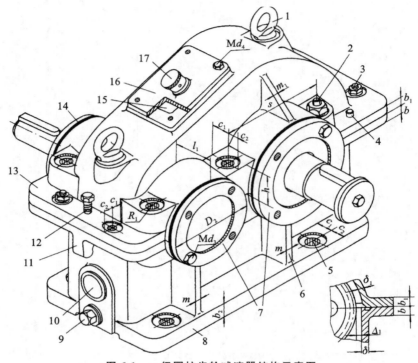

图 6-1 一级圆柱齿轮减速器结构示意图

1—吊环螺钉 Md_5；2—轴承旁连接螺栓(Md_1)；3—箱盖连接螺栓(Md_2)；4—定位销；5—地脚螺栓孔(Md_f)；
6—外肋；7—轴承端盖；8—箱座；9—油塞；10—油面指示器；11—吊钩；12—启盖螺钉；
13—箱盖；14—调整垫片；15—窥视孔；16—视孔盖；17—通气器

6.1 箱 体

1. 减速器箱体的结构尺寸

箱体是减速器中所有零件的基座，是支承和固定轴系部件、保证传动零件的正确相对位置并承受作用在减速器上载荷的重要零件。箱体一般还兼作润滑油的油箱，具有充分润滑和很好密封箱内零件的作用。

为了便于轴系部件的安装和拆卸，箱体大多做成剖分式，由箱座和箱盖组成，取轴的中心线所在平面为剖分面。箱座和箱盖采用普通螺栓连接，用锥销定位。通常情况下，批量生产的箱体宜采用灰铸铁铸造。但是，承受较大冲击载荷的重型减速器，箱体宜采用铸钢铸造。单件生产的箱体也可采用钢板焊制。

表 6-1 所示为铸铁减速器箱体结构尺寸。

表 6-1　铸铁减速器箱体结构尺寸　　　　　　　　　　单位:mm

名　　称	符号	减速器尺寸关系		
		圆柱齿轮减速器	锥齿轮减速器	蜗杆减速器
箱座壁厚	δ	$(0.025\sim0.03)a+\Delta\geqslant8^*$		$0.04a+3\geqslant8$
箱盖壁厚	δ_1	$0.02a+\Delta\geqslant8$		蜗杆上置:$\approx\delta$ 蜗杆下置:$(0.8\sim0.85)\delta\geqslant8$
箱座凸缘厚度	b	$1.5\,\delta$		
箱盖凸缘厚度	b_1	$1.5\,\delta_1$		
箱座底凸缘厚度	b_2	$2.5\,\delta$		
地脚螺钉直径	d_f	$0.036a+12$	$0.018(d_{m1}+d_{m2})$ $+1\geqslant12$	$0.036a+12$
地脚螺钉数目	n	当 $a\leqslant250$ 时,$n=4$ 当 $a>250\sim500$ 时,$n=6$ 当 $a>500$ 时,$n=8$	$n=\dfrac{箱底座凸缘周长之半}{200\sim300}\geqslant4$	
轴承旁连接螺栓直径	d_1	$0.75\,d_f$		
机盖与机座连接螺栓直径	d_2	$(0.5\sim0.6)d_f$		
连接螺栓 d_2 的间距	l	$\leqslant150\sim200$		
轴承端盖螺钉直径	d_3	$(0.4\sim0.5)d_f$		
窥视孔盖螺钉直径	d_4	$(0.3\sim0.4)d_f$		
定位销直径	d	$(0.7\sim0.8)d_2$		
d_f、d_1、d_2 至外机壁距离	c_1	螺栓直径 / M8 / M10 / M12 / M16 / M20 / M24 / M30；$c_1\geqslant$ / 13 / 16 / 18 / 22 / 26 / 34 / 40		
d_f、d_1、d_2 至凸缘边缘距离	c_2	$c_2\geqslant$ / 11 / 14 / 16 / 20 / 24 / 28 / 34		
轴承旁凸台半径	R_1	c_2		
凸台高度	h	根据低速级轴承座外径确定,以便于扳手操作为准(见图 6-2)		
箱体外壁至轴承座端面距离	l_1	$c_1+c_2+(5\sim10)$		
箱盖、箱座肋厚	m_1,m	$m_1\approx0.85\,\delta_1$　$m\approx0.85\,\delta$		
轴承旁连接螺栓距离	s	尽量靠近,以 Md_1 和 Md_3 互不干涉为准,一般取 $s\approx D_2$		

注:1. a 值,对圆柱齿轮传动、蜗杆传动为中心距;对锥齿轮传动为大、小齿轮节圆半径之和;对多级齿轮传动则为低速级中心距;

　　2. 与减速器的级数有关,单级减速器,取 $\Delta=1$;双级减速器,取 $\Delta=3$;三级减速器,取 $\Delta=5$;

　　3. $0.025\sim0.03$,软齿面为 0.025;硬齿面为 0.03;当算出的 δ_1、δ_2 值小于 8 mm 时,应取 8 mm。

2. 减速器箱体的结构要求

1)箱体的刚度、密封性、制造和装配工艺性

箱体是用来支承和固定轴系零件,并保证减速器传动啮合正确、运转平稳、润滑良好、密封可靠。设计时应综合考虑刚度、密封性、制造和装配工艺性等多方面要求。

2)箱体结构的使用空间、壁厚

轴承座两侧的连接螺栓应紧靠座孔,但不得与端盖螺钉及箱内导油沟发生干涉,为此应在

轴承座两侧设置凸台。凸台高度要保证有足够的螺母扳手空间(见图 6-2)。为保证密封性,箱座与箱盖应紧密贴合,因此连接凸缘应具有足够的宽度,剖分面应经过精刨或研刮,连接螺栓间距不得过大。铸造箱体的壁厚不得太薄,以免浇注时铁水流动困难,铸件的最小壁厚见表 6-1。为便于造型取模,铸件表面沿拔模方向应具有斜度。为避免铸件内部产生内应力、裂纹、缩孔等缺陷,应使壁厚均匀且过渡平缓而无尖角。

　　3)箱体轴承座孔

　　轴承座孔最好是通孔,且同一轴线上的座孔直径最好一致,以便一刀镗出,可减少刀具调整次数和保证镗孔精度。各轴承座同一侧的外端面最好布置在同一平面上,两侧外表端面最好对称于箱体中心线,以便于加工和检验。为区分加工面与非加工面和减少加工面积,箱体与轴承端盖、观察孔盖、通气器、吊环螺钉、油标、油塞、地基等接合处应做出凸台(凸起 3～10 mm)。螺栓头和螺母的支承面可做出小凸台,也可不做出凸台,而在加工时锪出浅鱼眼坑或把粗糙面刮平。在图 6-3 所示的箱体底面结构中,为减少机械加工面积,最好选用图 6-3(b)至图 6-3(d)的结构。

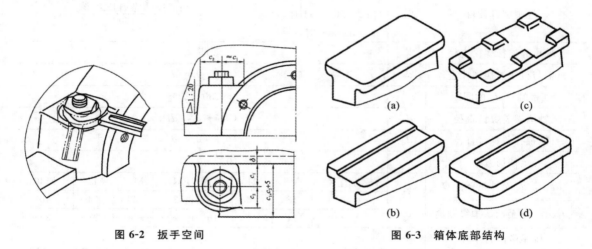

图 6-2　扳手空间　　　　　　　　　图 6-3　箱体底部结构

6.2　减速器的附件

　　为了保证减速器能正常工作和具备完善的性能,如方便检查传动件的啮合情况、注油、排油、通气和便于减速器的安装、吊运等,减速器箱体上常设置某些必要的装置和零件,这些装置和零件及箱体上相应的局部结构统称为附件。现将附件作如下分述。

1. 窥视孔和窥视孔盖

　　窥视孔应设在机盖的上部,以便于观察传动件啮合区的位置,其尺寸应足够大,以便于检查和手能伸入机体内操作。减速器内的润滑油也由窥视孔注入,为了减少油的杂质,可在窥视孔口安装过滤网。

　　窥视孔要有盖板,称为窥视孔盖。在箱体上安装窥视孔盖处应凸起一块,以便机械加工出支撑盖板的表面并用垫片加强密封。盖板常用钢板或铸铁制成,用螺钉紧固,其典型结构如图 6-4 所示。窥视孔和视孔盖的结构和尺寸见表 6-2,也可以自行设计。

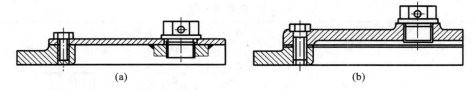

图 6-4 窥视孔盖

（a）钢板制；（b）铸铁制

表 6-2 窥视孔及钢板窥视孔盖 单位：mm

l_1	l_2	l_3	l_4	b_1	b_2	b_3	d 直径	d 孔数	δ	R	可用的减速器中心距 a_Σ
90	75	60	—	70	55	40	7	4	4	5	单级 $a \leqslant 150$
120	105	90	—	90	75	60	7	4	4	5	单级 $a \leqslant 250$
180	165	150	—	140	125	110	7	8	4	5	单级 $a \leqslant 350$
200	180	160	—	180	160	140	11	8	4	10	单级 $a \leqslant 450$
220	200	180	—	200	180	160	11	8	4	10	单级 $a \leqslant 500$
270	240	210	—	220	190	160	11	8	6	15	单级 $a \leqslant 700$
140	125	110	—	120	105	90	7	8	4	5	两级 $a_\Sigma \leqslant 250$
180	165	150	—	140	125	110	7	8	4	5	两级 $a_\Sigma \leqslant 425$
220	190	160	—	160	130	100	11	8	4	15	两级 $a_\Sigma \leqslant 500$
270	240	210	—	180	150	120	11	8	6	15	两级 $a_\Sigma \leqslant 650$
350	320	290	—	220	190	160	11	8	10	15	两级 $a_\Sigma \leqslant 850$
420	390	350	—	260	230	200	13	10	10	15	两级 $a_\Sigma \leqslant 1100$
500	460	420	—	300	260	220	13	10	10	20	两级 $a_\Sigma \leqslant 1150$

注：窥视孔盖材料为 Q235-A。

2. 通气器

减速器工作时，箱体内的温度和气压都很高，通气器能使热膨胀气体及时排出，保证箱体内、外气压平衡，以免润滑油沿箱体接合面、轴外伸处及其他缝隙渗漏出来。

通气器多安装在窥视孔盖上。安装在钢板制的窥视孔盖上时，用一个扁螺母固定，为防止螺母松脱落到机体内，将螺母焊在窥视孔盖上，如图 6-4(a)所示。这种形式结构简单，应用广泛。安装在铸造窥视孔盖或机盖上时，要在铸件上加工螺纹孔和端部平面，如图 6-4(b)所示。

图 6-5 所示为简易式通气器，其通气孔不直接通向顶端。以免灰尘落入，所以用于较清洁的场合。对于发热较大和环境较脏的大型减速器应采用较完善的过滤网式通气器。当减速器停止工作后，过滤网可阻止灰尘随空气进入机体内。通气器的结构和尺寸见表 6-3、表 6-4。

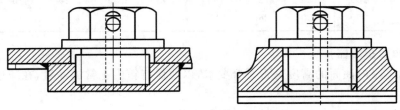

图 6-5 简易式通气器

表 6-3　简易通气器　　　　　　　　　　　　　　　　单位:mm

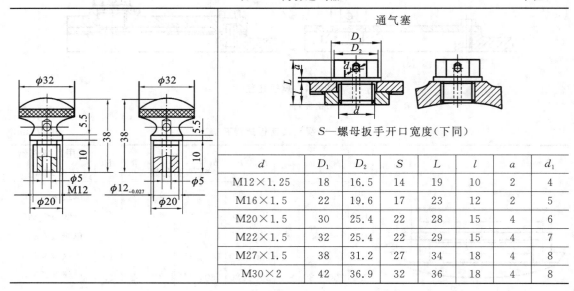

S—螺母扳手开口宽度(下同)

d	D_1	D_2	S	L	l	a	d_1
M12×1.25	18	16.5	14	19	10	2	4
M16×1.5	22	19.6	17	23	12	2	5
M20×1.5	30	25.4	22	28	15	4	6
M22×1.5	32	25.4	22	29	15	4	7
M27×1.5	38	31.2	27	34	18	4	8
M30×2	42	36.9	32	36	18	4	8

表 6-4　过滤网式通气器　　　　　　　　　　　　　　单位:mm

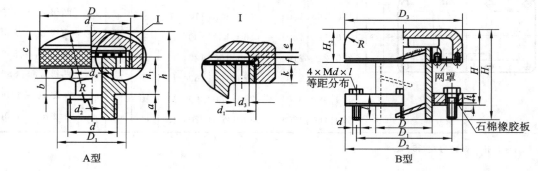

A 型																
d	d_1	d_2	d_3	d_4	D	h	a	b	c	h_1	R	D_1	S	k	e	f
M18×1.5	M33×1.5	8	3	16	40	40	12	7	16	18	40	26.4	22	6	2	2
M27×1.5	M48×1.5	12	4.5	24	60	54	15	10	22	24	60	36.9	32	7	2	2
M36×1.5	M64×1.5	16	6	30	80	70	20	13	28	32	80	53.1	41	7	3	3

B 型										
序号	D	D_1	D_2	D_3	H	H_1	H_2	R	h	$d×l$
1	60	100	125	125	77	95	35	20	6	M10×25
2	114	200	250	260	165	195	70	40	10	M20×50

3. 油标(油面指示器)

为指示减速器内油面的高度是否符合要求,以便保持箱内正常的油量,在减速器箱体上设置油标。

常见的油标有杆式油标、圆形油标、长形油标等。

在难以观察到的地方,应采用杆式油标,如图 6-6 所示。杆式油标多安装在机体侧面,设计时应合理确定油标尺插孔的位置及倾斜角度,杆式油标中心线一般与水平面呈 45°或大于 45°,既便于杆式油标的插取及杆式油标插孔的加工,又不与箱体凸缘或吊钩相干涉,如图 6-7 所示。杆式油标上的油面刻度线应按传动件浸入深度确定。长期运转的减速器,采用带油标隔套的油标,可以减轻油搅动的影响。

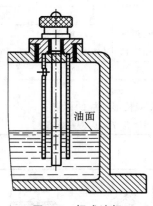

图 6-6　杆式油标

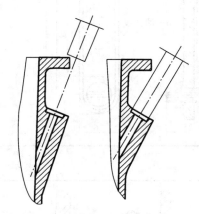

图 6-7　油标尺座的位置

减速器离地面较高,容易观察时或箱座较低无法安装杆式油标时,可采用圆形油标、长形油标等。各种油标的结构尺寸参见表 6-5、表 6-6、表 6-7。

表 6-5　压配式圆形油标　　　　　　　　　　　　　　　　单位:mm

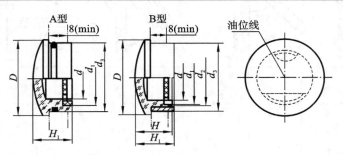

d	D	d_1		d_2		d_3		H	H_1	O 形橡胶密封圈(按 GB 3452.1—1982)
		基本尺寸	极限偏差	基本尺寸	极限偏差	基本尺寸	极限偏差			
12	22	12	−0.050 −0.160	17	−0.050 −0.160	20	−0.065 −0.195	14	16	15×2.65
16	27	18		22		25				20×2.65
20	34	22	−0.065 −0.195	28	−0.065 −0.195	32		16	18	25×3.55
25	40	28		34		38	−0.080 −0.240			31.5×3.55
32	48	35	−0.080 −0.240	41	−0.080 −0.240	45		18	20	38.7×3.55
40	58	45		51		55				48.7×3.55
50	70	55	−0.100 −0.290	61	−0.100 −0.290	65	−0.100 −0.290	22	24	—
63	85	70		76		80				

表 6-6　长形油标　　　　　　　　单位:mm

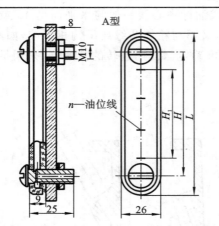

H		H_1	L	n
基本尺寸	极限偏差			(条数)
80	±0.17	40	110	2
100		60	130	3
100	±0.20	80	155	4
125		120	190	6

O 形橡胶密封圈	六角螺母	弹性垫圈
(按 GB 3452.1)	(按 GB/T 6172)	(按 GB 861)
10×2.65	M10	10

标记示例

H＝80、A 型长形油标的标记:

油标 A80 JB/T 7941.3—1995

表 6-7　杆式油标　　　　　　　　单位:mm

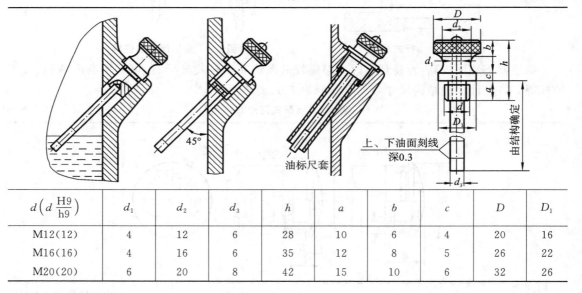

$d\left(d\dfrac{\mathrm{H9}}{\mathrm{h9}}\right)$	d_1	d_2	d_3	h	a	b	c	D	D_1
M12(12)	4	12	6	28	10	6	4	20	16
M16(16)	4	16	6	35	12	8	5	26	22
M20(20)	6	20	8	42	15	10	6	32	26

4. 放油孔与螺塞

　　放油孔的作用是在减速器检修时排放污油和清洗剂,螺塞的作用是在减速器工作时堵住放油孔,保证油池的存油功能。为了将污油和清洗剂排放干净,放油孔应设置在油池的最低位置处。螺塞配有封油垫。

　　放油孔、螺塞和封油垫的结构和尺寸见表 6-8。

表 6-8　放油孔、螺塞和封油垫　　　　　　单位:mm

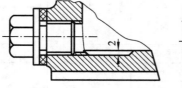

续表

d	d_1	D	S	L	l	a
M12×1.25	10.2	22	13	24	12	3
M20×1.5	17.8	30	21	30	15	3
M24×2	21	34	27	32	16	4
M30×2	27	42	34	38	20	4

5. 轴承端盖

轴承端盖(简称轴承盖)用于固定轴承外圈及调整轴承间隙,承受轴向力。轴承端盖有凸缘式和嵌入式两种。凸缘式端盖用螺钉固定在箱体上,调整轴承间隙比较方便,密封性能好,用得较多。嵌入式端盖结构简单,不需用螺钉,依靠凸起部分嵌入轴承座相应的槽中,但调整轴承间隙比较麻烦,需打开箱盖。根据轴是否穿过端盖,轴承端盖又分为透盖和闷盖两种。透盖中央有孔,轴的外伸端穿过此孔伸出箱体,穿过处需有密封装置。闷盖中央无孔,用在轴的非外伸端。轴承端盖的结构和尺寸见表 6-9、表 6-10。

表 6-9　凸缘式轴承盖　　　　　　　　　　　　　　　　　　单位:mm

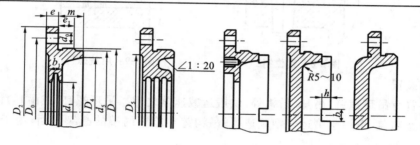

$d_0 = d_3 + 1$;$d_5 = D - (2\sim4)$;
$D_0 = D + 2.5d_3$;$D_5 = D_0 - 3d_3$;
$D_2 = D_0 + 2.5d_3$;b_1、d_1 由密封尺寸确定;
$e = (1\sim1.2)d_3$;$b = 5\sim10$;
$e_1 \geqslant e$;$h = (0.8\sim1)b$;
m 由结构确定;$D_4 = D - (10\sim15)$;
d_3 为端盖的连接螺钉直径,尺寸见右表。

轴承盖连接螺钉直径 d_3

轴承 外径 D	螺钉 直径 d_3	螺钉 数目
45~65	M6~M8	4
70~100	M8~M10	4~6
110~140	M10~M12	6
150~230	M12~M16	6

注:材料为 HT150。

表 6-10　嵌入式轴承盖　　　　　　　　　　　　　　　　　单位:mm

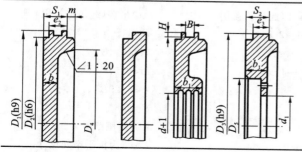

$e_2 = 8\sim12$;$S_1 = 15\sim20$;

$e_3 = 5\sim8$;$S_2 = 10\sim15$;

m 由结构确定;

$b = 8\sim10$;

$D_3 = D + e_2$,装有 O 形圈的,按 O 形圈外径取整
(参见第 15 章表 15-12);

D_5、d_1、b_1 等由密封尺寸确定;

H,B 按 O 形圈的沟槽尺寸确定。

注:材料为 HT150。

6.定位销

为了保证箱体轴承座孔的镗削和装配精度,并保证减速器每次装拆后轴承座的上、下半孔始终保持加工时的位置精度,箱盖与箱座需用两个圆锥销定位。定位销孔是在减速器箱盖与箱座用螺栓连接紧固后,镗削轴承座孔之前加工的。定位销的直径一般取 $d=(0.7\sim0.8)d_2$,d_2 为机体连接螺栓直径。其长度应大于机盖和机座连接凸缘的总厚度,以便装拆,如图 6-8 所示。

7.启盖螺钉

减速器在安装时,为了加强密封效果,防止润滑油从箱体剖分面处渗漏,通常在剖分面上涂以水玻璃或密封胶,因而在拆卸时往往因黏结较紧而不易分开。为了便于开启箱盖,设置启盖螺钉(见图 6-9),只要拧动此螺钉,就可顶起箱盖。启盖螺钉的直径一般等于凸缘连接螺栓直径,螺纹有效长度要大于凸缘厚度。螺钉杆端部要做成圆柱形大倒角或半圆形,以免损伤螺纹。

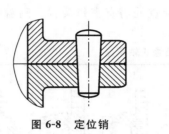 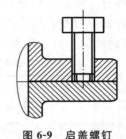

图 6-8　定位销　　　　　　图 6-9　启盖螺钉

8.起吊装置

起吊装置有吊环螺钉、吊耳、吊钩等,供搬运减速器之用。吊环螺钉(或吊耳)设在箱盖上,通常用于吊运箱盖,也用于吊运轻型减速器;吊钩铸在箱座两端的凸缘下面,用于吊运整台减速器。

起吊装置的结构和尺寸见表 6-11、表 6-12。

表 6-11　吊耳和吊钩　　　　　　　　　　　　　　　　　　单位:mm

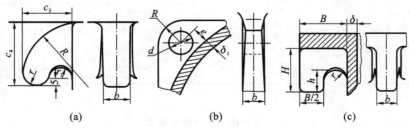

| (a) | (b) | (c) |

(a)吊耳(起吊箱盖用)	(b)吊耳环(起吊箱盖用)	(c)吊钩(起吊整机用)
$c_3=(4\sim5)\delta_1$	$d=(1.8\sim2.5)\delta_1$	$B=c_1+c_2$
$c_4=(1.3\sim1.5)c_3$	$R=(1\sim1.2)d$	$H\approx0.8B$
$b=2\delta_1$	$e=(0.8\sim1)d$	$h\approx0.5H$
$R=c_4$	$b=2\delta_1$	$r\approx0.25B$
$r_1=0.225c_3$		$b=2\delta$
$r=0.275c_3$		δ 为箱座壁厚
δ_1 为箱盖壁厚		c_1、c_2 为扳手空间尺寸

表 6-12　吊环螺钉　　　　　　　　　　　　单位：mm

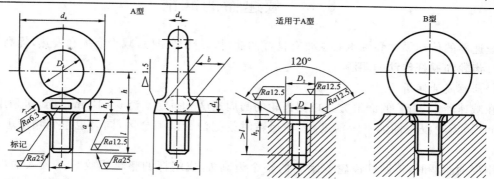

标记示例　螺纹规格 d＝M20、材料为 20 钢、经正火处理、不经表面处理的 A 型吊环螺钉：

螺钉 GB 825—1988 M20

螺纹规格 d		M8	M10	M12	M16	M20	M24	M30
d_1 最大		9.1	11.1	13.1	15.2	17.4	21.4	25.7
D_1 公称		20	24	28	34	40	48	56
d_2 最大		21.1	25.1	29.1	35.2	41.4	49.4	57.7
h_1 最大		7	9	11	13	15.1	19.1	23.2
h		18	22	26	31	36	44	53
d_4 参考		36	44	52	62	72	88	104
r_1		4	4	6	6	8	12	15
r 最小		1	1	1	1	1	2	2
l 公称		16	20	22	28	35	40	45
a 最大		2.5	3	3.5	4	5	6	7
b		10	12	14	16	19	24	28
D_2 公称最小		13	15	17	22	28	32	38
h_2 公称最小		2.5	3	3.5	4.5	5	7	8
最大起吊重量/kN	单螺钉起吊	1.6	2.5	4	6.3	10	16	25
	双螺钉起吊 90°(最大)	0.8	1.25	2	3.2	5	8	12.5

减速器重量 W(kN)与中心距 a 的关系（供参考）（软齿面减速器）

一级圆柱齿轮减速器					二级圆柱齿轮减速器				
a	100	160	200	250	315	a	100×140	140×200	180×250	200×280	250×355
W	0.26	1.05	2.1	4	8	W	1	2.6	4.8	6.8	12.5

注：1. 螺钉采用 20 或 25 钢制造，螺纹公差为 8g；

　　2. 表中 M8～M30 均为商品规格。

6.3　减速器的润滑

减速器的传动零件和轴承必须要有良好的润滑,以降低摩擦,减少磨损和发热,提高效率。

1. 齿轮和蜗杆传动的润滑

1) 油池浸油润滑

在减速器中,齿轮的润滑方式根据齿轮的圆周速度 v 而定。当 $v \leqslant 12$ m/s 时,多采用油池浸油润滑,齿轮浸入油池一定深度,齿轮运转时就把油带到啮合区,同时也甩到箱壁上,借以散热。

用浸油润滑时,以圆柱齿轮或蜗轮的整个齿高 h,或蜗杆的整个螺纹牙高浸入油中为适度,但不应少于 10 mm(见图 6-10),锥齿轮则应将整个齿宽(至少是半个齿宽)浸入油中(见图 6-11)。浸入油内的零件顶部到箱体内底面的距离 H 不少于 30 mm(见图 6-10),以免浸油零件运转时搅起沉积在箱底的杂质。对于二级传动,高、低速级的大齿轮并不常是同样的尺寸,因而它们的浸油深度就不一样,故当高速级的大齿轮按上述要求浸入油中时,低速级的大齿轮往往浸油深度就要大一些,如对于圆周速度较低(0.5~0.8 m/s)的低速级大齿轮,浸油深度 h_1 可达 1/5~1/3 的分度圆半径(见图 6-12)。

在多级齿轮传动中,当高速级大齿轮浸入油池一个齿高时,低速级大齿轮浸油可能会超过最大深度。此时,高速级大齿轮可采用溅油轮来润滑,利用溅油轮将油溅入齿轮啮合处进行润滑(见图 6-13)。

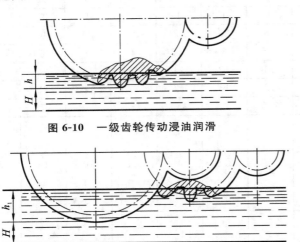

图 6-10　一级齿轮传动浸油润滑

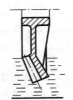

图 6-11　锥齿轮的浸油润滑

图 6-12　二级齿轮传动浸油润滑

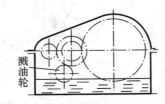

溅油轮

图 6-13　采用溅油轮的油池润滑

采用上置式蜗杆减速器时,将蜗轮浸入油池中,其浸油深度与圆柱齿轮相同(见图 6-14(a))。采用下置式蜗杆减速器时,将蜗杆浸入油池中,其浸油深度为 0.75~1 个齿高,但油面不应超过滚动轴承最下面滚动体的中心线(见图 6-14(b)),否则轴承搅油发热大。当油面达到轴承最低的滚动体中心而蜗杆尚未浸入油中,或浸入深度不够时,或因蜗杆速度较高,为避免蜗杆直接浸入油中后增加搅油损失,一般常在蜗杆轴上安装带肋的溅油环,利用溅油环将油溅到蜗杆和蜗轮上进行润滑(见图 6-15)。

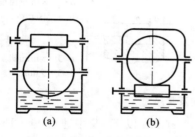 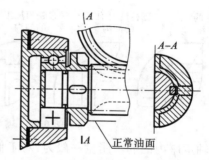

图 6-14　蜗杆传动油池润滑　　　　　　　图 6-15　采用溅油环润滑

2) 压力喷油润滑

当齿轮圆周速度 $v>12$ m/s,或上置式蜗杆圆周速度 $v>10$ m/s 时,就要采用压力喷油润滑。这是因为:圆周速度过高时,齿轮上的油大多被甩出去,而到不了啮合区;速度高时搅油激烈,不仅使油温升高,降低润滑油的性能,还会搅起箱底的杂质,加速齿轮的磨损。故采用喷油润滑,用油泵将润滑油直接喷到啮合区进行润滑(见图 6-16 和图 6-17)。

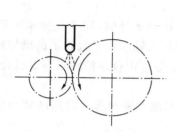 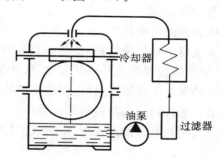

图 6-16　齿轮喷油润滑　　　　　　　　图 6-17　蜗杆喷油润滑

2. 滚动轴承的润滑

1) 润滑油润滑

减速器中当浸油齿轮的圆周速度 $v \geqslant 1.5$ m/s 时,飞溅的油溅到箱壁上,然后再顺着箱盖的内壁流入箱座的油沟中,经轴承端盖上的缺口进入轴承(见图 6-18、图 6-19)。油沟的结构及其尺寸如图 6-20 所示。当 v 更高时,可不设置油沟,直接靠飞溅的油润滑轴承。

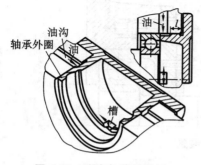 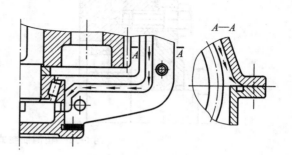

图 6-18　油沟与端盖缺口　　　　　　　图 6-19　输油沟润滑图

2) 润滑脂润滑

当浸油齿轮的圆周速度 $v<2.5$ m/s 时,减速器中的轴承采用润滑脂润滑。通常在装配时将润滑脂填入轴承座内,每工作 3～6 个月需补充一次润滑脂,每过一年,需拆开清洗更换润滑

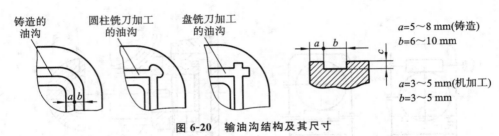

图 6-20　输油沟结构及其尺寸

脂。填入轴承座内的润滑脂量一般为：对于低速（300 r/min 以下）及中速（300～1500 r/min）轴承，不超过轴承座空间的 2/3；对于高速（1500～3000 r/min）轴承，则不超过轴承座空间的 1/3。

6.4　减速器的密封

减速器需要密封的部位一般包括轴外伸处、轴承室内侧、箱体接合面和轴承端盖、窥视孔和排油孔接合面等。

1. 轴外伸处的密封

在减速器中轴外伸处进行密封，其密封装置放置在轴承外侧，用于使轴承与箱体外部隔离，以防润滑剂泄漏以及外部的灰尘、水分及其他污物进入轴承而导致轴承的磨损或腐蚀。设计时根据轴密封表面圆周速度、周围环境及润滑剂性质等选用合适的密封并设计合理的结构。密封装置分为接触式和非接触式两类。

接触式密封有毡圈式密封、皮碗式密封和 O 形密封圈式密封等。常用的密封装置有以下几种形式。

1）毡圈式密封

毡圈式密封利用矩形截面的毛毡圈嵌入梯形槽中所产生的对轴的压紧作用，防止润滑油漏出及外界杂质、灰尘等侵入轴承，如图 6-21 所示。毡圈油封式密封结构简单，但密封效果较差，且与轴颈接触面的摩擦较为严重，故主要用于脂润滑即密封处轴颈圆周速度较低（$v < 3 \sim 5$ m/s）的油润滑。

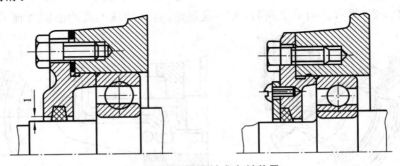

图 6-21　毡圈油封式密封装置

2）皮碗式密封

皮碗式密封（见图 6-22）利用密封圈唇形结构部分的弹性和弹簧圈的箍紧力，使唇形部分紧贴在轴表面，形成过盈配合，起到密封作用。主要有带金属骨架的密封圈（不需要轴向固定）和不带金属骨架的密封圈（需要轴向固定）两种形式。

皮碗式密封的密封性能好,工作可靠,寿命长,可用于接触面速度不超过 7 m/s 的油润滑和脂润滑的场合。

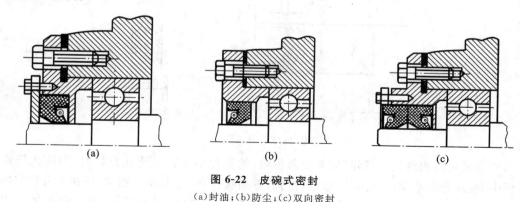

图 6-22　皮碗式密封
(a)封油;(b)防尘;(c)双向密封

3)O 形密封圈式密封

O 形橡胶密封圈式密封利用 O 形橡胶密封圈安装在沟槽中,受到挤压变形来实现密封,常用于嵌入式轴承端盖处的密封,如图 6-23 所示。

非接触式密封是利用圆形间隙或沟槽填满润滑脂进行密封的。主要有间隙式密封和迷宫式密封等。

图 6-24(a)所示为间隙式密封装置,其密封性能取决于间隙的大小,有密封处轴的圆周速度应小于 5 m/s。迷宫式密封利用转动元件与固定元件所构成的曲折、狭小缝隙,即缝隙内充满油脂来实现密封,如图 6-24(b)所示,有密封处轴的表面圆周速度不受限制,可实现高速轴的良好密封,对油润滑和脂润滑均有效,但结构较为复杂。

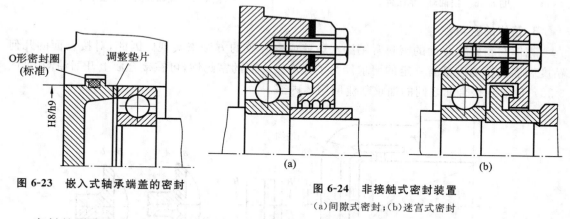

图 6-23　嵌入式轴承端盖的密封

图 6-24　非接触式密封装置
(a)间隙式密封;(b)迷宫式密封

密封的形式很多,相应的密封效果也不一样,密封形式主要是由密封处轴的圆周速度、润滑剂的种类、工作温度及周围环境等决定的。为了提高密封效果,有时也采用 2 个或 2 个以上的密封件或不同类型的组合式密封装置。

2. 轴承室内侧的密封

轴承室内侧密封装置安装在轴承内侧,按其作用不同有封油环和挡油环两种。

1)封油环

当轴承采用脂润滑时,应在箱体轴承座内侧安装封油环。封油环可将轴承室与箱体内部隔开,防止轴承室内的润滑脂向箱体内泄漏,或者箱体内的润滑油溅入轴承室而稀释和带走油脂。具体结构尺寸和安装如图 6-25 所示。

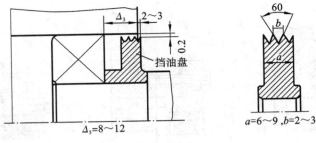

图 6-25   封油环

当轴承采用油润滑且小齿轮(尤其是斜齿轮)的直径小于轴承座孔直径时,为防止轮齿啮合过程中的油(是刚啮合过的热油,常混合磨屑等杂物存在)过多涌入轴承,须在小齿轮与轴承之间安装挡油环。挡油环有冲压件(见图 6-26)和机加工件(见图 6-27)两种。前者适用于成批生产,后者适用于单件或小批生产。

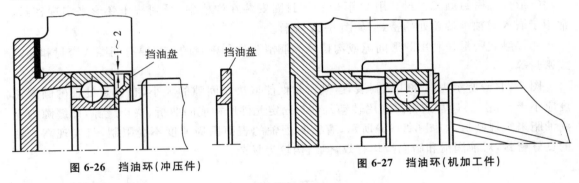

图 6-26   挡油环(冲压件)   **图 6-27   挡油环(机加工件)**

3. 箱体的密封

箱体与箱座接合面的密封常用涂水玻璃或密封胶的方法来实现。因此,对接合面的几何精度和表面粗糙度都有一定的要求。为了提高接合面的密封性,可在接合面上开回油沟(见图6-28),使渗到接合面之间的油重新流回箱体内部。

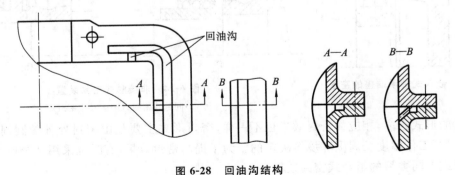

图 6-28   回油沟结构

第7章 减速器装配图设计

7.1 装配图设计概述

装配图是表达各零部件结构形状、相互位置与尺寸的图样,也是表达设计人员构思的特殊语言。它是绘制零部件工作图及机器组装、调试、维护的主要依据。

设计装配结构及装配图时,要综合考虑工作条件、强度、刚度、加工、装拆、调整、润滑、维护等方面的要求。设计内容既多又复杂,有些地方还不能一次确定。因此,常采用边画、边算、边改的"三边"设计方法。

减速器装配图的设计通过以下步骤完成。

步骤1 设计减速器装配图的准备。

步骤2 减速器装配草图设计。

步骤3 减速器装配工作图设计。

下面以一级圆柱齿轮为例进行具体介绍。

7.2 减速器装配图草图设计

1. 有关设计数据的准备

在绘制装配图之前,应翻阅有关资料,参观或拆装实际减速器,弄懂各零部件的功用,做到对设计内容心中有数。此外,还要根据任务书上的技术数据,选择计算出有关零部件的结构和主要尺寸,具体内容如下。

(1)确定齿轮传动的主要尺寸,如中心距、分度圆和齿顶圆直径;齿轮宽度、轮毂长度等。其他详细结构可暂不确定。

(2)根据减速器中齿轮的圆周速度,确定滚动轴承的润滑方式。当单级圆柱齿轮减速器中浸油齿轮的圆周速度 $v \geqslant 1.5$ m/s 时,轴承采用油润滑,其装配图可参考图7-19、图7-20;当单级圆柱齿轮减速器中浸油齿轮的圆周速度 $v < 1.5$ m/s 时,轴承采用脂润滑,其装配图可参考图7-21、图7-22。

(3)按表6-1和表7-1逐项计算和确定箱体结构尺寸及减速器内各零件的位置尺寸。

表7-1 减速器零件的位置尺寸

代号	名 称	荐 用 值	代号	名 称	荐 用 值
Δ_1	齿轮顶圆至箱体内壁的距离	$\geqslant 1.2\delta$,δ 为箱座壁厚	Δ_7	箱底至箱底内壁的距离	≈ 20
Δ_2	齿轮端面至箱体内壁的距离	$>\delta$(一般取 $\geqslant 10$)	H	减速器中心高	$\geqslant Ra+\Delta_6+\Delta_7$
Δ_3	轴承端面至箱体内壁的距离		L_1	箱体内壁至轴承座孔端面的距离	$=\delta+c_1+c_2+(5\sim10)$,$\delta、c_1、c_2$ 见表6-1
Δ_3	轴承用脂润滑时	$\Delta_3=10\sim12$			
Δ_3	轴承用油润滑时	$\Delta_3=3\sim5$			

代号	名　称	荐用值	代号	名　称	荐　用　值
Δ_4	旋转零件间的轴向距离	$10\sim15$	e	轴承端盖凸缘厚度	见表 6-9
Δ_5	齿轮顶圆至轴表面的距离	$\geqslant10$	L_2	箱体内壁轴向距离	$=2\Delta_2+b_1$（小齿轮宽度）
Δ_6	大齿轮齿顶圆至箱底内壁的距离	$>30\sim50$	L_3	轴承盖至联轴器内侧端面的距离	$\geqslant30$

2. 视图选择与布置图面

绘图时,应优先采用 1：1 的比例,以加强真实感。用 1 号图纸绘制三个视图时,按图7-1合理布置图面。

3. 初绘减速器装配草图

本阶段设计的内容,主要是初绘减速器的俯视图和部分主视图。下面以圆柱齿轮减速器为例,说明草图的绘制步骤。

1)画出主视图大体轮廓

先画主视图的齿轮中心线、齿轮轮廓及减速器箱体大齿轮一端的外廓(见图 7-2)。

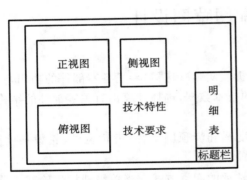

图 7-1　装配图的布置

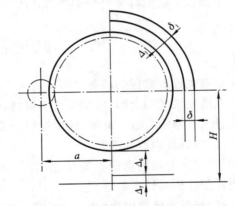

图 7-2　单级减速器图主视图装配草图

2)画出俯视图大体轮廓

然后画俯视图的齿轮中心线、齿轮轮廓及减速器箱体(见图 7-3)。

3)确定齿轮位置和箱体内壁线

根据齿轮直径和齿宽绘出齿轮轮廓位置。为保证全齿宽接触,通常使小齿轮较大齿轮宽 $5\sim10$ mm。

为了避免因箱体铸造误差造成齿轮与箱体间的距离过小甚至齿轮与箱体相碰,应使大齿轮齿顶圆、齿轮端面至箱体内壁之间分别留有适当距离 Δ_1 和 Δ_2,其中,$L_2=b_1+2\Delta_2$。高速级小齿轮一侧的箱体内壁线还应考虑其他条件才能确定,故暂不画出。

4)确定箱体内壁至轴承座孔外端面距离

箱体内壁至轴承座孔外端面距离 l_1 一般取决于轴承旁连接螺栓 $\text{M}d_1$ 所需的扳手空间尺寸 c_1 和 c_2,c_1+c_2 即为凸台宽度。轴承座孔外端面需要加工,为了减少加工面,凸台还需向外凸出至少 5 mm。因此,箱体内壁至轴承座孔外端面距离 $L_1 = \Delta_1 + c_1 + c_2 + 5$ mm,如图 7-3 所示。

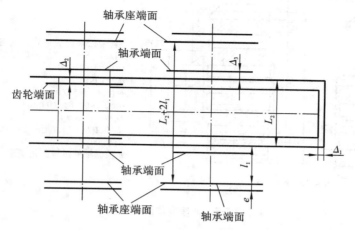

图 7-3　齿轮及箱体轴承座的位置

4. 轴的结构设计

轴的结构主要取决于轴上零件、轴承的布置、润滑和密封,同时还要满足轴上零件定位正确、固定牢靠、装拆方便、加工容易等条件。一般,轴设计成阶梯轴,如图 7-4 所示。

当齿轮直径较小,对于圆柱齿轮,当 $x \leqslant 2.5m_n$ 时(见图 7-5);对于锥齿轮,当 $x \leqslant 1.6m_t$ 时(见图 7-6),齿轮与轴做成一体,即做成齿轮轴,其结构如图 7-7 所示。

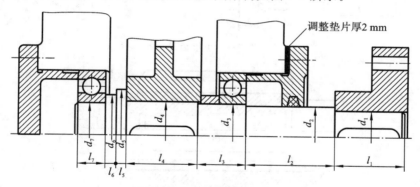

图 7-4　阶梯轴的结构

轴的结构设计,通过以下步骤来完成。

1)轴的径向尺寸的确定

(1)确定最小轴径。

一般按所传递的扭矩来估算最小轴径。

高速轴的最小轴径 d_1 应大于电动机的输出轴轴径。低速轴的最小轴径 d_1(见图 7-4)要充分考虑所传递的扭矩及联轴器的孔径,所以,在确定低速轴的最小轴径 d_1 之前,要先选择联轴器,确定联轴器的孔径及轴孔长度。

(2)类推其余各段轴径。

轴上零件用轴肩定位的相邻轴径的直径,如 d_1 和 d_2 之间、d_4 和 d_5 之间,根据计算确定,一般相差 5～10 mm。当滚动轴承用轴肩定位时,如 d_6 和 d_7 之间,其轴肩直径在滚动轴承标

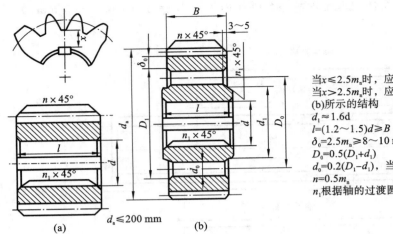

当$x \leq 2.5m_n$时，应将齿轮与轴做成一体；
当$x > 2.5m_n$时，应将齿轮做成图(a)或图(b)所示的结构
$d_1 \approx 1.6d$
$l = (1.2 \sim 1.5)d \geq B$
$\delta_0 = 2.5m_n \geq 8 \sim 10 \text{ mm}$
$D_0 = 0.5(D_1 + d_1)$
$d_0 = 0.2(D_1 - d_1)$，当$d_0 < 10 \text{ mm}$时，不必作孔
$n = 0.5m_n$
n_1根据轴的过渡圆角确定

图 7-5　锻造实体圆柱齿轮

当$x \leq 1.6m_t$时，应将齿轮与轴做成一体
$l = (1 \sim 1.2)d$

图 7-6　小锥齿轮

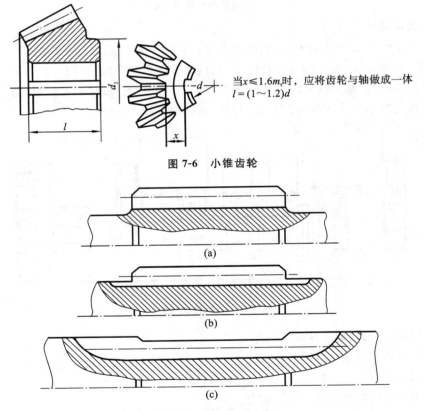

图 7-7　齿轮轴的结构

准中查取。

　　为了轴上零件装拆方便或加工需要而设计的非定位轴肩，如d_2和d_3之间、如d_3和d_4之间相邻轴段直径之差应取$1 \sim 3$ mm。轴上装滚动轴承、传动件和密封件等处的轴段直径应取相应的标准值如d_1、d_3、d_7。

　　需要磨削加工或车制螺纹的轴段，应设计相应的砂轮越程槽或螺纹退刀槽。

2）轴的轴向尺寸确定

轴上安装零件的各段长度，根据相应零件轮毂宽度和其他结构需要来确定，如安装轴承、齿轮、联轴器处的轴段长度。

不安装零件的各轴段长度可根据轴上零件相对位置来确定。当用套筒或挡油盘等零件来固定轴上零件时，轴端面与套筒端面或轮毂端面之间应留有 $2 \sim 3$ mm 的间隙，即轴段长度小于轮毂宽度 $2 \sim 3$ mm（图 7-4 中 d_4 右端处），以防止加工误差使零件在轴向固定不牢靠。当轴的外伸段上安装联轴器、带轮、链轮时，为了使其在轴向固定牢靠，也需同样处理。另外各轴段长度应考虑倒角的尺寸。

例如根据联轴器的轴孔长度，先确定 l_1（见图 7-4）；根据轴承宽度 B、Δ_2 和 Δ_3 可确定 l_3（见表 7-1、图 7-8），若是油润滑的圆锥滚子轴承可不考虑 Δ_3；根据齿轮宽度确定 l_4；轴环宽度 l_5 按计算确定；$l_6 = \Delta_2 + \Delta_3 - l_5$。同样，若是油润滑的圆锥滚子轴承可不考虑 Δ_3；根据轴承宽度确定 l_7。l_2 的长度要综合考虑轴承盖的尺寸及轴承盖至联轴器内侧端面的距离，$l_2 = L_1 + 2 + e + L_3 - (\Delta_3 + B)$。

轴上的平键长度应短于该轴段长度 $5 \sim 10$ mm，键长要圆整为标准值。键端距零件装入侧轴端距离一般为 $2 \sim 5$ mm，以便安装轴上零件时使其键槽容易对准键。

5. 轴、滚动轴承及键连接的校核计算

1）轴的强度校核

根据初绘装配草图上轴的结构，确定作用在轴上的力的作用点。一般作用在零件、轴承处的力的作用点或支承点取宽度的中点，对于角接触球轴承和圆锥滚子轴承，则应查手册来确定其支承点。确定了力的作用点和轴承间的支承距离后，可绘出轴的受力计算简图，绘制弯矩图、转矩图及当量弯矩图，然后对危险剖面进行强度校核。

校核后，如果强度不够，应增加轴径，对轴的结构进行修改或改变轴的材料。如果已满足强度要求，而且算出的安全系数或计算应力与许用值相差不大，则初步设计的轴结构正确，可以不再修改。如果安全系数很大或计算应力远小于许用应力，则不要马上减小轴径，因为轴的直径不仅由轴的强度来确定，还要考虑联轴器对轴的直径要求及轴承寿命、键连接强度等要求。因此，轴径大小应在满足其他条件后，才能确定。

2）滚动轴承寿命的校核计算

滚动轴承的类型前面已经选定，在确定轴的结构尺寸后，轴承的型号即可确定。这样，就可以进行寿命计算。轴承的寿命最好与减速器的寿命大致相等。如达不到，至少应达到减速器检修期（$2 \sim 3$ 年）。如果寿命不够，可先考虑选用其他系列的轴承，其次考虑改选轴承的类型或轴径。如果计算寿命太大，可考虑选用较小系列轴承。

3）键连接强度校核

键连接强度校核，应校核轮毂、轴、键三者挤压强度的弱者。若强度不够，可增加键的长度，或改用双键、花键，甚至可考虑通过增加轴径来满足强度的要求。

轴的结构设计和轴上零件校核完成后，即可完成减速器装配草图俯视图的初绘任务（见图 7-8）。

6. 完成减速器装配草图

1）轴系零件的结构设计

（1）箱体内齿轮的结构。对于齿轮轴，可根据齿轮直径大小采用图 7-7 所示的结构。图 7-7（b）和图 7-7（c）所示的结构，只能用滚齿方法加工齿轮。齿轮的结构尺寸参见图 7-9、图

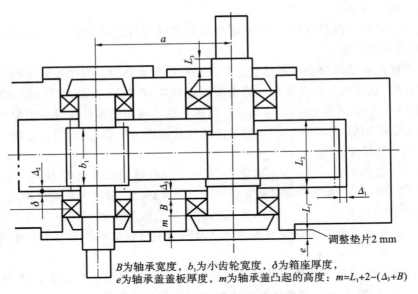

B为轴承宽度，b_1为小齿轮宽度，δ为箱座厚度，
e为轴承盖盖板厚度，m为轴承盖凸起的高度：$m=L_1+2-(\Delta_3+B)$

图 7-8　单级减速器装配草图俯视图

7-10和图 7-11。

　　(2)画出滚动轴承的结构。

　　(3)画出套筒或轴端挡圈的结构。

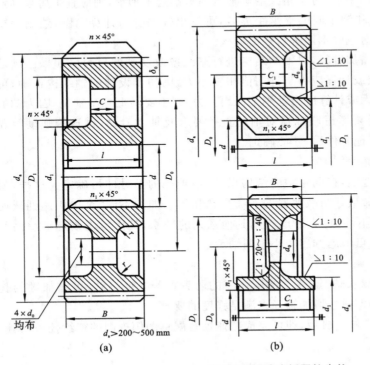

$d_1 \approx 1.6d$
$l=(1.2\sim1.5)d \geqslant B$
$D_0=0.5(D_1+d_1)$
$d_0=0.25(D_1-d_1) \geqslant 10$ mm
$C=0.3B$
$C_1=(0.2\sim0.3)B$
$n=0.5m_n$，$r=5$
n_1根据轴的过渡圆角确定
$\delta_0=(2.5\sim4)m_n \geqslant 8\sim10$ mm
$D_1=d_f-2\delta_0$
图(a)为自由锻：所有表面都需机械加工
图(b)为模锻：轮缘内表面、轮毂外表面及辐板表面都不需机械加工

图 7-9　锻造腹板圆柱齿轮

(a)自由锻；(b)模锻

　　(4)挡油盘。当滚动轴承采用脂润滑时,轴承靠箱体内壁一侧应装挡油盘。当滚动轴承采

用油润滑时,若轴上小斜齿轮直径小于轴承座孔直径,为防止齿轮啮合过程中挤出的润滑油大量冲入轴承,轴承靠箱体内壁一侧也应装挡油盘。

(5)画出轴承盖。根据表 6-9、表 6-10 所示的轴承盖的结构尺寸,画出轴承透盖或闷盖。按工作情况选用凸缘式或嵌入式轴承盖。

(6)画出密封件。根据密封处的轴表面的圆周速度、润滑剂种类、密封要求、工作温度、环境条件等来选择密封件。当 $v<4\sim5$ m/s 时,较清洁的地方用毡圈密封(表 16-7);当 $v<10$ m/s 且环境有灰时,可采用 J 形橡胶油封(表 16-8),速度高时,用非接触式密封(参见表 16-12、表 16-13)。

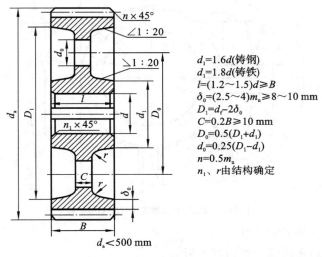

$d_1=1.6d$(铸钢)
$d_1=1.8d$(铸铁)
$l=(1.2\sim1.5)d\geqslant B$
$\delta_0=(2.5\sim4)m_n\geqslant8\sim10$ mm
$D_1=d_f-2\delta_0$
$C=0.2B\geqslant10$ mm
$D_0=0.5(D_1+d_1)$
$d_0=0.25(D_1-d_1)$
$n=0.5m_n$
n_1、r由结构确定

$d_a<500$ mm

图 7-10　铸造圆柱大齿轮

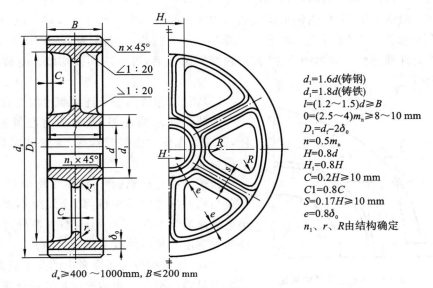

$d_1=1.6d$(铸钢)
$d_1=1.8d$(铸铁)
$l=(1.2\sim1.5)d\geqslant B$
$0=(2.5\sim4)m_n\geqslant8\sim10$ mm
$D_1=d_f-2\delta_0$
$n=0.5m_n$
$H=0.8d$
$H_1=0.8H$
$C=0.2H\geqslant10$ mm
$C1=0.8C$
$S=0.17H\geqslant10$ mm
$e=0.8\delta_0$
n_1、r、R由结构确定

$d_a\geqslant400\sim1000$mm, $B\leqslant200$ mm

图 7-11　铸造圆柱大齿轮

采用 J 形橡胶油封时,应注意安装方向:当以防止漏油为主时,油封唇边对箱体内(见图 6-22(a));当以防止外界杂质侵入为主时,油封唇边对箱体外(见图 6-22(b));当用两个油封相背安装时,防漏油、防尘性能均佳(见图 6-22(c))。

2)减速器箱体的结构设计

(1)轴承旁连接螺栓凸台结构尺寸的确定。

确定轴承旁连接螺栓位置:为了增大剖分式箱体轴承座的刚度,轴承旁连接螺栓距离应尽量小,但是不能与轴承盖连接螺钉相干涉,一般 $s = D_2$(见图 7-12),D_2 为轴承盖外径。用嵌入式轴承盖时,D_2 为轴承座凸缘的外径。两轴承座孔之间,装不下两个螺栓时,可在两个轴承座孔间距的中间装一个螺栓。

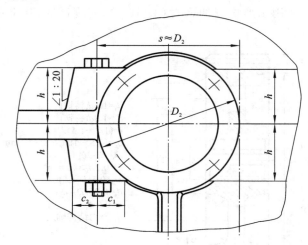

图 7-12　轴承旁连接螺栓凸台的设计

(2)确定箱盖顶部外表面轮廓。

对于铸造箱体,箱盖顶部一般为圆弧形。

大齿轮一侧,可以轴心为圆心,以 $R = d_{a_2}/2 + \Delta_1 + \delta_1$ 为半径画出圆弧作为箱盖顶部的部分轮廓。在一般情况下,大齿轮轴承座孔凸台均在此圆弧以内。而在小齿轮一侧,箱盖的外廓圆弧半径 R 应根据图 7-13 所示来确定。一般以 O 点为圆心,以 OA 为半径所画圆弧即为小齿轮一侧箱盖的外廓圆弧。画出小齿轮、大齿轮两侧圆弧后,可作两圆弧切线。这样,箱盖顶部轮廓就完全确定了。

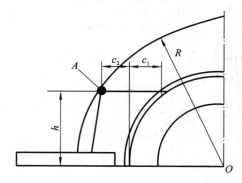

图 7-13　小齿轮一侧箱盖圆弧的确定

(3)箱盖、箱座凸缘及连接螺栓的布置。

为防止润滑油外漏,凸缘应有足够的宽度。另外,还应考虑安装连接螺栓时,要保证有足够的扳手活动空间。

布置凸缘连接螺栓时,应尽量均匀对称。为保证箱盖与箱座接合的紧密性,螺栓间距不要过大,对中小型减速器为 150~200 mm;布置螺栓时,与别的零件间也要留有足够的扳手活动空间。

(4)箱体结构设计还应考虑的几个问题。

①足够的刚度。箱体除有足够的强度外,还需有足够的刚度,后者比前者更为重要。若刚度不够,会使轴和轴承在外力作用下产生偏斜,引起传动零件啮合精度下降,使减速器不能正常工作。因此,在设计箱体时,除有足够的壁厚外,还需在轴承座孔凸台上下做出刚性加强肋。

机座底面宽度 B 应超过内壁位置,一般 $B = c_{f1} + c_{f2} + 2\delta$($c_{f1}$ 和 c_{f2} 分别为地脚螺栓的扳手

空间、螺栓中心至凸缘边缘距离），如图 7-14 所示。

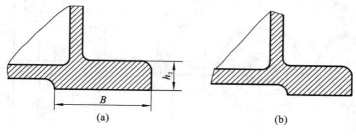

图 7-14　底座凸缘
（a）正确；（b）不正确

②箱体的铸造工艺性。设计铸造箱体时，力求外形简单、壁厚均匀、过渡平缓。在采用砂模铸造时，箱体铸造圆角半径一般可取 $R \geq 5$ mm。为保证铸件出模，还应注意铸件应有 $1 : 10 \sim 1 : 20$ 的拔模斜度。

③箱体的机械加工工艺性。为了提高劳动生产率和经济效益，应尽量减少机械加工面。箱体上任何一处加工表面与非加工表面要分开，不使它们在同一平面上。采用凸出还是凹入结构应视加工方法而定。轴承座孔端面、窥视孔、通气器、吊环螺钉、油塞等处均应凸起 $3 \sim 8$ mm。支承螺栓头部或螺母的支承面，一般多采用凹入结构，即沉头座。锪平沉头座时，深度不限，锪平为止，在图上可画出 $2 \sim 3$ mm 深，以表示锪平深度。箱座底面也应铸出凹入部分，以减少加工面。

为保证加工精度，缩短工时，应尽量减少加工时工件和刀具的调整次数。因此，同一轴线上的轴承座孔的直径、精度和表面粗糙度应尽量一致，以便一次镗成。各轴承座的外端面应在同一平面上，而且箱体两侧轴承座孔端面应与箱体中心平面对称，便于加工和检验。

3）完善装配草图

完成各个视图，各视图零件的投影关系要正确。在装配工作图上，有些结构如螺栓、螺母、滚动轴承、定位销等可以按机械制图国家标准的简化画法绘制。

为了表示清楚各零件的装配关系，必须有足够的局部剖视图。

设计中应按先箱体、后附件，先主体、后局部，先轮廓、后细节的结构设计顺序，并应注意视图的选择、表达及视图的关系。

完成后的一级圆柱齿轮减速器（轴承为脂润滑）装配草图如图 7-15 所示。

4）减速器装配草图的检查和修改

一般先从箱内零件开始检查，然后扩展到箱外附件；先从齿轮、轴、轴承及箱体等主要零件检查，然后对其余零件检查。在检查中，应把三个视图对照起来，以便发现问题。

应检查以下内容。

（1）总体布置是否与传动装置方案简图一致。

（2）轴承要有可靠的游隙或间隙调整措施。

（3）要检查轴上零件的轴向定位，轴肩定位高度是否合适，用套筒等定位时，轴的装配长度是否小于零件轮毂长度 $2 \sim 3$ mm。

（4）保证轴上零件能按顺序装拆。注意轴承的定位轴肩不能高于轴承内圈高度。外伸端定位轴肩与轴承盖距离应保证轴承盖连接螺钉装拆或轴上零件装拆条件。

（5）轴上零件要有可靠的周向定位。

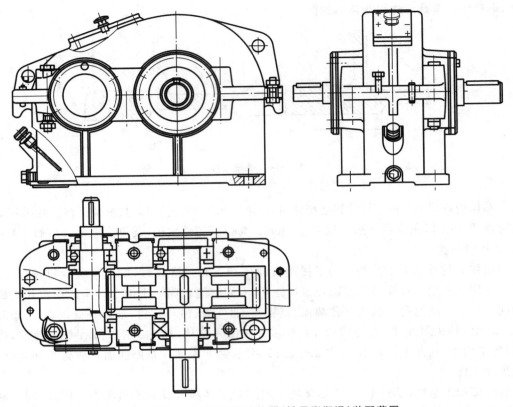

图 7-15　　一级圆柱齿轮减速器(轴承脂润滑)装配草图

（6）当用油润滑轴承时，输油沟是否能将油输入轴承；若小齿轮为斜齿轮，高速轴是否需要挡油盘；当用脂润滑轴承时，是否安装了挡油盘，透盖处是否有密封。

（7）油面高度是否符合要求。

（8）齿轮与箱体内壁要有一定的距离。

（9）箱体凸缘宽度应留有扳手活动空间。

（10）箱体底面应考虑减少加工面，不能整个表面与机座接触。

（11）装螺栓、油塞等处要有沉头座或凸台。

7.3　减速器装配工作图设计

本阶段的工作包括：绘制与加深各装配视图，标注主要尺寸和配合，写出减速器的技术特性，编写技术要求，进行零件编号，编制零件明细表和标题栏，检查装配工作图等。

1. 绘制与加深各装配视图

装配图可以根据装配草图重新绘制，也可以在装配草图上绘制。

绘制时应注意：尽量将减速器的工作原理和主要装配关系集中表达在一个基本视图上；装配图上应避免用虚线表示零件结构，必须表达的内部结构（如附件结构），可以通过局部剖视图或向视图表达；画剖面时注意剖面线的画法，相邻不同零件剖面线方向应不同，同一零件在各视图上剖面线方向和间距应一致，很薄的零件的剖面可以涂黑等。为保证图面整洁，加深前应对各视图仔细检查与修改。

2. 标注主要尺寸和配合

1）特性尺寸

特性尺寸即反映减速器技术性能的尺寸，如传动零件的中心距及其偏差。

2）外形尺寸

外形尺寸即反映减速器所占空间位置的尺寸，如减速器的总长、总宽和总高。

3）安装尺寸

安装尺寸即与支承件、外接零件联系的尺寸，如箱座底面尺寸、地脚螺栓孔中心线的定位尺寸及其直径和间距、减速器中心高、轴外伸端的配合长度和直径等。

4）主要零件的配合尺寸

传动零件与轴，联轴器与轴，轴承内圈与轴，轴承外圈、套杯与箱体轴承座孔等相配合处，均应标注配合尺寸及其配合精度等级。表 7-2 列出了减速器主要零件的荐用配合精度，供设计时参考。

表 7-2　减速器主要零件的荐用配合精度

配 合 零 件	荐 用 配 合 精 度		装 配 方 法
传动零件与轴 联轴器与轴	受重载或冲击载荷下齿（蜗）轮与轴，轮缘与轮芯	H7/r6, H7/s6 H7/s7, H7/p6	用压力机或温差法
	一般情况下	H7/r6, H7/n6	用压力机
	要求对中性良好及很少装拆	H7/n6	用压力机
	经常装拆	H7/m6, H7/k6	手锤打入
轴承内圈与轴 （内圈旋转）	轻载荷($P \leqslant 0.07C$)	j6, k6, m6	用温差法或压力机
	正常载荷[$0.07C < P$ $\leqslant 0.15C$]	k6, m6, n6	
	重载荷($P > 0.15C$)	n6, p6, r6	
轴承外圈与座孔（或套杯孔）	H7, G7, J7		用木槌或徒手装拆
轴承套杯与座孔	H7/js6, H7/h6		
轴承盖与座孔 （或套杯孔）	凸缘式	H7/h8, H7/d11	用木槌或徒手装拆
	嵌入式	H7/h8, H7/f9	
轴套、挡油环、溅油轮 等与轴	D11/k6, F9/k6, F9/m6, H8/h7, H8/h8		徒手装拆
嵌入式轴承盖的凸缘厚与 箱座孔中凹槽	H11/h11		
与密封件相接触轴段	f9, h11		

标注尺寸时，尺寸线布置应力求整齐、清晰，并尽可能集中标注在反映主要结构关系的视图上。标注配合时，应优先采用基孔制，当零件的一个表面同时与两个零件相配合，且配合性质又不同时，可采用不同基准的混合配合。

3. 写出减速器的技术特性

应在装配图上的适当位置，写出或用表格形式列出减速器的技术特性。其具体内容与格式参见表 7-3。

表 7-3　技术特性

输入功率 /kW	输入转速 /(r/min)	总传动比 i	效率 η	传动 特 性			
				第一级			
				β	m_n	齿数	精度等级
						z_1	
						z_2	

4. 编写技术要求

装配工作图的技术要求是用文字说明在视图上无法表达的有关装配、调整、检验、润滑、维护等方面的内容。

装配工作图的主要技术要求如下。

1)对零件的要求

装配前,检验零件的配合尺寸,合格零件才能装配。所有零件要用煤油清洗,滚动轴承用汽油清洗;机体内不许有任何杂物存在;机体内壁涂上防腐蚀的涂料。

2)传动侧隙量和接触斑点

啮合侧隙用铅丝检验不小于 0.16 mm,铅丝不得大于最小侧隙的 4 倍。用涂色法检验斑点,按齿长接触斑点不小于 50%。必要时可用研磨或刮后研磨,以改善接触情况。

3)对安装调整的要求

安装齿轮时,必须保证需要的传动侧隙;安装滚动轴承时,要保证适当的轴向游隙。对于固定间隙的向心球轴承,一般留轴向间隙 $\Delta = 0.25 \sim 0.4$ mm。对可调间隙轴承的轴向间隙可查机械设计手册,并注明轴向间隙值。

4)减速器的密封要求

在箱体剖分面、各接触面及密封处均不允许出现漏油和渗油现象。剖分面上允许涂密封胶或水玻璃,但不允许塞入任何垫片或填料。为此,在拧紧连接螺栓前,应用 0.05 mm 的塞尺检查其密封性。

5)润滑剂的牌号和用量

选择润滑剂时,应考虑传动类型、载荷性质及运转速度。一般对重载、高速、频繁启动、反复运转等情况,由于形成油膜条件差,温升高,所以应选择黏度高,油性和挤压性好的润滑油。对轻载、间歇工作的传动件可取黏度较低的润滑油。

润滑剂对减速器的传动性能有很大影响,起到减少摩擦、降低磨损和散热冷却的作用,同时也有助于减振、防锈及冲洗杂质。因此,对传动零件及轴承所用的润滑剂牌号、用量、补充及更换时间等都要标明。

若轴承用润滑脂润滑,则润滑脂一般以填充轴承空隙体积的 1/3~1/2 为宜。

6)减速器的试验要求

减速器装配后,应做空载试验和负载试验。空载试验是在额定转速下,正、反转各 1~2 h,要求运转平稳、噪声小、连接不松动、不漏油、不渗油等。负载试验是在额定转速和额定功率下进行,要求油池温升不超过 35 ℃,轴承温升不超过 40 ℃。

7）减速器清洗和油漆要求

经试运转检验合格后，所有零件要用煤油或汽油清洗。箱体内不允许有任何杂物存在，箱体内壁应涂上防蚀涂料，箱体不加工表面应涂以某种颜色的油漆。

5. 进行零件编号

零件编号要完全，但不能重复，图样上相同零件只能有一个编号。零件编号方法可以采用不区分标准件和非标准件的方法统一编号；也可以将标准件和非标准件分开，分别编号。编号线不能相交，也不与剖面线平行。由几个零件组成的独立组件（如滚动轴承、通气器等）可作为一个零件编号。

编号应安排在视图外边，并沿水平方向及垂直方向，按顺时针或逆时针方向顺序排列整齐。编号可按顺时针或逆时针方向顺序排列，字高要比尺寸数字高度大一号或两号，如图7-16所示。零件编号的表示应符合国家制图标准的规定。

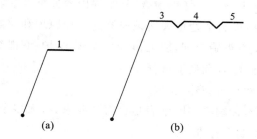

图 7-16　零件编号和公共引线编号

（a）零件编号；（b）公共引线编号

6. 编制标题栏和零件明细表

标题栏应布置在图样的右下角，用以说明减速器的名称、视图比例、件数、重量和图号等。标题栏格式如图 7-17 所示。

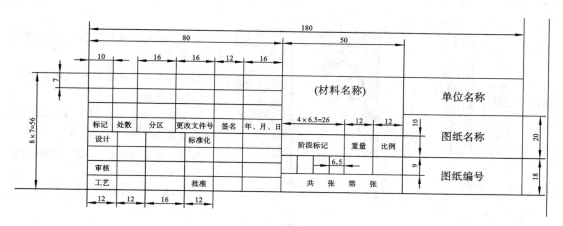

图 7-17　标题栏

明细表是减速器所有零部件的详细目录。应注明各零件的编号、名称、数量、材料、标准规格等。明细表应自下而上按顺序填写，对标准件需按规定标记书写，材料应注明牌号。明细表格式如图 7-18 所示。

序号	代号	名称	数量	材料	单件	总计	备注
4		内六角平端紧定螺钉	2	M6×5			
3	HM-00-01-0103	注油嘴	1	Cu, M5			
2	HM-00-01-0102	注油管件	1	$G\frac{1}{4}$			
1	HM-00-01-0101	前盖	1	铸铁			
序号	代号	名称	数量	材料		重量	备注

图 7-18　明细表

7. 检查装配工作图及其常见错误示例分析

1)检查装配工作图

完成装配工作图后,应再做一次仔细检查,其主要内容如下。

(1)视图数量是否足够,能否清楚地表达减速器的工作原理和装配关系。

(2)各零部件的结构是否正确合理,加工、装拆、调整、维护、润滑等是否可行和方便。

(3)尺寸标注是否正确,配合和精度选择是否适当。

(4)技术要求、技术特性是否完善、正确。

(5)零件编号是否齐全,标题栏和明细表是否符合要求,有无多余和遗漏。

(6)制图是否符合国家制图标准。

2)常见错误示例分析

减速器装配图中常见错误示例及说明,如表7-4至表7-9所示。

表 7-4　减速器附件设计的正误示例

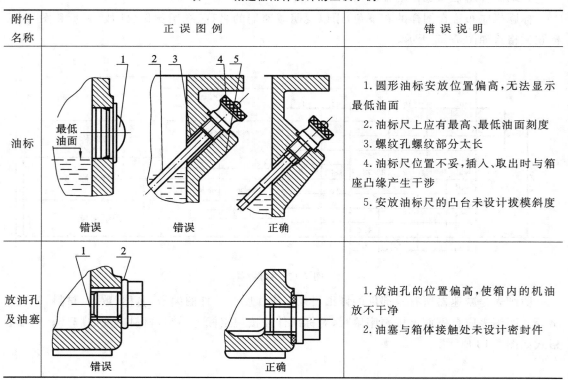

附件名称	正误图例	错误说明
油标	错误　　错误　　正确	1.圆形油标安放位置偏高,无法显示最低油面 2.油标尺上应有最高、最低油面刻度 3.螺纹孔螺纹部分太长 4.油标尺位置不妥,插入、取出时与箱座凸缘产生干涉 5.安放油标尺的凸台未设计拔模斜度
放油孔及油塞	错误　　正确	1.放油孔的位置偏高,使箱内的机油放不干净 2.油塞与箱体接触处未设计密封件

续表

附件名称	正误图例	错误说明
定位销	错误　　　　正确	锥销的长度太短,不利于装拆
窥视孔及视孔盖	错误　　　　正确	1.视孔盖与箱盖接触处未设计加工凸台,不便加工 2.窥视孔太小,且位置偏上,不利于窥视啮合区的情况 3.视孔盖下无垫片,易漏油
吊环螺钉	错误　　　　正确	吊环螺钉支承面没有凸台,也未锪出沉头座,螺孔口未扩孔,螺钉不能完全拧入;箱盖内表面螺钉处无凸台,加工时易钻偏打刀
螺钉连接	错误　　　　正确	弹簧垫圈开口方向反了;较薄的被连接件上孔应大于螺钉直径;螺纹应画细实线;螺钉螺纹长度太短,无法拧到位;钻孔尾端锥角画错了
	错误　　　　正确	1.漏画间隙 2.螺纹终止应该用细线表示 3.弹簧垫圈方向画反了 4.应画凹坑

附件名称	正误图例		错误说明
螺钉连接	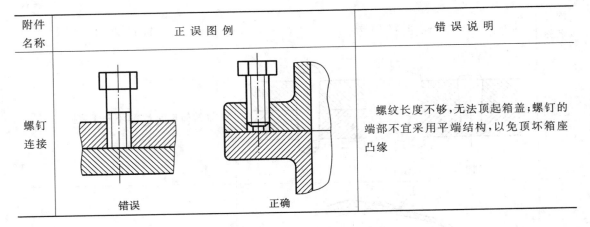 错误	正确	螺纹长度不够,无法顶起箱盖;螺钉的端部不宜采用平端结构,以免顶坏箱座凸缘

表 7-5　轴系结构设计的正误示例之一

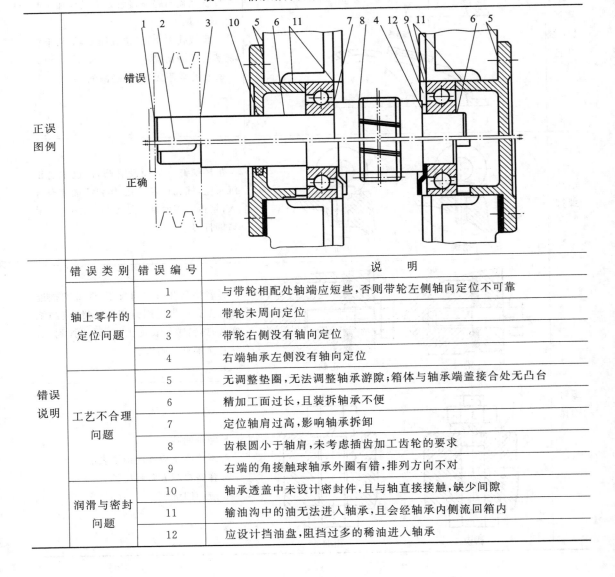

	错误类别	错误编号	说　　明
错误说明	轴上零件的定位问题	1	与带轮相配处轴端应短些,否则带轮左侧轴向定位不可靠
		2	带轮未周向定位
		3	带轮右侧没有轴向定位
		4	右端轴承左侧没有轴向定位
	工艺不合理问题	5	无调整垫圈,无法调整轴承游隙;箱体与轴承端盖接合处无凸台
		6	精加工面过长,且装拆轴承不便
		7	定位轴肩过高,影响轴承拆卸
		8	齿根圆小于轴肩,未考虑插齿加工齿轮的要求
		9	右端的角接触球轴承外圈有错,排列方向不对
	润滑与密封问题	10	轴承透盖中未设计密封件,且与轴直接接触,缺少间隙
		11	输油沟中的油无法进入轴承,且会经轴承内侧流回箱内
		12	应设计挡油盘,阻挡过多的稀油进入轴承

表 7-6　轴系结构设计的正误示例之二

正误图例	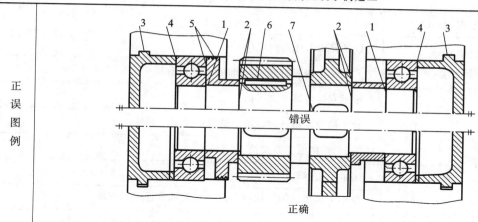 错误 正确

错误说明	错误类别	错误编号	说　明
	轴上零件的定位问题	1	与挡油盘、套筒相配的轴段不应与它们同长,轴承定位不可靠
		2	与齿轮相配轴段应短些,否则齿轮定位不可靠,且挡油盘、套筒定位高度太低,定位、固定不可靠
		3	轴承盖过定位
	工艺不合理问题	4	轴承游隙无法调整,应设计调整环或其他调整装置
		5	挡油盘不能紧靠轴承外圈,与轴承座孔间应有间隙,且其沟槽应露出内机壁一点
		6	两齿轮相配轴段上的键槽应置于同一直线上
		7	键槽太靠近轴肩,易产生应力集中

表 7-7　轴系结构设计的正误示例之三

正误图例	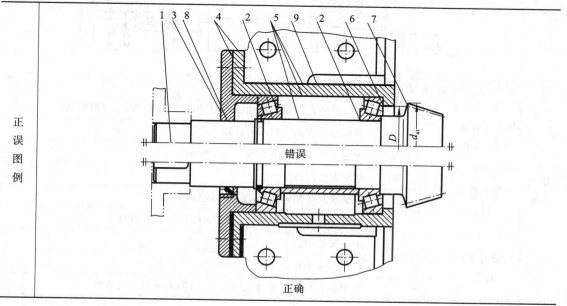 错误 正确

错误类别	错误编号	说　　明
错误说明		
轴上零件的定位问题	1	联轴器未考虑周向定位
	2	左端轴承内圈右侧、右端轴承左侧没有轴向定位
工艺不合理问题	3	轴承端盖应减少加工面
	4	轴承游隙及小锥齿轮轴的轴向位置无法调整
	5	轴、套杯精加工面太长
	6	轴承无法拆卸
	7	D 小于锥齿轮轴齿顶圆直径 d_{a_1}，轴承装拆很不方便
润滑与密封问题	8	轴承透盖未设计密封件，且与轴直接接触、无间隙
	9	润滑油无法进入轴承

表 7-8　轴系结构设计的正误示例之四

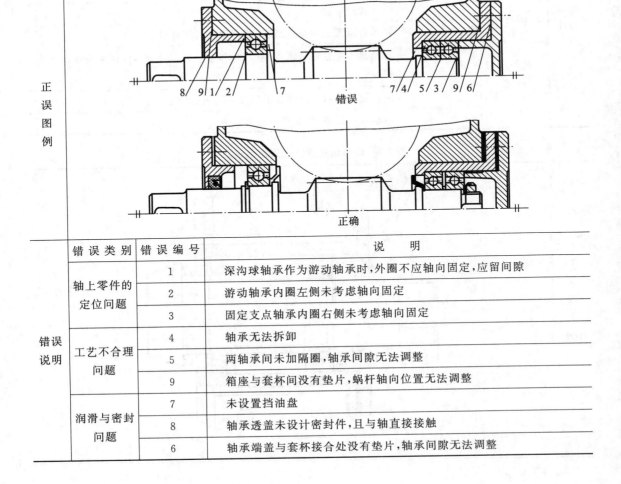

正误图例

错误

正确

错误类别	错误编号	说　　明
错误说明		
轴上零件的定位问题	1	深沟球轴承作为游动轴承时，外圈不应轴向固定，应留间隙
	2	游动轴承内圈左侧未考虑轴向固定
	3	固定支点轴承内圈右侧未考虑轴向固定
工艺不合理问题	4	轴承无法拆卸
	5	两轴承间未加隔圈，轴承间隙无法调整
	9	箱座与套杯间没有垫片，蜗杆轴向位置无法调整
润滑与密封问题	7	未设置挡油盘
	8	轴承透盖未设计密封件，且与轴直接接触
	6	轴承端盖与套杯接合处没有垫片，轴承间隙无法调整

表 7-9　箱体轴承座部位设计的正误示例

正误图例	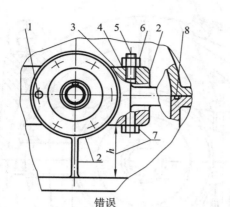 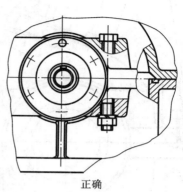
	错误　　　　　　　　　　　　　　　正确

错误说明	错误编号	说　　明
	1	轴承盖螺钉不能设计在剖分面上
	2	轴承座、加强肋及轴承座旁凸台未考虑拔模斜度
	3	普通螺栓连接的孔与螺杆之间没有间隙
	4	螺母支承面及螺栓头部与箱体接合面处没有加工凸台或沉头座
	5	连接螺栓距轴承座中心较远,不利于提高连接刚度
	6	螺栓连接没有防松装置
	7	箱体底座凸缘至轴承座凸台之间空间高度 h 不够,螺栓无法由下向上安装
	8	润滑油无法流入箱座凸缘输油沟内去润滑轴承

8. 装配图的完成

装配图的总成设计要完成:标注尺寸及配合关系,写出减速器的技术特性或技术要求,标注零件部件的序号,绘制标题栏及明细表等。

减速器的装配图要尽量把其工作原理和主要装配关系集中表达在一个基本视图上,如齿轮减速器应集中在俯视图上。对于装配图一般不用虚线表示零件结构,而采用局部剖视图或局部视图表达。

装配图的某些结构可以采用简化画法,如螺栓、螺母、滚动轴承可采用制图标准中规定的简化画法,相同类型、尺寸、规格的螺栓连接只画一个,其他的用中心线表示即可。画剖视图时,用不同的剖面线方向来区别相邻的不同零件,一个零件在各剖视图中的剖面线方向和间隔应一致。像垫片这样很薄的零件剖面可以涂黑。

图 7-19 至图 7-22 所示为一级齿轮减速器参考图例。

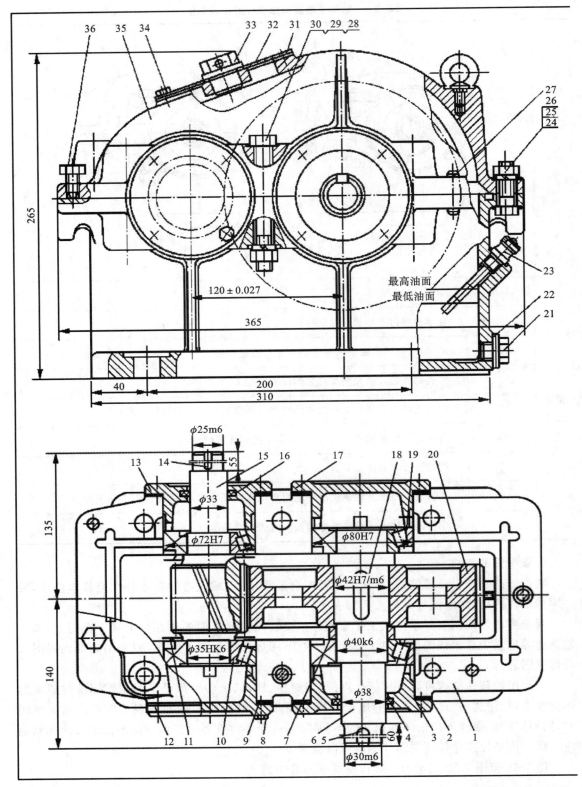

最高油面
最低油面

$\phi 25m6$

$\phi 33$

$\phi 72H7$

$\phi 80H7$

$\phi 42H7/m6$

$\phi 35HK6$

$\phi 40k6$

$\phi 38$

$\phi 30m6$

120 ± 0.027

图 7-19 一级圆柱齿轮减速器

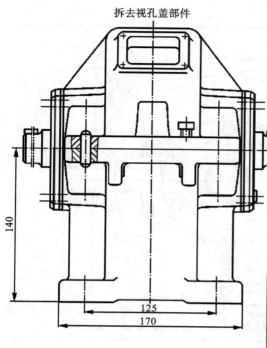

拆去视孔盖部件

140
125
170

技术特性

输入功率/kW	输入轴转速/(r/min)	传动比i
4.53	960	3.55

技术要求

1.装配前,滚动轴承用汽油清洗,其他零件用煤油清洗,箱体内不允许有任何杂物存在,箱体内壁涂耐油油漆。

2.齿轮副的侧隙用钢丝检验,侧隙值应不小于0.14 mm。

3.滚动轴承的轴向调整间隙均为0.05~0.1 mm。

4.齿轮装配后,用涂色法检查齿面接触斑点,沿齿高不小于45%,沿齿长不小于60%。

5.减速器剖分面涂密封胶或水玻璃,不允许使用任何填料。

6.减速器内装油量应达到规定高度。

7.减速器外表面涂灰色油漆。

36	起盖螺钉	1		M10×20	
35	箱盖	1	HT200		
34	螺栓	4		GB/T 5783—2016 M6×20	
33	通气器	1	Q235		
32	视孔盖	1	Q235		
31	垫片	1	软钢纸板		
30	弹簧垫圈	6	65 Mn	垫圈GB/T 93—1987 12	
29	螺母	6		GB/T 6170—2015 M12	
28	螺栓	6		GB/T 5783—2016 M12×10	
27	圆锥销	2	35	销GB/T 117—2000 8×35	
26	弹簧垫圈	1	65 Mn	垫圈GB/T 93—1987 10	
25	螺母	1		GB/T 6170—2015 M10	
24	螺栓	1		GB/T 5782—2016 M10×40	
23	油标尺	1		组合件	
22	封油圈	1	石棉橡胶纸		
21	油塞	1			
20	大齿轮	1	45	$m_n=2.5,z=71$	
19	圆锥滚子轴承	2		30208 GB/T 297—2015	
18	键	1	45	键12×40 GB/T 1096—2000	
17	轴承盖	1	HT200		
16	毡圈	1	半粗羊毛毡		
15	齿轮轴	1	45	$m_n=2.5,z=20$	
14	键	1	45	键C8×50 GB/T 1096—2003	
13	轴承盖	1	HT200		
12	轴承盖	1	HT200		
11	挡油盘	2	Q235		
10	圆锥滚子轴承	2		30207 GB/T 297—2015	
9	调整垫片	2	08F		
8	螺栓	16		GB/T 5783—2016 M8×25	
7	轴套	1	45		
6	轴	1	45		
5	键	1	45	键C8×55 GB/T 1096—2003	
4	毡圈	1	半粗羊毛毡		
3	轴承盖	1	HT200		
2	调整垫片	2	08F		
1	箱座	1	HT200		
序号	零件名称	数量	材料	规格及标准代号	备注

单级圆柱齿轮减速器		比例		图号	
		数量		重量	
设计		年月	机械零件课程设计	(校名)	
审核				(班号)	

(轴承油润滑)总装图

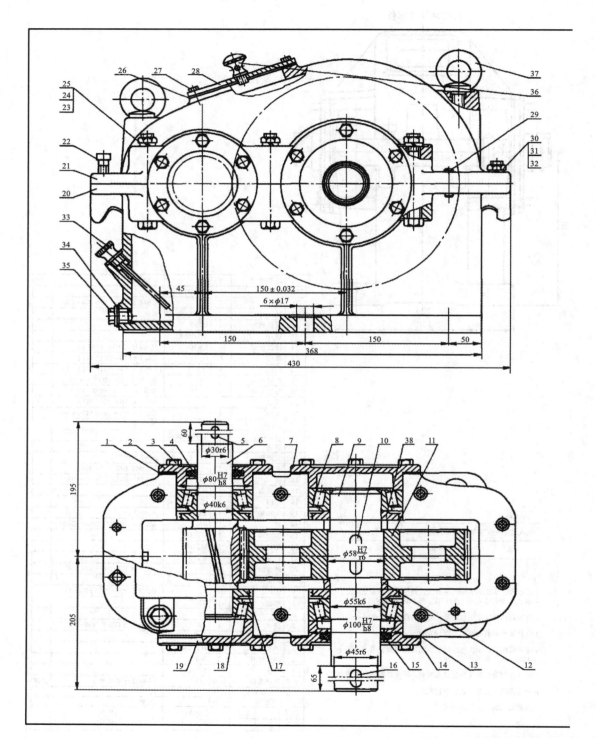

图 7-20　一级圆柱齿轮减速器

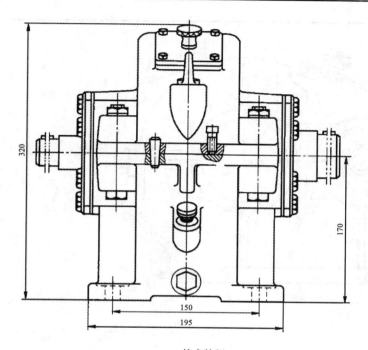

技术要求

1. 啮合侧隙大小用铅丝检验，保证侧隙不小于0.16 mm。铅丝直径不得大于最小侧隙的两倍。

2. 用涂色法检验轮齿接触斑点，要求齿高接触斑点不少于40%，齿宽接触斑点不少于50%。

3. 调整轴承的轴向间隙，图中高速轴轴承为0.05～0.1，低速轴轴承为0.08～0.150。

4. 箱内装150号齿轮油至规定高度。

5. 齿轮的未加工表面和箱座、箱盖及其他零件未加工的内表面，涂底漆并涂红色的耐油油漆。箱盖、箱座及其他零件未加工的外表面涂底漆并涂浅灰色油漆。

6. 运转过程中应平稳、无冲击、无异常振动和噪声。各密封处、接合处均不得渗油、漏油。部分面允许涂密封胶或水玻璃。

技术特征

输入功率/kW	输入轴转速/(r/min)	减速器总传动比i	减速器总效率η
4.6	572	3.95	0.95

38		脂润滑用挡油盘	2	Q235		
37	GB/T 825—1988	吊环螺钉M16	2			
36		通气器	1			
35		螺塞M18×1.5	1			
34		垫片	1	石棉橡胶纸		
33		油尺	1			组合件
32	GB/T 93—1987	垫圈10	2			
31	GB/T 6170—2015	螺母M10	2			
30	GB/T 5782—2016	螺栓M10×40	2			
29	GB/T 117—2000	定位销A8×30	2			
28		视孔盖	1	Q235		焊接件
27	GB/T 5782—2016	螺栓M6×16	4			
26		垫片	1	石棉橡胶纸		
25	GB/T 93—1987	垫圈12	6			
24	GB/T 6170—2015	螺母M12	6			
23	GB/T 5782—2016	螺栓M12×120	6			
22		启箱螺钉M10×30	1			
21		上箱座	1	HT200		
20		下箱座	1	HT200		
19		轴承端盖	1	HT150		
18	GB/T 297—2015	滚动轴承30208	2			
17		脂润滑用挡油盘	2	Q235		
16	GB/T 1096—2003	键14×56	1			
15		毡圈油封	1	羊毛毡		

14		轴承端盖	1	HT150		
13		调整垫片	2	08F		
12		套筒	1	Q235		
11		齿轮	1	45		
10	GB/T 1096—2003	键16×63	1			
9		轴	1	45		
8	GB/T 297—2015	滚动轴承30211	2			
7		轴承端盖	1	HT150		
6		齿轮轴	1	45		
5	GB/T 1096—2003	键8×50	1			
4		毡圈油封	1	羊毛毡		
3	GB/T 5782—2016	螺栓8×20	24			
2		轴承端盖	1	HT150		
1		调整垫片	2	08F		
序号	代号	名称	数量	材料	单件 总计 重量	备注

	装配图	××大学
		××专业
		××班级
标记 处数 分区 更改文件号 签名 年、月、日	阶段标记　重量　比例	一级圆柱齿轮减速器
设计　　　　　标准化		
审核	共　张　第　张	MY-JSQ-00
工艺　　　　　批准		

（轴承脂润滑）总装图

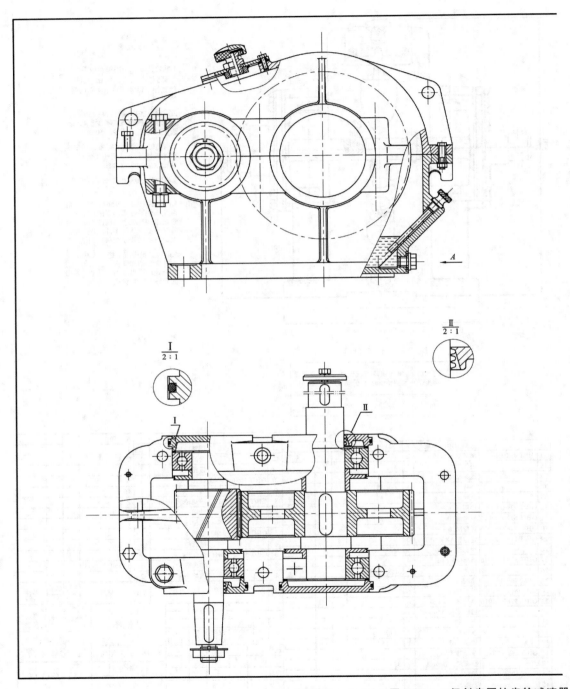

图 7-21　一级斜齿圆柱齿轮减速器

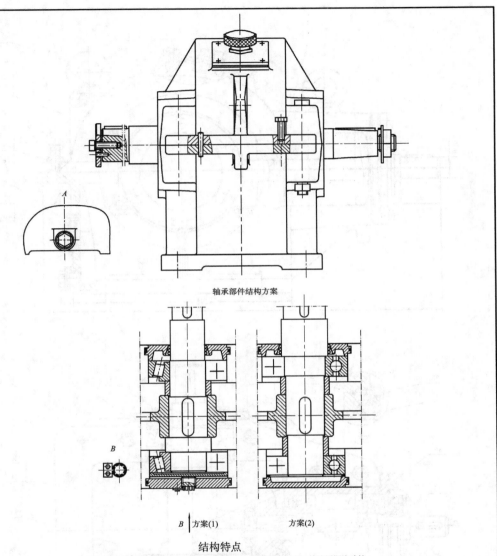

轴承部件结构方案

B | 方案(1)   方案(2)

结构特点

本图所示为一级斜齿圆柱齿轮减速器结构图。因轴向力不大，故选用深沟球轴承。由于齿轮的圆周速度不高，轴承采用脂润滑。选用嵌入式轴承盖，结构简单，可减少轴向尺寸和重量，嵌入式轴承盖与轴承座孔嵌合处有O形橡胶密封圈。

外伸轴与轴承盖之间采用油沟式密封，可防止漏油。箱座侧面设计成倾斜式，不但减轻了重量，而且也减少了底部尺寸。高速轴外伸端采用圆锥形结构，目的是便于轴端上零部件的装拆。

轴承部件结构方案(1)采用了螺钉调节方式(并设计有螺纹防松装置)，可在不开启开箱盖条件下方便地调节圆锥滚子轴承的游隙。轴承部件结构方案(2)系轴上零件必须从一端装入的情况，此种结构要求齿轮与轴的配合偏紧一些。这两种方案，轴承的润滑采用飞溅润滑方式。

(轴承脂润滑、嵌入式端盖)总装图

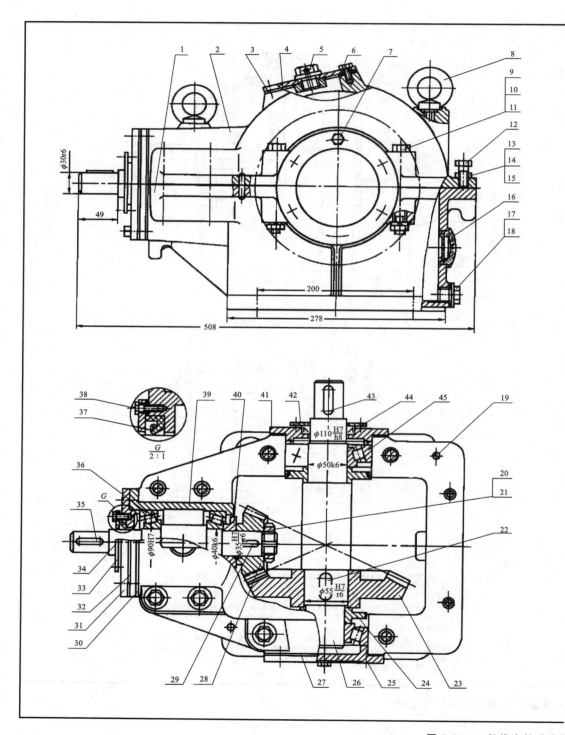

图 7-22 一级锥齿轮减速器

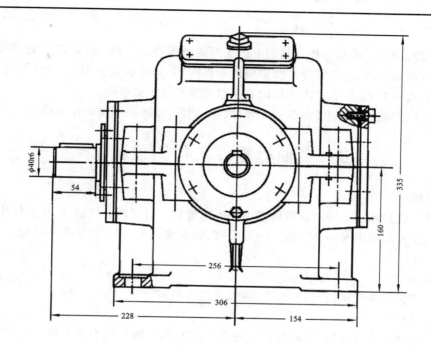

技术特性

输入功率/kW	高速轴转速/(r/min)	传动比
4.5	420	2.1

技术要求

1.装配前，所有零件进行清洗，箱体内壁涂耐油油漆。

2.啮合侧隙j_{nmin}之大小用铅丝来检验，保证侧隙不小于0.12 mm。所用铅丝直径不得大于最小侧隙的2倍。

3.用涂色法检验齿面接触斑点，齿长方向接触斑点不少于50%，齿高方向不少于55%。

4.调整轴承轴向游隙ϕ40为0.04～0.07 mm；ϕ50为0.05～0.1。

5.减速器剖分面、各接触面及密封处均不许漏油，剖分面允许涂密封胶或水玻璃，不允许使用垫片。

6.减速器装全损耗系统用油L-AN68至规定高度。

7.减速器表面涂灰色油漆。

17	...			
16	圆形油标	1		JB/T 7941.1
15	弹簧垫圈8	2	65Mn	GB/T 93
14	螺母M8	2	Q235	GB/T 6170
13	螺栓M8×30	2	Q235	GB/T 5783
12	螺栓M8×25	1	Q235	GB/T 5783
11	螺栓M12×60	8	Q235	GB/T 5782
10	螺母12	8	Q235	GB/T 6170
9	弹簧垫圈12	8	65Mn	GB/T 93
8	吊环螺钉M10	2	25	GB/T 825
7	螺栓M8×20	12	Q235	GB/T 5783
6	螺栓M6×12	4	Q235	GB/T 5783
5	通气器	1		组件
4	视孔盖	1	Q235	
3	垫　片	1	软钢纸板	
2	箱　盖	1	HT200	
1	箱　座	1	HT200	
序号	名　称	数量	材　料	标　准	备注

一级锥齿轮减速器

（轴承脂润滑）总装图

第8章 零件工作图的设计

零件工作图是制造、检验零件及制定工艺规程的重要技术资料,必须完整、准确地反映设计者的意图,故应包含制造、检验零件所需要的全部内容,如足够的视图,正确的尺寸标注,必要的尺寸公差、几何公差,所有加工表面的表面粗糙度及技术要求等。

本章主要介绍减速器的主要零件——轴、齿轮、蜗轮、箱体的零件工作图设计。

8.1 轴类零件工作图设计

1. 视图选择

轴类零件一般只需一个视图即可将其结构表达清楚。对于轴上的键槽、孔等结构,可用必要的局部剖面图或剖视图来表达。轴上的退刀槽、越程槽、中心孔等细小结构可用局部放大图来表达。

2. 尺寸标注

轴类零件应标注各段轴的直径、长度、键槽及细部结构尺寸。

1)径向尺寸标注

各段轴的直径必须逐一标注,即使直径完全相同的各段轴处也不能省略。凡是有配合关系的轴段应根据装配图上所标注的尺寸及配合类型来标注直径及其公差。

2)长度尺寸标注

轴的长度尺寸标注,首先应正确选择基准面,尽可能使尺寸标注符合轴的加工工艺和测量要求,不允许出现封闭尺寸链。图 8-1 所示轴的长度尺寸标注以齿轮定位轴肩(Ⅱ)为主要标注基准,以轴承定位轴肩(Ⅲ)及两端面(Ⅰ、Ⅳ)为辅助基准,其标注方法基本上与轴在车床上的加工顺序相符合。图 8-2 所示为两种错误标注方法:图 8-2(a)的标注与实际加工顺序不符,既不便测量又降低了其中要求较高的轴段长度 L_2、L_4、L_6 的精度;图 8-2(b)的标注使其尺寸首尾相接,不利于保证轴的总长度尺寸精度。

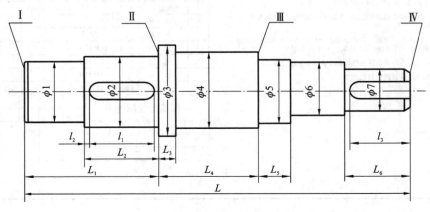

图 8-1 轴的长度尺寸正确标注方法

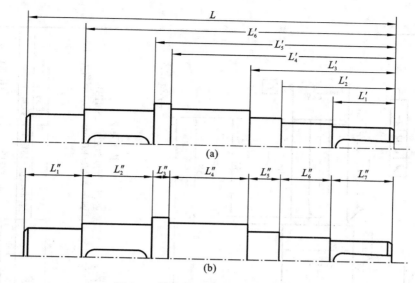

图 8-2　轴的长度尺寸错误标注方法

3. 尺寸公差及几何公差标注

　　普通减速器中,轴的长度尺寸一般不标注尺寸公差,对于有配合要求的直径应按装配图中选定的配合类型标注尺寸公差。

　　轴的重要表面应标注几何公差,以便保证轴的加工精度。普通减速器中,轴类零件推荐标注项目可按表 8-1 选取,标注方法如图 8-3 所示。

表 8-1　轴类零件几何公差推荐标注项目

公差类别	标 注 项 目	符 号	精度等级	对工作性能的影响	备 注
形状公差	与传动零件相配合圆柱表面的圆柱度	⌗	7～8	影响传动零件及滚动轴承与轴配合的松紧、对中性及几何回转精度	参见表 14-9
	与滚动轴承相配合轴颈表面的圆柱度		5～6		
方向公差	滚动轴承定位端面的垂直度	⊥	6～8	影响轴承定位及受载均匀性	参见表 14-7
位置公差	平键键槽两侧面的对称度	⩵	5～7	影响键受载均匀性及装拆	
	与传动零件相配合圆柱表面的同轴度	◎	5～7		
跳动公差	与传动零件相配合圆柱表面的径向圆跳动	⟋	6～7	影响传动零件、滚动轴承的安装及回转同心度,齿轮轮齿载荷分布的均匀性	参见表 14-6
	与滚动轴承相配合轴颈表面的径向圆跳动		5～6		
	齿轮、联轴器、滚动轴承等零件定位端面的端面圆跳动		6～7		

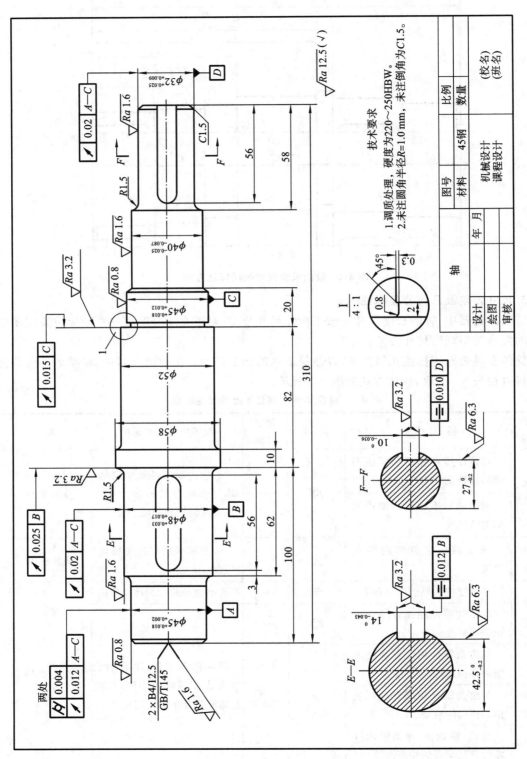

图 8-3　轴零件工作图

4. 表面粗糙度标注

零件所有表面（包括非加工的毛坯表面）均应注明表面粗糙度。轴的各部分精度要求不同，则加工方法也不同，故其表面粗糙度也不应该相同。轴的各加工表面的表面粗糙度由表 8-2 选取，标注方法如图 8-3 所示。

表 8-2　轴加工表面粗糙度荐用值

加工表面		表面粗糙度 Ra 的推荐值		
与滚动轴承相配合的	轴颈表面	0.4～0.8（轴承内径 $d \leqslant 80$ mm），0.8～1.6（轴承内径 $d > 80$ mm）		
	轴肩端面	1.6		
与传动零件、联轴器相配合的	轴头表面	0.8～1.6		
	轴肩端面	1.6～3.2		
平键键槽的	工作面	1.6～3.2		
	非工作面	6.3～12.5		
密封轴段表面		毡圈密封	橡胶密封	间隙或迷宫密封
		与轴接触处的圆周速度 v/(m/s)		1.6～3.2
		$\leqslant 3$	$>3 \sim 5$	$>5 \sim 10$	
		1.6～3.2	0.4～0.8	0.2～0.4	

5. 技术要求

轴类零件的主要技术要求如下。

（1）对材料及表面性能要求（如热处理方法、硬度、渗碳深度及淬火深度等）。

（2）对轴的加工要求（如是否保留中心孔等）。

（3）对图中未注明的倒角、圆角尺寸说明及其他特殊要求（如个别部位有修饰加工要求、对长轴有校直毛坯等要求）。

图 8-3 所示为轴零件工作图例，供设计时参考。

8.2　齿轮零件工作图设计

齿轮零件工作图除需满足轴类零件工作图的要求外，还应该有供加工和检验用的啮合特性表。

1. 视图选择

齿轮类零件一般可用两个视图（主视图和侧视图）表示。主视图主要表示轮毂、轮缘、轴孔、键槽等结构；侧视图主要反映轴孔、键槽的形状和尺寸。侧视图可画出完整视图，也可只画出局部视图。

齿轮轴、蜗杆轴可按轴类零件工作图绘制方法绘出。

2. 尺寸及公差标注

1）尺寸标注

齿轮为回转体，应以其轴线为基准标注径向尺寸，以端面为基准标注轴向宽度尺寸。

　　齿轮的分度圆直径是设计计算的基本尺寸,齿顶圆直径、轴孔直径、轮毂直径、轮辐(或辐板)等是齿轮生产加工中不可缺少的尺寸,均必须标注。其他如圆角、倒角、锥度、键槽等尺寸,应做到既不重复标注,又不遗漏。

　　2)公差标注

　　齿轮的轴孔和端面是齿轮加工、检验、安装的重要基准。轴孔直径应按装配图的要求标注尺寸公差及形状公差(如圆柱度)。齿轮两端面应标注跳动公差(端面圆跳动,其值参见表14-24)。

　　圆柱齿轮常以齿顶圆作为齿面加工时定位找正的工艺基准或作为检验齿厚的测量基准,应标注齿顶圆尺寸公差和跳动公差(齿顶圆径向圆跳动,其值参见表14-24),各公差标注方法如图8-4所示。

3. 表面粗糙度的标注

　　齿轮类零件各加工表面的表面粗糙度可由表8-3选取,标注方法如图8-4所示。

表 8-3　齿(蜗)轮加工表面粗糙度 Ra 荐用值

加工表面		齿轮精度等级			
		6	7	8	9
轮齿工作面 (齿面)	Ra 推荐值/μm	0.8~1.0	1.25~1.6	2.0~2.5	3.2~4.0
	齿面加工方法	磨齿或珩齿	高精度滚、插齿或磨齿	精滚或精插齿	一般滚齿或插齿
齿顶圆柱面	作基准/μm	1.6	1.6~3.2	1.6~3.2	3.2~6.3
	不作基准/μm	6.3~12.5			
齿轮基准孔/μm		0.8~1.6	0.8~1.6	1.6~3.2	3.2~6.3
齿轮轴的轴颈/μm					
齿轮基准端面/μm		0.8~1.6	1.6~3.2	1.6~3.2	3.2~6.3
平键键槽	工作面/μm	1.6~3.2			
	非工作面/μm	6.3~12.5			
其他加工表面/μm		6.3~12.5			

4. 啮合特性表

　　在齿轮零件工作图的右上角应列出啮合特性表(见图8-4),其内容包括:齿轮基本参数(z、m_n、α_n、β、x 等)、精度等级、相应检验项目及其偏差(如 f_{pt}、F_p、F_α、F_β、F_r,它们的具体数值参见表14-20、表14-21)。若需检验齿厚,则应画出其法面齿形,并注明齿厚数值及齿厚偏差(齿厚偏差值参见表14-15)。

5. 技术要求

　　(1)对铸件、锻件等毛坯件的要求。

　　(2)对齿(蜗)轮材料力学性能、表面性能(如热处理方法、齿面硬度等)的要求。

　　(3)对未注明的圆角、倒角尺寸或其他的必要说明(如对大型或高速齿轮的平衡检验要求等)。

　　图8-4所示为齿轮零件工作图示例,供设计时参考。

齿数	z_2	94
法向模数	m_n	2
法向齿形角	α_n	20°
齿顶高系数	h_{an}^*	1
螺旋角	β	10° 28′ 30″
螺旋方向		左旋
变位系数	x	0
精度等级		8 GB/T 10095—2008
配对齿轮	图号	
	齿数	z_1	24
中心距及其极限偏差	$a \pm f_a$	120 ± 0.027
单个齿距极限偏差	f_{pt}	± 0.017
齿距累积总偏差	F_p	0.069
齿廓总偏差	F_α	0.020
螺旋线总偏差	F_β	0.029
径向跳动公差	F_r	0.055
公法线长度及其偏差	W_{kn}	$67.76^{-0.165}_{-0.248}$
跨齿数	K	11

$\sqrt{Ra\ 12.5}\ (\sqrt{\ })$

			比例			(校名)
			数量			(班名)
斜齿圆柱齿轮			图号			
			材料	45钢		机械设计课程设计
设计		年　月				
绘图						
审核						

技术要求

1. 正火处理，硬度为 180～210HBW。
2. 未注圆角半径 R 为 5 mm，未注倒角为 $C2.5$。

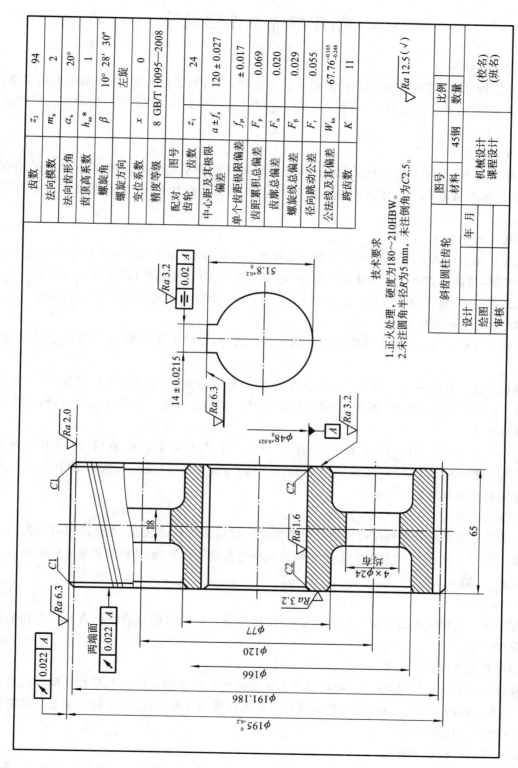

图 8-4　斜齿圆柱齿轮零件工作图

8.3　箱体零件工作图设计

1. 视图选择

箱体零件(即箱盖和箱座)的结构形状一般都比较复杂,为了将其内、外部结构表达清楚,通常需要采用主、俯、左(或右)三个视图,有时还要增加一些局部视图、局部剖视图和局部放大图。

2. 尺寸标注

一般情况下,箱体零件的尺寸标注比轴、齿轮类零件要复杂得多。为了使尺寸标注合理,避免遗漏和重复标注尺寸,除应遵循"先主后次"的原则标注尺寸外,还需切实注意以下几点。

1)选择尺寸基准

为便于加工和测量,保证箱体零件的加工精度,宜选择加工基准作为标注尺寸的基准。对箱盖和箱座,其高度方向上的尺寸应以剖分面(加工基准)为尺寸基准;其宽度方向上的尺寸,应以对称中心线为尺寸基准;其长度方向上的尺寸,则应以轴承孔的中心线为尺寸基准。

2)形状尺寸和定位尺寸

形状尺寸和定位尺寸在箱体零件工作图中数量最多,标注工作量大,比较费时,故应特别细心。

形状尺寸是箱体零件各部分形状大小的尺寸,如箱体的壁厚、连接凸缘的厚度、圆弧和圆角半径、光孔和螺孔的直径和深度,以及箱体的长、宽、高等。对这一类尺寸均应直接标出,不应做任何计算。

定位尺寸是箱体零件各部分相对于基准的位置尺寸,如孔的中心线、曲线的曲率中心及其他有关部位的平面相对于基准的距离等。对这类尺寸,应从基准(或辅助基准)直接标出。上述尺寸应避免出现封闭尺寸链。

3)性能尺寸

性能尺寸是影响减速器工作性能的重要尺寸。对减速器箱体来说,就是相邻轴承孔的中心距离。对此类尺寸,应直接标出其中心距的大小及其极限偏差值,其极限偏差取装配中心距极限偏差 f_a 的 0.8 倍。

4)配合尺寸

配合尺寸是保证机器正常工作的重要尺寸,应根据装配图上的配合种类直接标出其配合的极限偏差值。

5)安装附件部分的尺寸

箱体零件多为铸件,标注尺寸时应便于木模的制作。因木模是由一些基本几何体拼合而成,在基本形体的定位尺寸标出后,其形状尺寸应以自身的基准标注,如减速器箱盖上的窥视孔、油标尺孔、放油孔等。

6)倒角、圆角、拔模斜度

箱体零件的所有倒角、圆角、拔模斜度均应标出,但考虑图面清晰或不便标注的情况,可在技术要求中加以说明。

3. 几何公差标注

箱体零件的几何公差推荐标注项目如表 8-4 所示。

表 8-4　箱体几何公差推荐标注项目

公差 类别	标 注 项 目	符 号	精度 等级	对工作性能的影响
形状 公差	轴承孔的圆柱度	⌭	7	影响箱体与轴承的配合性能及对中性
	剖分面的平面度	⏥	7	影响箱体剖分面的密封性
方向 公差	轴承孔中心线相互间的平行度	∥	6	影响齿轮接触斑点及传动平稳性
	轴承孔端面对其孔中心线的垂直度	⊥	7～8	影响轴承的固定及轴向受载的均匀性
	锥齿轮减速器轴承孔中心线 相互间的垂直度		7	影响传动平稳性及受载的均匀性
位置 公差	两轴承孔中心线的同轴度	◎	6～7	影响减速器的装配及载荷分布 的均匀性

4. 表面粗糙度标注

箱体零件加工表面粗糙度的推荐值如表 8-5 所示。

表 8-5　箱体零件加工表面粗糙度推荐值

加 工 部 位		表面粗糙度 $Ra/\mu m$
箱体剖分面		1.6～3.2(刮研或磨削)
轴承座孔		1.6～3.2
轴承座孔外端面		3.2～6.3
锥销孔		0.8～1.6
箱体底面		6.3～12.5
螺栓孔沉头座		12.5
其他表面	配合面	3.2～6.3
	非配合面	6.3～12.5

图 8-5 所示为箱盖零件工作图例,可供设计时参考。

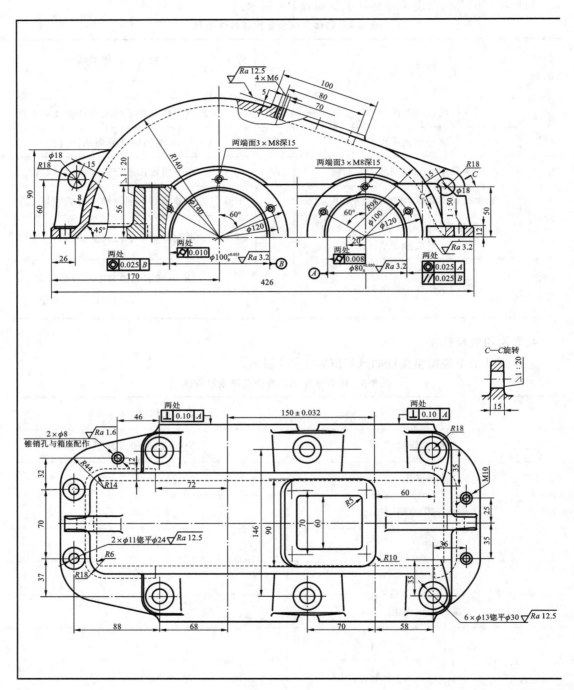

图 8-5　箱盖零件

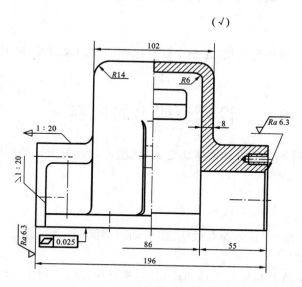

（√）

技术要求

1.箱盖铸成后，应清理铸件并进行时效处理。

2.箱盖和箱座合箱后，边缘应平齐，但互错位每边不大于2 mm。

3.应仔细检查箱盖与箱座剖分面接触的密合性，用0.05 mm塞尺塞入深度不得大于剖分面宽度的1/3。用涂色检查接触面积达到每平方厘米内不少于一个斑点。

4.与箱座连接后，打上定位销进行镗孔，结合面处禁放任何衬垫。

5.宽度196组合后加工。

6.未注的铸造圆角为R3～5。

7.未注的倒角为C2，其表面粗糙度Ra=12.5 μm。

标记	处数	分区	更改文件号	签名	年、月、日	HT200		
设计			标准化					箱盖
						阶段标记	重量	比例
审核								JCQ.0-2
工艺			批准			共 张	第 张	

工作图

第9章 编写设计说明书及答辩准备

设计说明书是图样设计的理论依据,是整个设计过程的整理及总结,同时也是审核设计的技术文件之一。

9.1 设计说明书的内容

设计说明书的内容针对不同的设计课题而定,对机械传动装置设计类的课题,设计说明书大致包括以下内容:

(1)目录(标题、页码)。

(2)设计任务书。

(3)传动方案的分析与拟定(提供简要说明、附传动方案简图)。

(4)电动机的选择计算。

(5)传动装置的运动及动力参数的选择和计算(包括分配各级传动比,计算各轴的转速、功率和转矩)。

(6)传动零件的设计计算。

(7)轴的设计计算。

(8)键连接的选择及计算。

(9)滚动轴承的选择及计算。

(10)联轴器的选择及计算。

(11)润滑和密封方式的选择,润滑油和牌号的确定。

(12)箱体及附件的结构设计和选择(装配、拆卸、安装时的注意事项)。

(13)设计小结(简要说明对课程设计的体会、设计的优缺点及改进意见等)。

(14)参考文献(资料编号、作者、书名、出版单位、出版时间等)。

9.2 设计说明书的要求

对设计说明书,应在所有计算项目及所有图样完成后进行编号和整理,且应满足以下要求。

(1)计算部分只需列出公式,代入有关数据,略去演算过程,最后写下计算结果并标明单位,应有简短的结论或说明。

(2)计算公式及重要数据应注明来源。

(3)对计算结果应有简短的结论,如滚动轴承的选择和计算,需说明其选择是否符合使用条件。

(4)应附有与计算有关的必要简图(如传动方案简图、轴的结构图、受力图、弯矩图和转矩图等)。

(5)对每一自成单元的内容,都应用大小标题,使其醒目突出。

（6）所有计算中使用的参量符号和下标必须统一。

（7）在设计说明书中的"计算及说明"部分，需写出计算的过程；而在其"结果"部分（在每页右侧留出约 25 mm 宽的长框内），需写出"计算及说明"部分中重要的零件参数、校核结果和公式及经验数据的来源（参考书写格式举例）。

设计说明书一般用 A4 纸按合理的顺序及规定格式书写，做到文字简明、计算正确、图形清晰、书写整洁，并标出页码、编好目录，最后加封面装订成册。

9.3　设计说明书的书写格式举例

设计说明书的书写格式见表 9-1。

表 9-1　设计说明书的书写格式

计算及说明	结　　果
⋮	
3.传动装置的总体设计 　　如设计任务书所示，确定为一级卧式齿轮减速器，其具体分布如任务书所示。	传动装置的总体设计方案： 　　　　⋮
⋮	
3.1　电动机的选择 　1)选择电动机类型和结构形式	
⋮	电动机型号： Y160M-4
2)确定电动机的功率	
⋮	
3)确定电动机的转速	
⋮	
3.2　传动装置总传动比的计算及分配 　1)计算传动装置的总传动比	传动装置的总传动比： 11.46
⋮	
2)分配传动装置的传动比	减速器传动比：4.09
⋮	
⋮	
3.3计算传动装置的运动和动力参数 　1)确定各轴转速	
⋮	各轴的运动和动力参数：
2)确定各轴的输入功率	
⋮	
3)确定各轴的转矩	
⋮	

计算及说明	结　果
4.传动件的设计计算 　4.1　带传动的设计计算 　　1)确定 V 带型号 　　　　　　　　⋮ 　　2)确定带轮的基准直径 　　　　　　　　⋮ 　　3)确定带轮基准长度和中心距 　　　　　　　　⋮ 　　4)确定 V 带根数 　　　　　　　　⋮ 　　5)确定 V 带初拉力和轴上压力 　　　　　　　　⋮ 　　6)大带轮结构图 　　　　　　　　⋮	带轮计算公式和有关数据 引自教材××至××页 带传动的主要参数： A 型带 $d_1=125$ mm $d_2=355$ mm $L_d=2240$ mm $a=734$ mm $z=5$ $F_0=171$ N $F_Q=1689$ N
4.2　齿轮传动的设计计算 　　1)选择齿轮的材料及确定许用应力 　　　　　　　　⋮ 　　2)按齿面接触强度设计齿轮(当齿轮材料选取为软齿面) 　　　　　　　　⋮ 　　3)按弯曲强度校核轮齿 　　　　　　　　⋮ 　　4)齿轮的圆周速度 　　　　　　　　⋮ 　　5)齿轮结构图及相关参数 　　　　　　　　⋮	齿轮计算公式和有关数据 引自教材××至××页 公式引自[×] $\sigma_F \leqslant [\sigma_F]$ 齿轮传动的主要参数： $i=4.1, m=2.5$ mm $z_1=30, z_2=123$ $a=195$ mm, $b_1=75$ mm $b_2=70$ mm
5.减速器相关尺寸的确定 　5.1　润滑方式的确定 　　　　　　　　⋮ 　5.2　密封方式的确定 　　　　　　　　⋮ 　5.3　结构尺寸的确定 　　　　　　　　⋮ 　5.4　各组件相互位置尺寸计算 　　　　　　　　⋮	⋮
6.轴系零部件选择与计算 　6.1　高速轴结构设计 　　　　　　　　⋮ 　6.2　低速轴结构设计(含联轴器的选择与计算) 　　　　　　　　⋮	轴的计算公式和有关数据 引自教材××至××页 ⋮ 公式引自[×] 输入轴安全

续表

计算及说明	结　果
6.3　低速轴校核计算 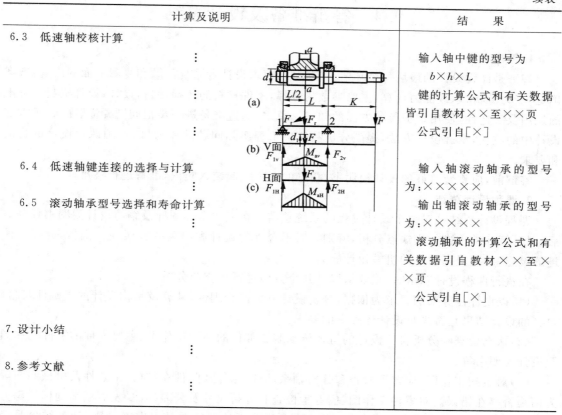 6.4　低速轴键连接的选择与计算 6.5　滚动轴承型号选择和寿命计算	输入轴中键的型号为 $b \times h \times L$ 键的计算公式和有关数据皆引自教材××至××页 公式引自[×] 输入轴滚动轴承的型号为:××××× 输出轴滚动轴承的型号为:××××× 滚动轴承的计算公式和有关数据引自教材××至××页 公式引自[×]
7. 设计小结 8. 参考文献	

　　课程设计完成后,将图样按图 9-1 的折叠方法折叠好,与设计说明书一道装入档案袋,准备答辩。

　　档案袋上写明:

　　①课程设计题目,班级、学号、姓名;

　　②图样名称、张数及每张图幅的大小;

　　③设计说明书 1 份

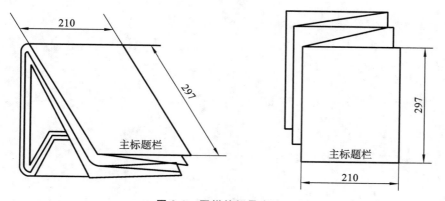

图 9-1　图样的折叠方法

9.4　答辩准备及设计总结

1. 答辩准备

答辩是课程设计的最后一个环节。答辩前,要求设计者系统回顾和复习下面的内容:方案确定,受力分析,承载能力计算,主要参数的选择,零件材料的选择,结构设计,设计资料和标准的运用及工艺性,使用维护等各方面的知识。总之,通过准备进一步把问题弄懂、弄通,扩大在设计中的收获,掌握设计方法,提高分析和解决工程实际问题的能力,以达到课程设计的目的和要求。

答辩前,应将装订好的设计说明书、叠好的图样一起装入袋内,准备进行答辩。

2. 课程设计总结

课程设计总结是对整个设计过程的系统总结。在完成全部图样及编写设计说明书任务之后,对计算和结构进行优缺点分析,特别是对不合理的设计和出现的错误一一剖析,并提出改进的设想,从而提高自己的机械设计能力。

在进行课程设计总结时,建议从以下几个方面进行检查与分析。

(1)以设计任务书的要求为依据,分析设计方案的合理性,计算及结构设计的正确性,评价自己的设计结果是否满足设计任务书的要求。

(2)认真检查和分析自己设计的机械传动装置部件的装配工作图、主要零件的零件工作图及设计说明书等。

(3)对装配工作图,应着重检查和分析轴系部件、箱体及附件在结构、工艺性及机械制图等方面是否存在错误。对零件工作图,应着重检查和分析尺寸及公差标注、表面粗糙度标注等方面是否存在错误。对设计说明书,应着重检查和分析计算依据是否准确可靠、计算结果是否准确。

(4)通过课程设计,总结自己掌握了哪些设计的方法和技巧,在设计能力方面有哪些明显提高,今后在提高设计质量方面还应注意哪些问题。

第 3 篇 　 常用设计资料

第10章　一般标准与规范

10.1　国内的部分标准代号

表 10-1　国内的部分标准代号

代　号	名　　称	代　　号	名　　称
GB	强制性国家标准	QB	原轻工行业标准
/Z	指导性技术文件	ZB	原国家专业标准
JB	机械行业标准	GB/T	推荐性国家标准
YB	黑色冶金行业标准	JB/ZQ	原机械部重型机械企业标准
YS	有色冶金行业标准	Q/ZB	重型机械行业统一标准
HG	化工行业标准	SH	石油化工行业标准
SY	石油天然气行业标准	FZ	纺织行业标准
FJ	原纺织工业标准	QC	汽车行业标准

10.2　机　械　制　图

1. 图纸幅面、比例、标题栏及明细表

表 10-2　图纸幅面

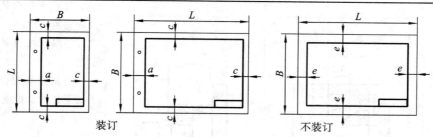

装订　　　　　　　　　　不装订

幅面代号	A0	A1	A2	A3	A4
$B \times L$	841×1189	594×841	420×594	297×420	210×297
c	10			5	
a	25				
e	20		10		

注:1. 表中为基本幅面的尺寸。

　　2. 必要时可以将表中幅面的边长加长,成为加长幅面。它由基本幅面的短边成整数倍增加后得出。

　　3. 加长幅面的图框尺寸,按所选用的基本幅面大一号的图框尺寸确定。

表 10-3　比例

与实物相同	1：1
缩小的 比例	（1：1.5）　1：2　1：2.5　（1：3）　（1：4）　1：5　（1：6）　1：10 （1：1.5×10^n）　1：2×10^n　1：2.5×10^n　（1：3×10^n）　（1：4×10^n）　1：5×10^n （1：6×10^n）　1：1×10^n
放大的 比例	2：1　（2.5：1）　（4：1）　5：1　1×10^n：1 2×10^n：1　（2.5×10^n：1）　（4×10^n：1）　5×10^n：1

2. 装配图中允许采用的简化画法

表 10-4　装配图中允许采用的简化画法

	单个轴承的简化画法	在装配图中的简化画法	说　　明
滚动轴承的简化画法	深沟球轴承 6000		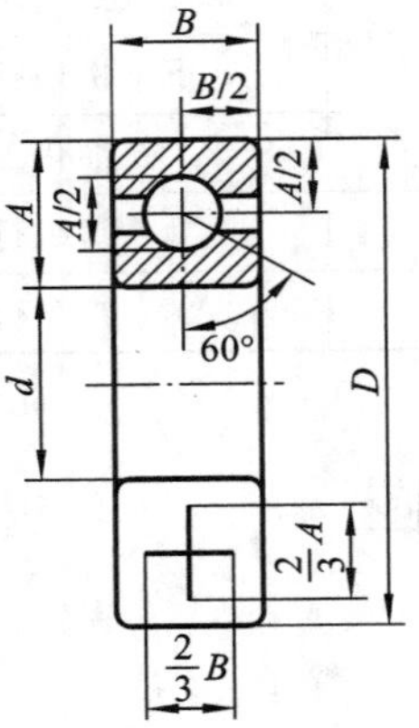 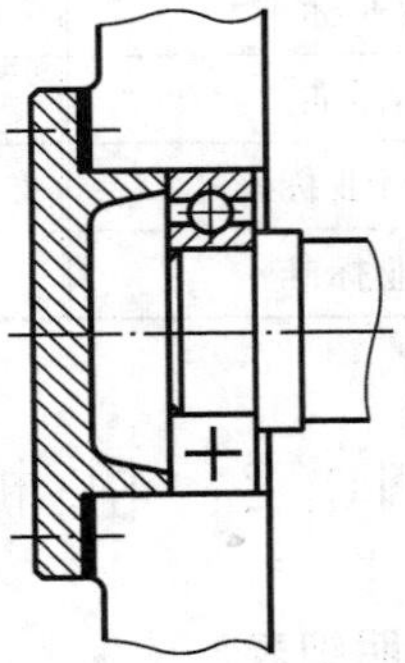 在装配图中省略了如下内容： 　1. 轴承内、外圈的所有倒角； 　2. 与轴承配合处轴的圆角及砂轮越程槽； 　3. 与轴承配合处轴承盖的倒角； 　4. 与箱座孔配合处轴承盖上的工艺槽及箱座孔的倒角
	角接触球轴承 7000	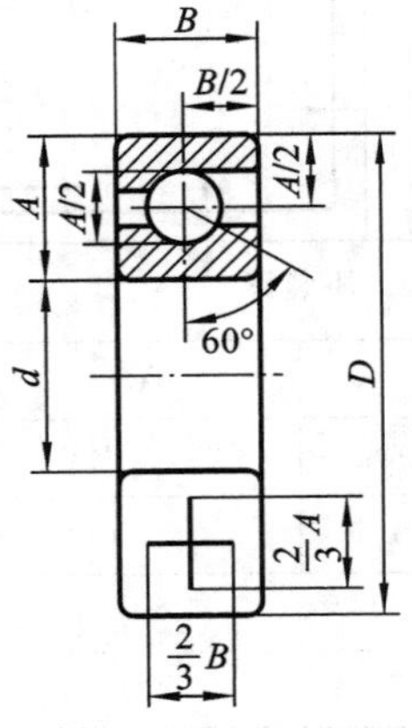	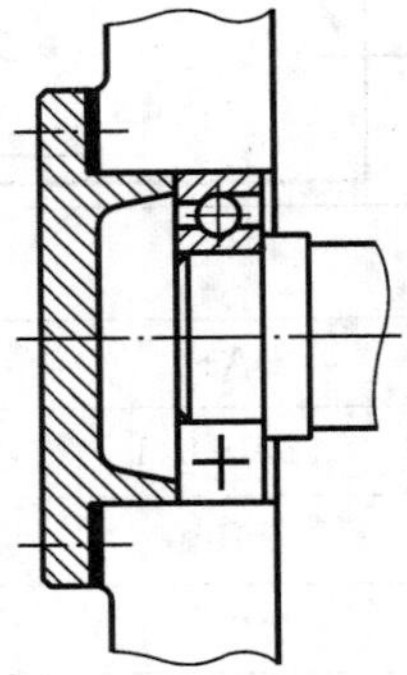

续表

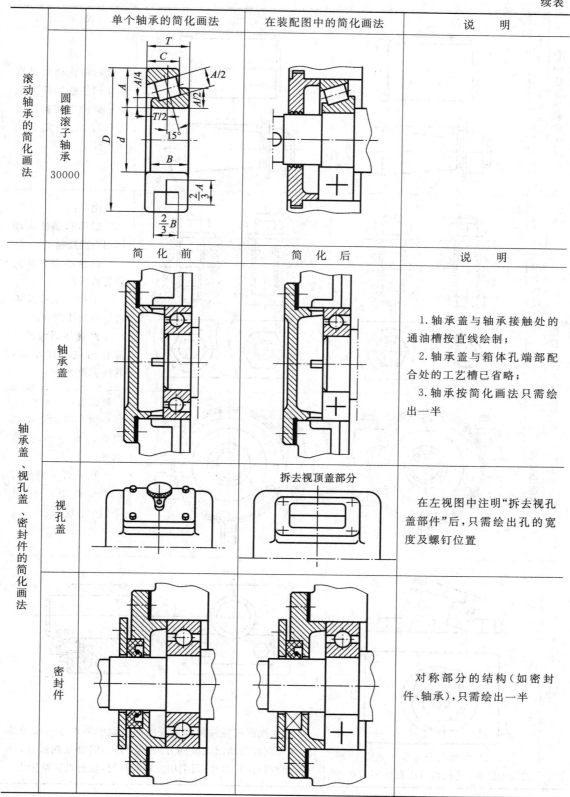

		单个轴承的简化画法	在装配图中的简化画法	说　明
滚动轴承的简化画法	圆锥滚子轴承 30000			
轴承盖、视孔盖、密封件的简化画法		简　化　前	简　化　后	说　明
	轴承盖			1.轴承盖与轴承接触处的通油槽按直线绘制； 2.轴承盖与箱体孔端部配合处的工艺槽已省略； 3.轴承按简化画法只需绘出一半
	视孔盖		拆去视顶盖部分	在左视图中注明"拆去视孔盖部件"后，只需绘出孔的宽度及螺钉位置
	密封件			对称部分的结构（如密封件、轴承），只需绘出一半

续表

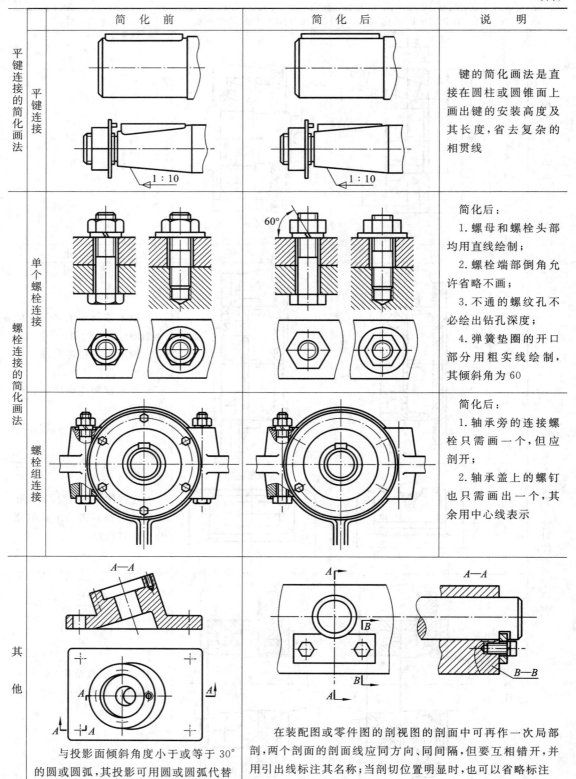

		简 化 前	简 化 后	说 明
平键连接的简化画法	平键连接			键的简化画法是直接在圆柱或圆锥面上画出键的安装高度及其长度,省去复杂的相贯线
螺栓连接的简化画法	单个螺栓连接			简化后: 1.螺母和螺栓头部均用直线绘制; 2.螺栓端部倒角允许省略不画; 3.不通的螺纹孔不必绘出钻孔深度; 4.弹簧垫圈的开口部分用粗实线绘制,其倾斜角为60
	螺栓组连接			简化后: 1.轴承旁的连接螺栓只需画一个,但应剖开; 2.轴承盖上的螺钉也只需画出一个,其余用中心线表示
其他		与投影面倾斜角度小于或等于30°的圆或圆弧,其投影可用圆或圆弧代替	在装配图或零件图的剖视图的剖面中可再作一次局部剖,两个剖面的剖面线应同方向、同间隔,但要互相错开,并用引出线注其名称;当剖切位置明显时,也可以省略标注	

续表

其 他	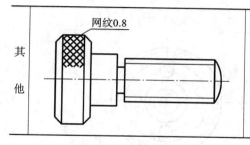 网纹0.8	网状物,编织物或机件上的滚花部分,可在轮廓线附近用粗实线画出,并在零件图上或技术要求中注明此结构的具体要求

3. 常用零件的规定画法

表 10-5　常用零件的规定画法

	画法说明	螺纹及螺纹紧固件的画法（GB/T 4459.1—1995）
螺纹及螺纹紧固件画法	螺纹的牙顶用粗实线表示,牙底用细实线表示,在螺杆的倒角或倒圆部分也应画出。在垂直于轴线的视图中,表示牙底的细实线圆只画约 3/4 圈,此时轴或孔的倒角省略不画; 　螺纹终止线用粗实线表示; 　当需要表示螺尾时,螺尾部分牙底用与轴线成 30°的细实线绘制; 　不可见螺纹的所有图线均按虚线绘制	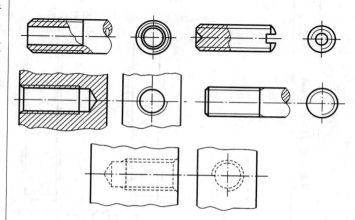
	在剖视图中表示内、外螺纹连接时,其旋合部分按外螺纹画法绘制,其余部分仍按各自的画法表示	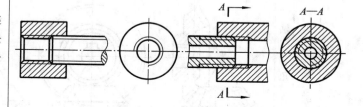
	在装配图中,当剖切平面通过螺纹轴线时,对于螺柱、螺栓、螺母、螺钉及垫圈等均按未剖切绘制; 　螺钉头部的一字槽、十字槽画法分别如右图所示; 　在装配图中,对不通的螺纹孔,可不画出钻孔深度,仅按螺纹深度画出	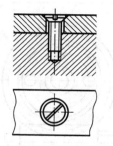 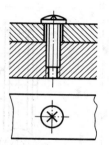

续表

分　类			齿轮、蜗杆、蜗轮的啮合画法(GB/T 4459.2—2003)
齿轮的啮合画法	圆柱齿轮啮合画法		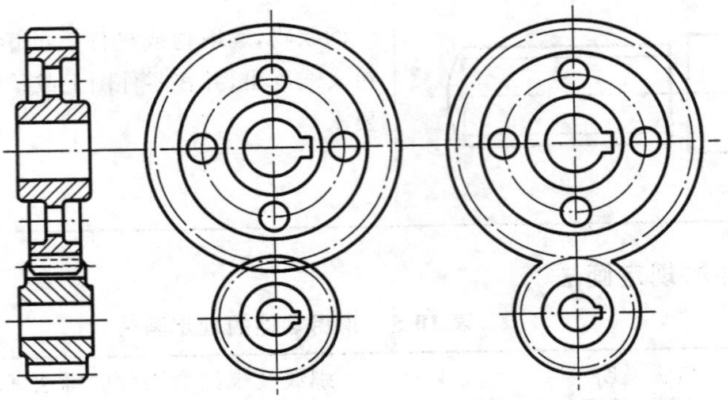 (a)　(b)　(c) 在啮合区内，齿顶圆均用粗实线绘制，也可采用图(c)所示的省略画法
齿轮的啮合画法	圆柱齿轮副的啮合画法		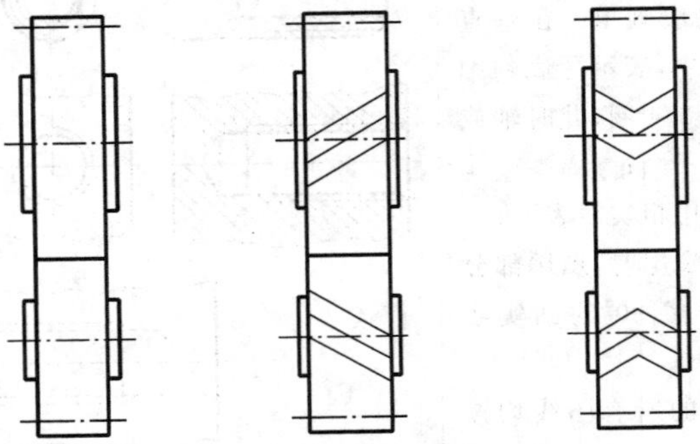 啮合区只画节线(用粗实线绘制)
齿轮的啮合画法	锥齿轮副的啮合画法	轴线成直角啮合	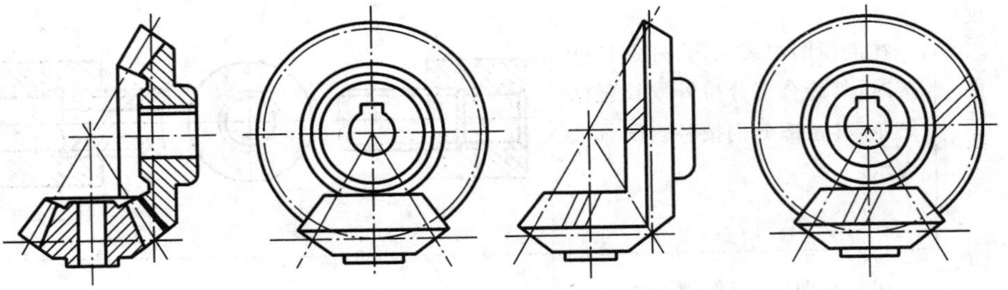
蜗杆、蜗轮的啮合画法	圆柱蜗杆副的啮合		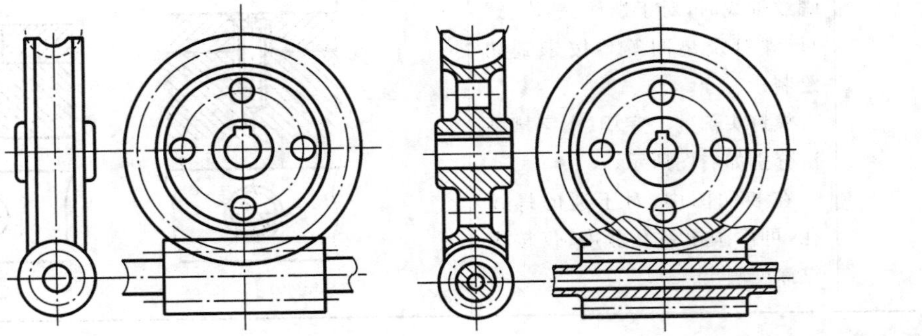

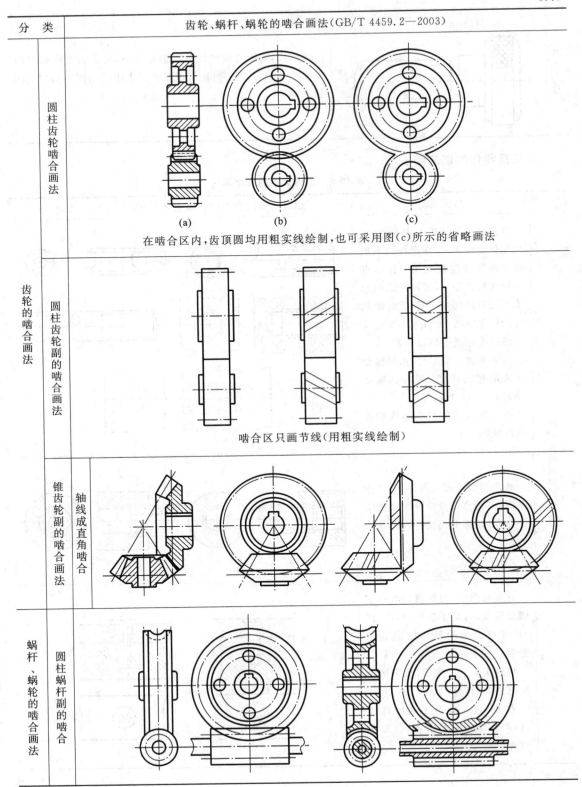

分　类	齿轮、蜗杆、蜗轮的啮合画法（GB/T 4459.2—2003）	
蜗杆、蜗轮的啮合画法	环面蜗杆副的啮合	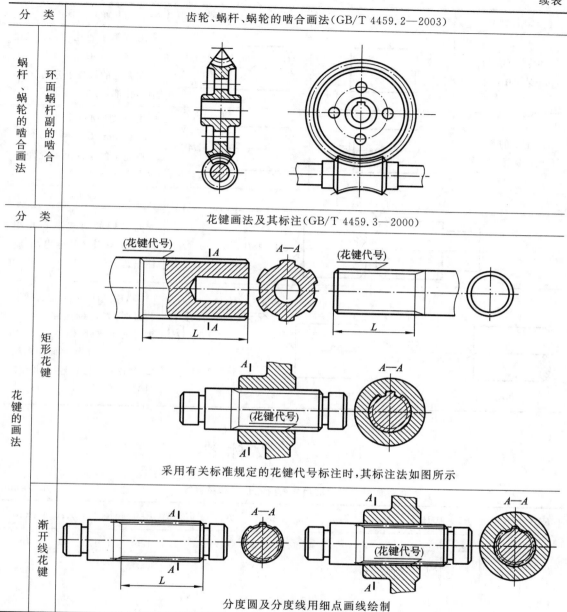

分　类	花键画法及其标注（GB/T 4459.3—2000）
花键的画法	矩形花键
	采用有关标准规定的花键代号标注时，其标注法如图所示
	渐开线花键
	分度圆及分度线用细点画线绘制

4. 中心孔表示法

表 10-6　中心孔表示法

要　求	符　号	标注示例	解　释
在完工的零件上要求保留中心孔		B3.15/10	用 B 型中心孔 $d=3.15\ \text{mm}$，$D_{max}=10\ \text{mm}$ 在完工的零件上要求保留中心孔

续表

要　　求	符　　号	标 注 示 例	解　　释
在完工的零件上可以保留中心孔		A4/8.5	用 A 型中心孔 $d=4$ mm，$D_{max}=8.5$ mm 在完工的零件上是否保留中心孔都可以
在完工的零件上不允许保留中心孔		A2/4.25	用 A 型中心孔 $d=2$ mm，$D_{max}=4.25$ mm 在完工的零件上不允许保留中心孔

标 注 示 例	解　释
2-B3.15/10	同一轴的两端中心孔相同，可只在其一端标出，但应注出其数量
B3.15/10 GB/T 145—2001　(a)　　　　Ra1.25　2-B2/6.3 GB/T 145—2001　D　Ra1.25　(b)	1. 如需指明中心孔的标准代号时，则可标注在中心孔型号的下方（图(a)）； 2. 中心孔工作表面的粗糙度应在引出线上标出（图(b)）

10.3　一 般 标 准

表 10-7　标准尺寸（直径、长度和高度等）　　　　　　单位：mm

R10	R20	R10	R20	R40	R10	R20	R40	R10	R20	R40	R10	R20	R40
1.25	1.25	12.5	12.5	12.5	40.0	40.0	40.0	125	125	125	400	400	400
	1.40			13.2			42.5			132			425
1.60	1.60		14.0	14.0		45.0	45.0		140	140		450	450
	1.80			15.0			47.5			150			475
2.00	2.00	16.0	16.0	16.0	50.0	50.0	50.0	160	160	160	500	500	500
	2.24			17.0			53.0			170			530
2.50	2.50		18.0	18.0		56.0	56.0		180	180		560	560
	2.80			19.0			60.0			190			600
3.15	3.15	20.0	20.0	20.0	63.0	63.0	63.0	200	200	200	630	630	630

续表

R10	R20	R10	R20	R40	R10	R20	R40	R10	R20	R40	R10	R20	R40
	3.55			21.2			67.0			212			670
4.00	4.00		22.4	22.4		71.0	71.0		224	224		710	710
	4.50			23.6			75.0			236			750
5.00	5.00	25.0	25.0	25.0	80.0	80.0	80.0	250	250	250	800	800	800
	5.60			26.5			85.0			265			850
6.30	6.30		28.0	28.0		90.0	90.0		280	280		900	900
	7.10			30.0			95.0			300			950
8.00	8.00	31.5	31.5	31.5	100	100	100	315	315	315	1000	1000	1000
	9.00			33.5			106			335			1060
10.0	10.0		35.5	35.5		112	112		355	355		1120	1120
	11.2			37.5			118			375			1180

注：1. 选用标准尺寸的顺序为 $R10$、$R20$、$R40$；

2. 本标准适用于机械制造业中有互换性或系列化要求的主要尺寸，其他结构尺寸也应尽量采用，对已有专用标准（如滚动轴承、联轴器等）规定的尺寸，按专用标准选用。

表 10-8 圆柱形轴伸　　　　　　　　　　　　单位:mm

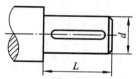

基本尺寸	d 极限偏差	L 长系列	L 短系列	基本尺寸	d 极限偏差	L 长系列	L 短系列	基本尺寸	d 极限偏差	L 长系列	L 短系列
6	+0.006 −0.002	16	—	19		40	28	40		110	82
7		16	—	20		50	36	42	+0.018 +0.002 k6	110	82
8	+0.007 −0.002	20	—	22	+0.009 −0.004 j6	50	36	45		110	82
9		20	—	24		50	36	48		110	82
10	j6	23	20	25		60	42	50		110	82
11		23	20	28		60	42	55		110	82
12	+0.008 −0.003	30	25	30		80	58	60		140	105
14		30	25	32		80	58	65	+0.030 +0.011 m6	140	105
16		40	28	35	+0.018 +0.002 k6	80	58	70		140	105
18		40	28	38		80	58	75		140	105

表 10-9   60°中心孔   单位：mm

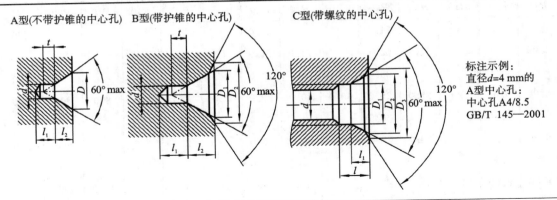

A型(不带护锥的中心孔)　B型(带护锥的中心孔)　C型(带螺纹的中心孔)

标注示例：
直径d=4 mm的
A型中心孔：
中心孔A4/8.5
GB/T 145—2001

d	D	D_1	D_2	l_2		t (参考)		d	D_1	D_2	D_3	l	l_1 (参考)	选择中心孔的参考数据	
A、B型	A型	B型		A型	B型	A型	B型	C型						原料端部最小直径/mm	零件最大质量/kg
2.00	4.25	4.25	6.30	1.95	2.54	1.8		—	—	—	—	—	—	8	120
2.50	5.30	5.30	8.00	2.42	3.20	2.2		—	—	—	—	—	—	10	200
3.15	6.70	6.70	10.00	3.07	4.03	2.8		M3	3.2	5.3	5.8	2.6	1.8	12	500
4.00	8.50	8.50	12.50	3.90	5.05	3.5		M4	4.3	6.7	7.4	3.2	2.1	15	800
(5.00)	10.60	10.60	16.00	4.85	6.41	4.4		M5	5.3	8.1	8.8	4.0	2.4	20	1000
6.30	13.20	13.20	18.00	5.98	7.36	5.5		M6	6.4	9.6	10.5	5.0	2.8	25	1500
(8.00)	17.00	17.00	22.40	7.79	9.36	7.0		M8	8.4	12.2	13.2	6.0	3.3	30	2000
10.00	21.20	21.20	28.00	9.70	11.66	8.7		M10	10.5	14.9	16.3	7.5	3.8	35	2500

注：1. 括号内尺寸尽量不用；

2. A、B型中尺寸 l_1 取决于中心钻的长度，即使中心孔重磨后再使用，此值不应小于 t 值；

3. A型同时列出了 D 和 l_2 尺寸，B型同时列出了 D_1、D_2 和 l_2 尺寸，制造厂可分别任选其中一个尺寸。

表 10-10   配合表面处的圆角半径和倒角尺寸   单位：mm

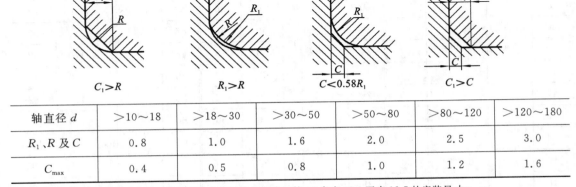

$C_1>R$　　　　$R_1>R$　　　　$C<0.58R_1$　　　　$C_1>C$

轴直径 d	$>10\sim18$	$>18\sim30$	$>30\sim50$	$>50\sim80$	$>80\sim120$	$>120\sim180$
R_1、R 及 C	0.8	1.0	1.6	2.0	2.5	3.0
C_{max}	0.4	0.5	0.8	1.0	1.2	1.6

注：与滚动轴承相配合的轴及轴承座孔处的圆角半径参见第12章表12-1至表12-7的安装尺寸 r_a、r_b。

表 10-11　圆形零件自由表面过渡圆角半径和过盈配合连接轴用倒角　　　　单位:mm

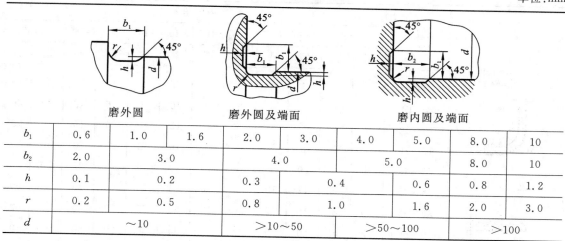

圆角半径		D−d	2	5	8	10	15	20	25	30	35	40	50	55	65	70	90
		R	1	2	3	4	5	8	10	12	12	16	16	20	20	25	25
		D−d	100	130	140	170	180	220	230	290	300	360	370	450	—	—	—
		R	30	30	40	40	50	50	60	60	80	80	100	100	—	—	—
过盈配合连接轴用倒角		D	≤10		>10~18		>18~30		>30~50		>50~80		>80~120		>120~180		>180~260		>260~360		>360~500
		a	1		1.5		2		3		5		5		8		10		10		12
		α	30°								10°

注:尺寸 $D-d$ 是表中数值的中间值时,则按较小尺寸来选取 R。

例如,$D-d=98$ mm,则按 90 mm 来选,$R=25$ mm。

表 10-12　砂轮越程槽　　　　单位:mm

磨外圆　　　　　　磨外圆及端面　　　　　　磨内圆及端面

b_1	0.6	1.0	1.6	2.0	3.0	4.0	5.0	8.0	10
b_2	2.0	3.0		4.0		5.0		8.0	10
h	0.1	0.2		0.3	0.4		0.6	0.8	1.2
r	0.2	0.5		0.8	1.0		1.6	2.0	3.0
d	~10			>10~50		>50~100		>100	

表 10-13　齿轮滚刀外径尺寸　　　　单位:mm

模数 m 系列		2	2.5	3	4	5	6	7	8	9	10
滚刀外径 d_e	Ⅰ型	80	90	100	112	125	140	140	160	180	200
	Ⅱ型	71	71	80	90	100	112	118	125	140	150

注:Ⅰ型适用于技术条件按 GB/T 3227 的高精度齿轮滚刀;Ⅱ型适用于技术条件按 GB/T 6084 的齿轮滚刀。

表 10-14　插齿空刀槽各部尺寸　　　　单位:mm

模数	2	2.5	3	4	5	6	7	8	9	10	12	14	16	18	20
h_{min}	5	6 (5)	6	6	6	7	7	7	8	8	8	9	9	9	10
b_{min}	5	6	7.5	10.5 (7.5)	10.0 5	13	15	16	19	22	24	28	33	38	42
r	0.5			1.0											

10.4 机械设计一般规范

表 10-15 铸件最小壁厚(不小于) 单位:mm

铸造方法	铸件尺寸	铸钢	灰铸铁	球墨铸铁	可锻铸铁	铝合金	镁合金	铜合金
砂型	～200×200	6～8	5～6	6	4～5	3	—	3～5
	>200×200～500×500	10～12	>6～10	12	5～8	4	3	6～8
	>500×500	18～25	15～20	—	—	5～7	—	—

注:1.一般铸造条件下,各种灰铸铁的最小允许壁厚 δ 如下。

HT100、HT150:$\delta=4～6$ mm。HT200:$\delta=6～8$ mm。HT250:$\delta=8～15$ mm。HT300、HT350:$\delta=15$ mm。

2.如有必要,在改善铸造条件下,灰铸铁最小壁厚可达 3 mm,可锻铸铁最小壁厚可小于 3 mm。

表 10-16 铸造内圆角及相应的过渡尺寸 R 值(摘自 JB/ZQ 4255—2006) 单位:mm

$\frac{a+b}{2}$	内圆角 α											
	≤50°		>50°～75°		>75°～105°		>105°～135°		>135°～165°		>165°	
	钢	铁	钢	铁	钢	铁	钢	铁	钢	铁	钢	铁
≤8	4	4	4	4	6	4	8	6	16	10	20	16
9～12	4	4	4	4	6	6	10	8	16	12	25	20
13～16	4	4	6	4	8	6	12	10	20	16	30	25
17～20	6	4	8	6	10	8	16	12	25	20	40	30
21～27	6	6	10	8	12	10	20	16	30	25	50	40
28～35	8	6	12	10	16	12	25	20	40	30	60	50
36～45	10	8	16	12	20	16	30	25	50	40	80	60
46～60	12	10	20	16	25	20	35	30	60	50	100	80
61～80	16	12	25	20	30	25	40	35	80	60	120	100
81～110	20	16	25	20	35	30	50	40	100	80	160	120
111～150	20	16	30	25	40	35	60	50	100	80	160	120
151～200	25	20	40	30	50	40	80	60	120	100	200	160
201～250	30	25	50	40	60	50	100	80	160	120	250	200
251～300	40	30	60	50	80	60	120	100	200	160	300	250
>300	50	40	60	50	100	80	160	120	250	200	400	300

c 和 h 值	b/a	≤0.4	>0.4～0.65	>0.65～0.8	>0.8
	≈c	0.7($a-b$)	0.8($a-b$)	$a-b$	
	≈h 钢	8c			
	铁	9c			

表 10-17　铸造外圆角及相应的过渡尺寸 R 值　　　　　　　　　　　　　单位:mm

表面的最小边尺寸 p	外圆角 α					
	$\leqslant50°$	$>50°$ $\sim75°$	$>75°$ $\sim105°$	$>105°$ $\sim135°$	$>135°$ $\sim165°$	$>165°$
$\leqslant25$	2	2	2	4	6	8
$>25\sim60$	2	4	4	6	10	16
$>60\sim160$	4	4	6	8	16	25
$>160\sim250$	4	6	8	12	20	30
$>250\sim400$	6	8	10	16	25	40
$>400\sim600$	6	8	12	20	30	50
$>600\sim1000$	8	12	16	25	40	60
$>1000\sim1600$	10	16	20	30	50	80
$>1600\sim2500$	12	20	25	40	60	100
>2500	16	25	30	50	80	120

注:如果铸件按上表可选出许多不同圆角的 R 时,应尽量减少或只取一适当的 R 值以求统一。

表 10-18　铸造过渡斜度　　　　　　　　　　　　　　　　　　　　　　单位:mm

适合于减速器的箱体、箱盖、连接管、气缸及其他各种连接法兰的过渡处

铁铸件和钢铸件的壁厚 δ	K	h	R
$10\sim15$	3	15	5
$>15\sim20$	4	20	5
$>20\sim25$	5	25	5
$>25\sim30$	6	30	8
$>30\sim35$	7	35	8
$>35\sim40$	8	40	10
$>40\sim45$	9	45	10
$>45\sim50$	10	50	10

表 10-19　铸造斜度

斜度 $b:h$	角度 β	使用范围
1:5	11°30′	$h<25$ mm 时的铸铁件和铸钢件
1:10	5°30′	h 在 $25\sim500$ mm 时的铸铁件和铸钢件
1:20	3°	
1:50	1°	$h>500$ mm 时的铸铁件和铸钢件
1:100	30′	有色金属铸件

注:当设计不同壁厚的铸件时(参见表中的图),在转折点处斜角最大,可增大到 30°~45°。

表 10-20　过渡配合、过盈配合的嵌入倒角　　　　　　单位:mm

D	倒角深	配合			
		u6、s6、s7、r6、n6、m6	t7	u8	z8
≤50	a	0.5	1	1.5	2
	A	1	1.5	2	2.5
50～100	a	1	2	2	3
	A	1.5	2.5	2.5	3.5
100～250	a	2	3	4	5
	A	2.5	3.5	4.5	6
250～500	a	3.5	4.5	7	8.5
	A	4	5.5	8	10

第11章 常用工程材料

11.1 黑色金属

表 11-1 金属热处理工艺分类及代号

热处理工艺名	代号*	说明	热处理工艺名	代号*	说明
退火	511	整体退火热处理	固体渗碳	531—09	固体渗碳化学热处理
正火	512	整体正火热处理	液体渗碳	531—03	液体渗碳化学热处理
淬火	513	整体淬火热处理	气体渗碳	531—01	气体渗碳化学热处理
淬火及回火	514	整体淬火及回火热处理	碳氮共渗	532	碳氮共渗化学热处理
调质	515	整体调质热处理	液体渗氮	533—03	液体渗氮化学热处理
感应淬火和回火	521—04	感应加热表面淬火、回火热处理	气体渗氮	533—01	气体渗氮化学热处理
火焰淬火和回火	521—05	火焰加热表面淬火、回火热处理	离子渗氮	533—08	等离子体渗氮化学热处理

注：第一位字为热处理总称；第二位字为工艺类型；第三位字为工艺名称；第四、五位字为加热方式；
如 533—01 的含义为 5—热处理；3—化学热处理；3—渗氮；01—气体加热。

表 11-2 灰铸铁件(摘自 GB/T 9439—2010)、球墨铸铁件(摘自 GB/T 1348—2009)

类别	牌号	力学性能						应用举例
		σ_b /MPa	σ_s 或 $\sigma_{0.2}$ /MPa	δ /(%)	φ /(%)	铸件壁厚 /mm	硬度 /HBW	
		不小于						
灰铸铁	HT100	100				5～40	≤170	支架、盖、手把等
	HT150	150				5～300	125～205	轴承盖、轴承座、手轮等
	HT200	200				5～300	150～230	机架、机体、中压阀体等
	HT250	250				5～300	180～250	机体、轴承座、缸体、联轴器、齿轮等
	HT300	300				10～300	200～275	
	HT350	350				10～300	220～290	齿轮、凸轮、床身、导轨等
球墨铸铁	QT400—15	400	250	15			120～180	齿轮、箱体、管路、阀体、盖、中低压阀体等
	QT450—10	450	310	10			160～210	
	QT500—7	500	320	7			170～230	气缸、阀体、轴瓦等
	QT600—3	600	370	3			190～270	曲轴、缸体、车轮等
	QT700—2	700	420	2			225～305	

表 11-3　普通碳素结构钢（摘自 GB/T 700—2006）

牌号	等级	屈服强度 σ/MPa 钢材厚度(直径)/mm ≤16	>16~40	>40~60	>60~100	>100~150	>150	抗拉强度 σb/MPa	伸长率 δ/(%) 钢材厚度(直径)/mm ≤16	>16~40	>40~60	>60~100	>100~150	>150	温度/℃	V型冲击功(纵向)/J	应用举例
		不小于							不小于							不小于	
Q195	—	195	185	—	—	—	—	315~430	33	32	—	—	—	—	—	—	塑性好,常用其轧制薄板、拉制线材、制件和焊接钢管
Q215	A	215	205	195	185	175	165	335~450	31	30	29	28	27	26	—	—	金属结构构件;拉杆、螺栓、短轴、心轴、凸轮,渗碳零件及焊接件
	B														20	27	
Q235	A	235	225	215	205	195	185	375~500	26	25	24	23	22	21	—	—	金属结构构件,心部强度要求不高的渗碳或氰化零件;吊钩、拉杆、套圈、齿轮、螺栓、螺母、连杆、轮轴、盖及焊接件
	B														20	27	
	C														0		
	D														−20		
Q255	A	255	245	235	225	215	205	410~550	24	23	22	21	20	19	—	—	轴、轴销、螺母、螺栓、垫圈、齿轮以及其他强度较高的零件
	B														20	27	
Q275	—	275	265	255	245	235	225	490~630	20	19	18	17	16	15	—	—	

注:Q为屈服强度的拼音首字母;215为屈服极限值;A、B、C、D为质量等级。

表 11-4　优质碳素结构钢（摘自 GB/T 699—2015）

钢号	试样毛坯尺寸/mm	推荐热处理温度/℃ 正火	淬火	回火	力学性能 R_m/MPa	$R_{p0.2}$/MPa	A/(%)	ψ/(%)	A_k/J	钢材交货状态硬度(不大于)/HBW 未热处理	退火钢	表面淬火硬度/HRC	应用举例(非标准内容)
					不小于								
08F	25	930			295	175	35	60		131	—	—	轧制薄板、制管、冲压制品;心部强度要求不高的渗碳和氰化零件;套筒、短轴、支架、离合器盘
08	25	930			325	195	33	60		131			
10F	25	930			315	185	33	55		137	—	—	用于拉杆、卡头、垫圈等;因无回火脆性、焊接性好,用于焊接零件
10	25	930			335	205	31	55		137			
15F	25	920			355	205	29	55		143	—	—	受力不大韧度要求较高的零件、渗碳零件及紧固件和螺栓、法兰盘
15	25	920			375	225	27	55		143			

续表

钢号	试样毛坯尺寸/mm	推荐热处理温度/℃			力学性能					钢材交货状态硬度（不大于）/HBW		表面淬火硬度/HRC	应用举例（非标准内容）
		正火	淬火	回火	R_m/MPa	$R_{p0.2}$/MPa	A/(%)	ψ/(%)	A_k/J	未热处理	退火钢		
					不小于								
20	25	910			410	245	25	55		156	—	—	渗碳、氰化后用于重型或中型机械中受力不大的轴、螺栓、螺母、垫圈、齿轮、链轮
25	25	900	870	600	450	275	23	50	71	170	—	—	用于制造焊接设备和不受高应力的零件，如轴、螺栓、螺钉、螺母
30	25	880	860	600	490	295	21	50	63	179	—	—	用于制作重型机械上韧度要求高的锻件及制件，如气缸、拉杆、吊环
35	25	870	850	600	530	315	20	45	55	197	—	35～45	用于制作曲轴、转轴、轴销、连杆、螺栓、螺母、垫圈、飞轮，多在正火、调质下使用
40	25	860	840	600	570	335	19	45	47	217	187	—	热处理后用于制作机床及重型、中型机械的曲轴、轴、齿轮、连杆、键、活塞等，正火后可用于制作圆盘
45	25	850	840	600	600	355	16	40	39	229	197	40～50	用于制作要求综合力学性能高的各种零件，通常在正火或调质下使用，如轴、齿轮、链轮、螺栓、螺母、销、键、拉杆等
50	25	830	830	600	630	375	14	40	31	241	207		用于制作要求有一定耐磨性、一定抗冲击作用的零件，如轮圈、轧辊、摩擦盘等
55	25	820	820	600	645	380	13	35	—	255	217	—	
65	25	810	—	—	695	410	10	30	—	255	229	—	用于制作弹簧、弹簧垫圈、凸轮、轧辊等
15Mn	25	920			410	245	26	55		163	—	—	用于制作心部力学性能要求较高且需渗碳的零件
25Mn	25	900	870	600	490	295	22	50	71	207		—	用于制作渗碳件，如凸轮、齿轮、联轴器、销等
40Mn	25	860	840	600	590	355	17	45	47	229	207	40～50	用于制作轴、曲轴、连杆及高应力下工作的螺栓、螺母
50Mn	25	830	830	600	645	390	13	40	31	255	217	45～55	多在淬火、回火后使用，用于制作齿轮、齿轮轴、摩擦盘、凸轮
65Mn	25	810	—	—	735	430	9	30	—	285	229	—	耐磨性高，用于制作圆盘、衬板、齿轮、花键轴、弹簧

表 11-5　合金结构钢(摘自 GB/T 3077—2015)

牌号	试样毛坯尺寸/mm	热处理 淬火 温度/℃ 第一次淬火	第二次淬火	淬火 冷却剂	回火 温度/℃	回火 冷却剂	R_m/MPa	$R_{p0.2}$/MPa	A/(%)	ψ/(%)	A_k/J	钢材退火或高温回火(供应状态)硬度(不大于)/HBW	表面淬火硬度(不大于)/HRC	应用举例(非标准内容)
							不小于							
30Mn2	25	840	—	水	500	水	785	635	12	45	63	207		起重机行车轴、变速箱齿轮、冷镦螺栓及较大截面的调质零件
35Mn2	25	840	—	水	500	水	835	685	12	45	55	207	40~50	对于截面较小的零件可代替40Cr,制作直径不大于15 mm的重要用途的冷镦螺栓及小轴
45Mn2	25	840	—	油	550	水或油	885	735	10	45	47	217	45~55	在直径不大于60 mm时,与40Cr相当,可制作万向轴轴器、齿轮轴、蜗杆、曲轴、连杆、花键轴、摩擦盘等
35SiMn	25	900	—	水	570	水	885	735	15	45	47	229	45~55	可代替40Cr制作中、小型轴类、齿轮等零件及430℃以下的重要紧固件
42SiMn	25	880	—	水	590	水	885	735	15	40	47	229	45~55	可代替40Cr、34CrMo制作大齿圈
37SiMn2MoV	25	870	—	水或油	650	水或空气	980	835	12	50	63	269	50~55	可代替34CrNiMo等制作高强重负荷轴、曲轴、齿轮、蜗杆等零件
20CrMnTi	15	880	870	油	200	水或空气	1080	835	10	45	55	217	渗碳 56~62	可代替镍铬钢用于制作承受高速、中等或重负荷以及冲击磨损等重要零件,如齿轮、凸轮等
20CrMnMo	15	850	—	油	200	水或空气	1180	885	10	45	55	217	渗碳 56~62	用于制作要求表面硬度高、耐磨,心部有较高强度和韧性的零件,如传动齿轮和曲轴等
35CrMo	25	850	—	油	550	水或油	980	835	12	45	63	229	40~45	可代替40CrNi制作大截面齿轮和重载传动轴等
20Cr	15	880	780~820	水或油	200	水或空气	835	540	10	40	47	179	渗碳 56~62	用于制作要求心部强度较高、承受磨损,尺寸较大的渗碳零件,如齿轮、齿轮轴、蜗杆、凸轮、活塞销等

续表

牌号	试样毛坯尺寸/mm	热处理 淬火 温度/℃ 第一次淬火	热处理 淬火 温度/℃ 第二次淬火	淬火 冷却剂	回火 温度/℃	回火 冷却剂	力学性能 R_m/MPa 不小于	$R_{p0.2}$/MPa	A/(%)	ψ/(%)	A_k/J	钢材退火或高温回火(供应状态)硬度(不大于)/HBW	表面淬火硬度(不大于)/HRC	应用举例(非标准内容)
40Cr	25	850	—	油	520	水或油	980	785	9	45	47	207	48~55	用于受变载、中速中载、强烈磨损而无很大冲击的重要零件,如重要的齿轮、轴、曲轴、连杆等
18Cr2Ni4WA	15	950	850	空气	200	水或空气	1180	835	10	45	78	269	渗透 56~62	用于制作受很高载荷、强烈磨损、截面尺寸较大的重要零件,如重要的齿轮与轴
40Cr2NiMoA	25	850	—	油	600	水或油	980	835	12	55	78	269		用于制作承受重负荷、大截面、重要调质零件,如大型的轴和齿轮

表 11-6 一般工程用铸钢(摘自 GB/T 11352—2009)

牌号	化学成分/(%) C	Si	Mn	S P	力学性能(按合同选择) σ_s 或 $\sigma_{0.2}$/MPa	σ_b/MPa	δ/(%)	ψ/(%)	a_{ku}/(J/cm²)	特性(非标准内容)	应用举例(非标准内容)
ZG200—400	0.20	0.50	0.80	0.04	200	400	25	40	60	强度和硬度较低、韧度较高、塑性良好、焊接性能良好、铸造性能差	机座、变速箱体等
ZG230—450	0.30		0.90		230	450	22	32	45	低温时冲击韧度高、脆性转变温度低、焊接性能良好、铸造性能差	机架、机座、箱体、锤轮等
ZG270—500	0.40				270	500	18	25	35	较高的强度和硬度、韧度和塑性适度、铸造性能和塑性良好	飞轮、机架、蒸汽锤、气缸等
ZG310—570	0.50				310	570	15	21	30	造性能比低碳钢好、有一定的焊接性能	联轴器、齿轮、气缸、油、机架
ZG340—640	0.60	0.60	0.60		340	640	10	18	20	塑性差、韧度低、强度和硬度高、铸造和焊接性能均差	起重运输机齿轮、联轴器等重要零件

表 11-7 合金铸钢(摘自 GB/T 6402—2006)

牌号	力学性能						应用举例
	σ_b /MPa	σ_s 或 $\sigma_{0.2}$ /MPa	δ /(%)	ψ /(%)	a_{ku} /(J/cm²)	硬度 /HBW	
	不小于						
ZG40Mn	640	295	12	30		163	齿轮、凸轮等
ZG20SiMn	500~650	300	24		39	150~190	缸体、阀、弯头、叶片等
ZG35SiMn	640	415	12	25	27		用于受摩擦的零件
ZG20MnMo	490	295	16		39	156	缸体、泵壳等压力容器
ZG35CrMnSi	690	345	14	30		217	齿轮、滚轮等承冲击磨损的零件
ZG40Cr	630	345	18	26		212	齿轮

表 11-8 热轧等边角钢(摘自 GB/T 706—2008)

I—惯性矩

i—惯性半径

角钢号	尺寸/mm			截面面积 /cm²	参考数值 $x-x$		质心距离 z_0/cm	角钢号	尺寸/mm			截面面积 /cm²	参考数值 $x-x$		质心距离 z_0/cm
	b	d	r		I_x /cm⁴	i_x /cm			b	d	r		I_x /cm⁴	i_x /cm	
2	20	3	3.5	1.132	0.40	0.59	0.60	7	70	4	8	5.570	26.39	2.18	1.86
		4		1.459	0.50	0.58	0.64			5		6.875	32.21	2.16	1.91
2.5	25	3		1.432	0.82	0.76	0.73			6		8.160	37.77	2.15	1.95
		4		1.859	1.03	0.74	0.76			7		9.424	43.09	2.14	1.99
3	30	3		1.749	1.46	0.91	0.85			8		10.667	48.17	2.12	2.03
		4	4.5	2.276	1.84	0.90	0.89	(7.5)	75	5	9	7.367	39.97	2.33	2.04
3.6	36	3		2.109	2.58	1.11	1.00			6		8.797	46.95	2.31	2.07
		4		2.756	3.29	1.09	1.04			7		10.160	53.57	2.30	2.11
		5		3.382	3.95	1.08	1.07			8		11.503	59.96	2.28	2.15
4	40	3		2.359	3.59	1.23	1.09			10		14.126	71.98	2.26	2.22
		4		3.086	4.60	1.22	1.13	8	80	5		7.912	48.79	2.48	2.15
		5	5	3.791	5.53	1.21	1.17			6		9.397	57.35	2.47	2.19
4.5	45	3		2.659	5.17	1.40	1.22			7	9	10.860	65.58	2.46	2.23
		4		3.486	6.65	1.38	1.26			8		12.303	73.49	2.44	2.27
		5		4.292	8.04	1.37	1.30			10		15.126	88.43	2.42	2.35
		6		5.076	9.33	1.36	1.33	9	90	6		10.637	82.77	2.79	2.44
5	50	3		2.971	7.18	1.55	1.34			7		12.301	94.83	2.78	2.48
		4	5.5	3.897	9.26	1.54	1.38			8	10	13.944	106.47	2.76	2.52
		5		4.803	11.21	1.53	1.42			10		17.167	128.58	2.74	2.59
		6		5.688	13.05	1.52	1.46			12		20.306	149.22	2.71	2.67
5.6	56	3		3.343	10.19	1.75	1.48			6		11.932	114.95	3.10	2.67
		4	6	4.390	13.18	1.73	1.53			7		13.796	131.86	3.09	2.71
		5		5.415	16.02	1.72	1.57			8		15.638	148.24	3.08	2.76
		8		8.367	23.63	1.68	1.68	10	100	10	12	19.261	179.51	3.05	2.84
6.3	63	4	7	4.978	19.03	1.96	1.70			12		22.800	208.90	3.03	2.91
		5		6.143	23.17	1.94	1.74			14		26.256	236.53	3.00	2.99
		6		7.288	27.12	1.93	1.78			16		29.627	262.53	2.98	3.06
		8		9.515	34.46	1.90	1.85								
		10		11.657	41.09	1.88	1.93								

注:1.角钢号 2~9 的角钢长度为 4~12 m;角钢号 10~14 的角钢长度为 4~19 m;

2.轧制钢号,通常为碳素结构钢。

表 11-9　热轧槽钢(摘自 GB/T 706—2008)

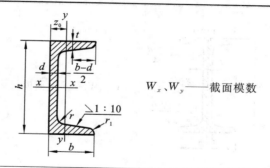

W_x、W_y——截面模数

型号	尺寸/mm						截面面积 /cm²	参考数值		质心距离 z_0 /cm
								x—x	y—y	
	h	b	d	t	r	r_1		W_x/cm³	W_y/cm³	
8	80	43	5.0	8.0	8.0	4.0	10.248	25.3	5.79	1.43
10	100	48	5.3	8.5	8.5	4.2	12.748	39.7	7.80	1.52
12.6	126	53	5.5	9.0	9.0	4.5	15.692	62.1	10.2	1.59
14a	140	58	6.0	9.5	9.5	4.8	18.516	80.5	13.0	1.71
14b	140	60	8.0	9.5	9.5	4.8	21.316	87.1	14.1	1.67
16a	160	63	6.5	10.0	10.0	5.0	21.962	108	16.3	1.80
16	160	65	8.5	10.0	10.0	5.0	25.162	117	17.6	1.75
18a	180	68	7.0	10.5	10.5	5.2	25.699	141	20.0	1.88
18	180	70	9.0	10.5	10.5	5.2	29.299	152	21.5	1.84
20a	200	73	7.0	11.0	11.0	5.5	28.837	178	24.2	2.01
20	200	75	9.0	11.0	11.0	5.5	32.831	191	25.9	1.95
22a	220	77	7.0	11.5	11.5	5.8	31.846	218	28.2	2.10
22	220	79	9.0	11.5	11.5	5.8	36.246	234	30.1	2.03
25a	250	78	7.0	12.0	12.0	6.0	34.917	270	30.6	2.09
25b	250	80	9.0	12.0	12.0	6.0	39.917	282	32.7	1.98
25c	250	82	11.0	12.0	12.0	6.0	44.917	295	35.9	1.92
28a	280	82	7.5	12.5	12.5	6.2	40.034	340	35.7	2.10
28b	280	84	9.5	12.5	12.5	6.2	45.634	366	37.9	2.02
28c	280	86	11.5	12.5	12.5	6.2	51.234	393	40.3	1.95
32a	320	88	8.0	14.0	14.0	7.0	48.513	475	46.5	2.24
32b	320	90	10.0	14.0	14.0	7.0	54.913	509	49.2	2.16
32c	320	92	12.0	14.0	14.0	7.0	61.313	543	52.6	2.09

注:1. 型号 5~8 的槽钢长度为 5~12 m;型号 8~18 的槽钢长度为 5~19 m;型号 18~40 的槽钢长度为 6~19 m;

　　2. 轧制钢号,通常为碳素结构钢。

表 11-10　热轧工字钢(摘自 GB/T 706—2008)

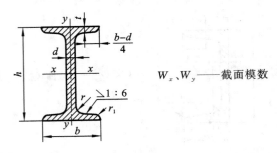

W_x、W_y——截面模数

型号	尺寸/mm						截面面积 /cm²	参考数值	
								x—x	y—y
	h	b	d	t	r	r_1		W_x/cm³	W_y/cm³
10	100	68	4.5	7.6	6.5	3.3	14.345	49.0	9.72
12.6	126	74	5.0	8.4	7.0	3.5	18.118	77.5	12.7
14	140	80	5.5	9.1	7.5	3.8	21.516	102	16.1
16	160	88	6.0	9.9	8.0	4.0	26.131	141	21.2
18	180	94	6.5	10.7	8.5	4.3	30.756	185	26.0
20a	200	100	7.0	11.4	9.0	4.5	35.578	237	31.5
20b	200	102	9.0	11.4	9.0	4.5	39.578	250	33.1
22a	220	110	7.5	12.3	9.5	4.8	42.128	309	40.9
22b	220	112	9.5	12.3	9.5	4.8	46.528	325	42.7
25a	250	116	8.0	13.0	10.0	5.0	48.541	402	48.3
25b	250	118	10.0	13.0	10.0	5.0	53.541	423	52.4
28a	280	122	8.5	13.7	10.5	5.3	55.404	508	56.6
28b	280	124	10.5	13.7	10.5	5.3	61.004	534	61.2
32a	320	130	9.5	15.0	11.5	5.8	67.156	692	70.8
32b	320	132	11.5	15.0	11.5	5.8	73.557	726	76.0
32c	320	134	13.5	15.0	11.5	5.8	79.956	760	81.2
36a	360	136	10.0	15.8	12.0	6.0	76.480	875	81.2
36b	360	138	12.0	15.8	12.0	6.0	83.680	919	84.3
36c	360	140	14.0	15.8	12.0	6.0	90.880	962	87.4
40a	400	142	10.5	16.5	12.5	6.3	86.112	1090	93.2
40b	400	144	12.5	16.5	12.5	6.3	94.112	1140	96.2
40c	400	146	14.5	16.5	12.5	6.3	102.112	1190	99.6

注:1. 型号 10~18 的工字钢长度为 5~19 m;型号 20~63 的工字钢长度为 6~19 m;

　　2. 轧制钢号,通常为碳素结构钢。

表 11-11　钢板和圆(方)钢的尺寸系列　　　　　　　　　　　　　单位:mm

种　类	尺寸系列(厚度或直径或边长)
冷轧钢板和钢带 (GB/T 708—2006)	厚度:0.30,0.35,0.40,0.45,0.55,0.6,0.65,0.70,0.75,0.80,0.90,1.00,1.1, 1.2,1.3,1.4,1.5,1.6,1.7,1.8,2.0,2.2,2.5,2.8,3.0,3.2,3.5,3.8,3.9,4.0
热轧钢板和钢带 (GB/T 709—2006)	厚度:0.8,0.9,1.0,1.2,1.3,1.4,1.5,1.6,1.8,2.0,2.2,2.5,2.6,2.8,3.0,3.2, 3.5,3.8,3.9,4.0,4.5,5,6,7,8,9,10,11,12,13,14,15,16,17,18,19,20,21,22,25, 26,28,30,32,34,36,38,40
热轧圆钢和方钢 (GB/T 702—2008)	直径或边长:5.5,6,6.5,7,8,9,10,11,12,13,14,15,16,17,18,19,20,21,22,23, 24,25,26,27,28,29,30,31,32,33,34,35,36,38,40,42,45,48,50,53,55,56,58,60, 63,65,68,70,75,80,85,90,95,100,105,110,115,120,125,130,140,150,160,170, 180,190,200,210,220,230,240,250,260,270,280,290,300
冷拉圆钢 (GB/T 905—1994)	直径:7,7.5,8,8.5,9,9.5,10,11,12,13,14,15,16,17,18,19,20,21,22,24,25, 26,28,30,32,34,35,38,40,42,45,48,50,53,56,60,63,67,70,75,80

11.2　有色金属

表 11-12　铸造铜合金

合金名称与牌号	铸造方法	力学性能			应 用 举 例
		抗拉强度 R_m/MPa	伸长率 A/(%)	布氏硬度 /HBW	
5-5-5 锡青铜 ZCuSn5Pb5Zn5	S、J、R	200	13	60*	用于较高负荷、中等滑动速度下工作的耐磨、耐蚀零件,如轴瓦、衬套、蜗轮等
	Li、La	250	13	65*	
10-1 锡青铜 ZCuSn10Pb1	S、R	220	3	80*	用于负荷小于 20 MPa 和滑动速度小于 8 m/s 条件下工作的耐磨零件,如齿轮、蜗轮、轴瓦等
	J	310	2	90*	
	Li	330	4	90*	
10-2 锡青铜 ZCuSn10Zn2	S	240	12	70*	用于中等负荷和低滑动速度下工作的管配件及阀、泵体、齿轮、蜗轮、叶轮等
	J	245	6	80*	
	Li、La	270	7	80*	
8-13-3-2 铝青铜 ZCuAl8Mn13Fe3Ni2	S	645	20	160	用于强度高、耐蚀的重要零件,如船舶螺旋桨、高压阀体;耐压、耐磨的齿轮、蜗轮、衬套等
	J	670	18	170	
9-2 铝青铜 ZCuAl9Mn2	S、R	390	20	85	用于制造耐磨、结构简单的大型铸件,如衬套、蜗轮及增压器内气封等
	J	440	20	95	
10-3 铝青铜 ZCuAl10Fe3	S	490	13	100*	用于制造强度高、耐磨、耐蚀零件,如蜗轮、轴承、衬套、耐热管配件
	J	540	15	110*	
	Li、La	540	15	110*	

合金名称与牌号	铸造方法	力学性能			应用举例
		抗拉强度 R_m/MPa	伸长率 A/(%)	布氏硬度 /HBW	
9-4-4-2 铝青铜 ZCuAl9Fe4Ni4Mn2	S	630	16	160	用于制造高强度、耐磨及高温下工作的重要零件,如船舶螺旋桨、轴承、齿轮、蜗轮、螺母等
25-6-3-3 铝黄铜 ZCuZn25Al6Fe3Mn3	S	725	10	160*	用于制造高强度、耐磨零件,如桥梁支承板、螺母、螺杆、耐磨板、蜗轮等
	J	740	7	170*	
	Li、La	740	7	170*	
38-2-2 锰黄铜 ZCuZn38Mn2Pb2	S	245	10	70	用于制造一般用途结构件,如套筒、轴瓦、滑块等
	J	345	18	80	

注:1.S—砂型铸造,J—金属型铸造,Li—离心铸造,La—连续铸造,R—熔模铸造;
　　2.带 * 号的数据为参考值。布氏硬度试验,力的单位为 N。

表 11-13　铸造轴承合金

种类	牌号	力学性能			应用举例
		抗拉强度 R_m/MPa	伸长率 A/(%)	布氏硬度 /HBW	
锡基	ZSnSb12Pb10Cu4	—	—	29	用于一般机器主轴承衬,但不适于高温轴承
	ZSnSb11Cu6	—	—	27	用于 350 kW 以上的轮机、内燃机等高速机械轴承
	ZSnSb4Cu4	—	—	20	耐蚀、耐热、耐磨,适用于轮机、内燃机、高速轴承及轴承衬
	ZSnSb8Cu4	—	—	24	用于一般负荷压力大的大型机器的轴承及轴承衬
铅基	ZPbSb16Sn16Cu2	—	—	30	用于功率小于 350 kW 的压缩机、轧钢机用减速器及离心泵的轴承
	ZPbSb15Sn5Cu3Cd2	—	—	32	用于功率为 100～250 kW 的电动机、球磨机和矿山水泵等机械的轴承
	ZPbSb15Sn10	—	—	24	用于中等压力机械的轴承,也适用于高温轴承

11.3 非 金 属

表 11-14　常用非金属材料

名称	代号（或分类）	规格/mm		密度/(g/cm³)	拉伸强度/MPa	拉断伸长率/(%)	使用范围
		宽度	厚度				
工业用橡胶板 GB/T 5574—2008	C类	500～2000	0.5,1,1.5,2,2.5,3,4,5,6,8,10,12,14,16,18,20,22,25,30,40,50		1型≥3 2型≥4 3型≥5 4型≥7 5型≥10	1级≥100 2级≥150 3级≥200 4级≥250 5级≥300	具有耐溶剂膨胀性能，可在一定温度的机油、变压器油、汽油等介质中工作，适用于冲制各种形状的垫圈

名称	纸板规格/mm		密度/(g/cm³) A、B类	技术性能					用途
	长度×宽度	厚度		项目			A类	B类	
软钢纸板 QB/T 2200—2009	920×650 650×490 650×400 400×300 按订货合同规定	0.5～0.8 0.9～2.0 2.1～3.0	1.1～1.4	抗拉强度/(kN/m²)≥	厚度/mm	0.5～1	3×10⁴	2.5×10⁴	供飞机（A类）、汽车、拖拉机的发动机及其他内燃机制作密封垫片和其他部件用
						1.1～3	3×10⁴	3×10⁴	
				抗压强度/MPa ≥			160	—	
				水分/(%)			4～8	4～8	

名称	类型	牌号	规格		密度/(g/cm³)	断裂强度/(N/cm²)	断裂时伸长率/(%)≤	使用范围
			长、宽	厚度/mm				
工业用毛毡 FZ/T 25001—2012	细毛	T112-32-44	长＝1～5 m 宽＝0.5～1 m	1.5,2,3,4,6,8,10,12,14,16,18,20,25	0.32～0.44	—	—	用于制作密封、防振的缓冲衬垫
		T112-25-31			0.25～0.31			
	半粗毛	T122-30-38			0.30～0.38	—	—	
		T122-24-29			0.24～0.29			
	粗毛	T132-32-36			0.32～0.36	245～294	110～130	

表 11-15　耐油石棉橡胶板（摘自 GB/T 539—2008）

等级牌号	表面颜色	密度/(g/cm³)	规格/mm			适用条件≤		浸油后性能			用途
			厚度	长度	宽度	温度/℃	压力/MPa	抗拉强度/MPa≥	增重率/(%)≤	浸油增厚率/(%)≤	
NY 150	暗红色	1.6～2.0	0.4,0.5 0.6,0.8 0.9,1.2 1.5,2.0 2.5,3.0	550 620 1000 1260 1350 1500	550 620 1200 1260 1500	150	1.5	5.0	30	—	用于炼油设备、管道及汽车、拖拉机、柴油机的输油管道接合处的密封
NY 250	绿色					250	2.5	7.0	30	20	用于炼油设备及管道法兰接合处的密封
NY 400	灰褐色					400	4	12.0	30	20	用于热油、石油裂化、煤蒸馏设备及管道法兰接合处的密封
HNY 300	蓝色					300	—	9.0	30	20	用于航空燃油、石油基润滑油及冷气系统的密封

注：宽度 550 mm、长度 1000 mm、厚度 2 mm，最高温度 250 ℃，一般工业用耐油石棉橡胶板的标记为
石棉板 NY250-2×550×1000 GB/T 539—2008

第12章 连 接

12.1 螺纹与螺纹连接

1. 螺纹

表 12-1 普通螺纹基本尺寸　　　　　　　　　　　单位:mm

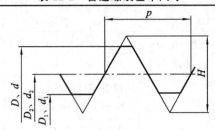

螺纹标记

公称直径为 10 mm、螺纹为右旋、中径及顶径公差带代号均为 6g、螺纹旋合长度为 N 的粗牙普通螺纹:M10−6g

公称直径为 10 mm、螺距为 1 mm、螺纹为右旋、中径及顶径公差带代号均为 6H、螺纹旋合长度为 N 的细牙普通内螺纹:M10×1−6H

公称直径为 20 mm、螺距为 2 mm、螺纹为左旋、中径及顶径公差带代号分别为 5g 和 6g、螺纹旋合长度为 S 的细牙普通螺纹:M20×2−5g6g−S LH

公称直径为 20 mm、螺距为 2 mm、螺纹为右旋、内螺纹中径及顶径公差带代号均为 6H、外螺纹中径及顶径公差带代号为 6g、螺纹旋合长度为 N 的细牙普通螺纹的螺纹副:M20×2−6H/6g

公称直径 D、d 第一系列	第二系列	螺距 p	中径 D_2 或 d_2	小径 D_1 或 d_1	公称直径 D、d 第一系列	第二系列	螺距 p	中径 D_2 或 d_2	小径 D_1 或 d_1	公称直径 D、d 第一系列	第二系列	螺距 p	中径 D_2 或 d_2	小径 D_1 或 d_1
5		0.8	4.480	4.134	20		2.5	18.376	17.294		39	4	36.402	34.670
6		1	5.350	4.917			2	18.701	17.835			3	37.051	35.752
8		1.25	7.188	6.647			1.5	19.026	18.376	42		4.5	39.077	37.129
		1	7.350	6.917		22	2.5	20.376	19.294			3	40.051	38.752
10		1.5	9.026	8.376			1.5	21.026	20.376		45	4.5	42.077	40.129
		1.25	9.188	8.647	24		3	22.051	20.752			3	43.051	41.752
		1	9.350	8.917			2	22.701	21.835	48		5	44.752	42.587
12		1.75	10.863	10.106		27	3	25.051	23.752			3	46.051	44.752
		1.5	11.026	10.376			2	25.701	24.835			2	46.701	45.835
		1.25	11.188	10.647	30		3.5	27.727	26.211			1.5	47.026	46.376
	14	2	12.701	11.835			2	28.701	27.835		52	5	48.752	46.587
		1.5	13.026	12.376		33	3.5	30.727	29.211			3	50.051	48.752
16		2	14.701	13.835			2	31.701	30.835	56		5.5	52.428	50.046
		1.5	15.026	14.376	36		4	33.402	31.670			4	53.402	51.670
	18	2.5	16.376	15.294			3	34.051	32.752					

注:1. $d \leqslant 68$ mm,p 项的第一个数字为粗牙螺距,后几个数字为细牙螺距;

　　2. M14×1.25 仅用于火花塞。

表 12-2 普通螺纹公差与配合

精度	内螺纹						外螺纹								
	公差带位置						公差带位置								
	G			H			e	f	g				h		
	S	N	L	S	N	L	N	N	S	N	L	S	N	L
精密				4H	4H、5H	5H、6H				(4g)	(5g、4g)	(3h、4h)	4h	(5h、4h)
中等	(5G)	6G	(7G)	5H	6H	7H	6e	6f	(5g、6g)	6g	(7g、6g)	(5h、6h)	6h	(7h、6h)
粗糙		(7G)	(8G)		7H	8H	(8e)			8g	(9g、8g)			

注:1.大量生产的精制紧固件螺纹,推荐采用带方框的公差带;
2.内、外螺纹的选用公差带可以任意组合,为了保证足够的接触高度,最好组合成 H/g、H/h 或 G/h 的配合;
3.精密、中等、粗糙三种精度选用原则:
精密:用于精密螺纹,当要求配合性质变动较小时采用;
中等:一般用途;
粗糙:对精度要求不高或制造比较困难时采用。
4.S、N、L 分别表示短、中等、长三种旋合长度。

表 12-3 螺纹旋合长度 　　　　　　　　　　　单位:mm

公称直径 D、d >	≤	螺距 p	旋合长度				公称直径 D、d >	≤	螺距 p	旋合长度			
			S		N					S		N	
			≤	>	≤	>				≤	>	≤	>
5.6	11.2	0.75	2.4	2.4	7.1	7.1	22.4	45	1	4	4	12	12
		1	3	3	9	9			1.5	6.3	6.3	19	19
		1.25	4	4	12	12			2	8.5	8.5	25	25
		1.5	5	5	15	15			3	12	12	36	36
									3.5	15	15	45	45
									4	18	18	53	53
									4.5	21	21	63	63
11.2	22.4	1	3.8	3.8	11	11	45	90	1.5	7.5	7.5	22	22
		1.25	4.5	4.5	13	13			2	9.5	9.5	28	28
		1.5	5.6	5.6	16	16			3	15	15	45	45
		1.75	6	6	18	18			4	19	19	56	56
		2	8	8	24	24			5	24	24	71	71
		2.5	10	10	30	30			5.5	28	28	85	85
									6	32	32	95	95

表 12-4 梯形螺纹基本尺寸 　　　　　　　　　　　单位:mm

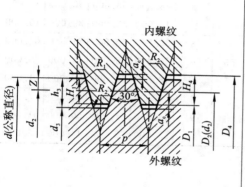

$H_1 = 0.5p$

$h_3 = H_1 + a_c = 0.5p + a_c$

(a_c 为牙顶间隙)

$H_4 = H_1 + a_c = 0.5p + a_c$

$Z = 0.25p = H_1/2$

$d_2 = d - 2Z = d - 0.5p$

$D_2 = d - 2Z = d - 0.5p$

$d_3 = d - 2h_3$

$D_1 = d - 2H_1 = d - p$

$D_4 = d + 2a_c$

$R_{1max} = 0.5a_c$(R_1 为外螺纹牙顶圆角)

$R_{2max} = a_c$(R_2 为牙底圆角)

标记示例

内螺纹:Tr40×7—7H

外螺纹:Tr40×7—7e

左旋外螺纹:Tr40×7—LH—7e

螺纹副:Tr40×7—7H/7e

旋合长度为 L 组的多线螺纹:

Tr40×14(p7)—8e—L

公称直径 d 第一系列	公称直径 d 第二系列	螺距 p	中径 $d_2=D_2$	大径 D_4	小径 d_3	小径 D_1
8		1.5	7.250	8.300	6.200	6.500
	9	1.5	8.250	9.300	7.200	7.500
	9	2	8.000	9.500	6.500	7.000
10		1.5	9.250	10.300	8.200	8.500
10		2	9.000	10.500	7.500	8.000
	11	2	10.000	11.500	8.500	9.000
	11	3	9.500	11.500	7.500	8.000
12		2	11.000	12.500	9.500	10.000
12		3	10.500	12.500	8.500	9.000
	14	2	13.000	14.500	11.500	12.000
	14	3	12.500	14.500	10.500	11.000
16		2	15.000	16.500	13.500	14.000
16		4	14.000	16.500	11.500	12.000
	18	2	17.000	18.500	15.500	16.000
	18	4	16.000	18.500	13.500	14.000
20		2	19.000	20.500	17.500	18.000
20		4	18.000	20.500	15.500	16.000
	22	3	20.500	22.500	18.500	19.000
	22	5	19.500	22.500	16.500	17.000
	22	8	18.000	23.000	13.000	14.000
24		3	22.500	24.500	20.500	21.000
24		5	21.500	24.500	18.500	19.000
24		8	20.000	25.000	15.000	16.000
	26	3	24.500	26.500	22.500	23.000
	26	5	23.500	26.500	20.500	21.000
	26	8	22.000	27.000	17.000	18.000
28		3	26.500	28.500	24.500	25.000
28		5	25.500	28.500	22.500	23.000
28		8	24.000	29.000	19.000	20.000
	30	3	28.500	30.500	26.500	27.000
	30	6	27.000	31.000	23.000	24.000
	30	10	25.000	31.000	19.000	20.000
32		3	30.500	32.500	28.500	29.000
32		6	29.000	33.000	25.000	26.000
32		10	27.000	33.000	21.000	22.000

公称直径 d 第一系列	公称直径 d 第二系列	螺距 p	中径 $d_2=D_2$	大径 D_4	小径 d_3	小径 D_1
	34	3	32.500	34.500	30.500	31.000
	34	6	31.000	35.000	27.000	28.000
	34	10	29.000	35.000	23.000	24.000
36		3	34.500	36.500	32.500	33.000
36		6	33.000	37.000	29.000	30.000
36		10	31.000	37.000	25.000	26.000
	38	3	36.500	38.500	34.500	35.000
	38	7	34.500	39.000	30.000	31.000
	38	10	33.000	39.000	27.000	28.000
40		3	38.500	40.500	36.500	37.000
40		7	36.500	41.000	32.000	33.000
40		10	35.000	41.000	29.000	30.000
	42	3	40.500	42.500	38.500	39.000
	42	7	38.500	43.000	34.000	35.000
	42	10	37.000	43.000	31.000	32.000
44		3	42.500	44.500	40.500	41.000
44		7	40.500	45.000	36.000	37.000
44		12	38.000	45.000	31.000	32.000
	46	3	44.500	46.500	42.500	43.000
	46	8	42.000	47.000	37.000	38.000
	46	12	40.000	47.000	33.000	34.000
48		3	46.500	48.500	44.500	45.000
48		8	44.000	49.000	39.000	40.000
48		12	42.000	49.000	35.000	36.000
50		3	48.500	50.500	46.500	47.000
50		8	46.000	51.000	41.000	42.000
50		12	44.000	51.000	37.000	38.000
52		3	50.500	52.500	48.500	49.000
52		8	48.000	53.000	43.000	44.000
52		12	46.000	53.000	39.000	40.000
	55	3	53.500	55.500	51.500	52.000
	55	9	50.500	56.000	45.000	46.000
	55	14	48.000	57.000	39.000	41.000
60		3	58.500	60.500	56.500	57.000
60		9	55.500	61.000	50.000	51.000
60		14	53.000	62.000	44.000	46.000

表 12-5　梯形内、外螺纹中径选用公差带

精度	内螺纹		外螺纹	
	N	L	N	L
中等	7H	8H	7e	8e
粗糙	8H	9H	8c	9c

注：1. 精度的选用原则为中等：一般用途；粗糙：对精度要求不高时采用；
　　2. 内、外螺纹中径公差等级为 7、8、9；
　　3. 外螺纹大径 d 公差带为 4h；内螺纹小径 D_1 公差带为 4H。

2. 螺纹零件的结构要素

表 12-6　螺纹的收尾、肩距、退刀槽、倒角　　　　　单位：mm

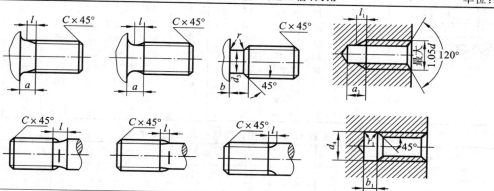

（左侧纵向合并单元格：普通螺纹）

螺距 p	粗牙螺纹大径 d	外-螺纹收尾 l(不大于) 一般	短的	肩距 a(不大于) 一般	长的	短的	退刀槽 b 一般	窄的	$r\approx$	d_3	倒角 C	内-螺纹收尾 l_1(不大于) 一般	长的	肩距 a_1(不小于) 一般	长的	退刀槽 b_1 一般	窄的	r_1	d_1
0.5	3	1.25	0.7	1.5	2	1	1.5	0.8	0.2	$d-0.8$	0.5	1	1.5	3	4	2	1	0.2	$d+0.3$
0.6	3.5	1.5	0.75	1.8	2.4	1.2	1.8	0.9	0.4	$d-1$		1.2	1.8	3.2	4.8	2.4	1.2	0.3	
0.7	4	1.75	0.9	2.1	2.8	1.4	2.1	1.1	0.4	$d-1.1$	0.6	1.4	2.1	3.5	5.6	2.8	1.4	0.4	
0.75	4.5	1.9	1	2.25	3	1.5	2.25	1.2	0.4	$d-1.2$		1.5	2.3	3.8	6	3	1.5	0.4	
0.8	5	2	1	2.4	3.2	1.6	2.4	1.2	0.4	$d-1.3$	0.8	1.6	2.4	4	6.4	3.2	1.6	0.4	
1	6,7	2.5	1.25	3	4	2	3	1.6	0.6	$d-1.6$	1	2	3	5	8	4	2	0.5	
1.25	8	3.2	1.6	4	5	2.5	3.75	3	0.6	$d-2$	1.2	2.5	3.8	6	10	5	2.5	0.6	
1.5	10	3.8	1.9	4.5	6	3	4.5	3	0.8	$d-2.3$	1.5	3	4.5	7	12	6	3	0.8	
1.75	12	4.3	2.2	5.3	7	3.5	5.25	3	1	$d-2.6$		3.5	5.2	9	14	7	3.5	0.9	
2	14,16	5	2.5	6	8	4	6	3.4	1	$d-3$	2	4	6	10	16	8	4	1	
2.5	18,20,22	6.3	3.2	7.5	10	5	7.5	4.4	1.2	$d-3.6$	2.5	5	7.5	12	18	10	5	1.2	$d+0.5$
3	24,27	7.5	3.8	9	12	6	9	5.2	1.6	$d-4.4$		6	9	14	22	12	6	1.5	
3.5	30,33	9	4.5	10.5	14	7	10.5	6.2	1.6	$d-5$	3	7	10.5	16	24	14	7	1.8	
4	36,39	10	5	12	16	8	12	7	2	$d-5.7$		8	12	18	26	16	8	2	
4.5	42,45	11	5.5	13.5	18	9	13.5	8	2.5	$d-6.4$	4	9	13.5	21	29	18	9	2.5	
5	48,52	12.5	6.3	15	20	10	15	9	2.5	$d-7$		10	15	23	32	20	10	2.5	
5.5	56,60	14	7	16.5	22	11	17.5	11	3.2	$d-7.7$	5	11	16.5	25	35	22	11	2.8	
6	64,66	15	7.5	18	24	12	18	12	3.2	$d-8.3$		12	18	28	38	24	12	3	

表 12-7　粗牙螺栓、螺钉的拧入深度和螺纹孔尺寸　　　　单位:mm

公称直径 d	钻孔直径 d_0	钢和青铜				铸铁				铝			
		通孔拧入深度 h	盲孔拧入深度 H	攻丝深度 H_1	钻孔深度 H_2	通孔拧入深度 h	盲孔拧入深度 H	攻丝深度 H_1	钻孔深度 H_2	通孔拧入深度 h	盲孔拧入深度 H	攻丝深度 H_1	钻孔深度 H_2
3		4	3	4	7	6	5	6	9	8	6	7	10
4		5.5	4	5.5	9	8	6	7.5	11	10	8	10	14
5		7	5	7	11	10	8	10	14	12	10	12	16
6	5	8	6	8	13	12	10	12	17	15	12	15	20
8	6.7	10	8	10	16	15	12	14	20	20	16	18	24
10	8.5	12	10	13	20	18	15	18	25	24	20	23	30
12	10.2	15	12	15	24	22	18	21	30	28	24	27	36
16	14	20	16	20	30	30	24	28	33	36	32	36	46
20	17.4	25	20	24	36	35	30	35	47	45	40	45	57
24	20.9	30	24	30	44	42	35	42	55	55	48	54	68
30	26.4	36	30	36	52	50	45	52	68	70	60	67	84
36	32	45	36	44	62	65	55	64	82	80	72	80	98
42	37.3	50	42	50	72	75	65	74	95	95	85	94	115
48	42.7	60	48	58	82	85	75	85	108	105	95	105	128

表 12-8　紧固件的通孔及沉孔尺寸　　　　单位:mm

螺钉或螺栓直径 d			3	4	5	6	8	10	12	14	16	18	20	22	24	27	30	36
通孔直径 d_1 GB/T 5277—2014		精装配	3.2	4.3	5.3	6.4	8.4	10.5	13	15	17	19	21	23	25	28	31	37
		中等装配	3.4	4.5	5.5	6.6	9	11	13.5	15.5	17.5	20	22	24	26	30	33	39
		粗装配	3.6	4.8	5.8	7	10	12	14.5	16.5	18.5	21	24	26	28	32	35	42
用于六角头螺栓 用于带垫圈的六角螺母 GB/T 152.4—2014	D	小六角					17	20	24	26	30	32	36	40	42	48	54	65
		六角	9	10	11	13	18	22	26	30	33	36	40	43	48	53	61	71
	D		8	10	11	13	18	22	26	30	33	36	40	43	48	53	61	71
	h		锪平为止															
用于圆柱头螺钉 GB/T 152.3—2014	D		6	8.0	10	12	15	18	20	24	26	32	33					
	H		1.9	2.5	3	3.5	5	6	7	8	9	10	11					
	H_1		2.4	3.2	4.0	4.7	6	7	8	9	10.5	11	12.5					
用于圆柱头内六角螺钉 GB/T 152.2—2014	D		6.0	8.0	10	11	15	18	20	24	26	32	33	38	40	46	48	57
	H			4	5	6	8	10	12	14	16	18	20	22	24	27	30	36
	H_1		4.5	5.5	6.6	7	9	11	13.5	15.5	17.5	19	22	23	26	28	33	39

续表

螺钉或螺栓直径 d		3	4	5	6	8	10	12	14	16	18	20	22	24	27	30	36
用于沉头螺钉 GB/T 152.2—2014	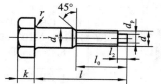 D	6.4	9.6	10.6	12.8	17.6	20.3	24.4	28.4	32.4	36	40.4					

3. 螺纹连接的标准件

表 12-9　六角头铰制孔螺栓 A 和 B 级　　　　　　　　　　　　　　　　单位：mm

六角头铰制孔用螺栓——A 和 B 级（GB/T 27—2013）　　　　　　　　　六角头螺杆带孔铰制孔用螺栓——A 和 B 级（GB/T 28—2013）

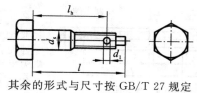

其余的形式与尺寸按 GB/T 27 规定

标记示例

螺纹规格 d＝M12、d_s 尺寸按本表规定、公称长度 l＝80 mm、性能等级为 8.8 级、表面氧化处理、A 级的六角头铰制孔用螺栓：螺栓 GB/T 27 M12×80

d_s 按 m6 制造时应加标记 m6：螺栓 GB/T 27 M12×m6×80

螺纹规格 d		M6	M8	M10	M12	M16	M20	M24	M30	M36	M42
d_s (h9)	max	7	9	11	13	17	21	25	32	38	44
	min	6.964	8.964	10.957	12.957	16.957	20.948	24.948	31.938	37.938	43.938
S(max)		10	13	16	18	24	30	36	46	55	65
k(公称)		4	5	6	7	9	11	13	17	20	23
r(min)		0.25	0.4	0.4	0.6	0.6	0.8	0.8	1	1	1.2
e (min)	A	11.05	14.38	17.77	20.03	26.75	33.53	39.98	—	—	—
	B	10.89	14.20	17.59	19.85	26.17	32.95	39.55	50.85	60.79	72.02
d_p		4	5.5	7	8.5	12	15	18	23	28	33
l_2		1.5	1.5	2	2	3	4	4	5	6	7
d_1(min)		1.6	2	2.5	3.2	4	4	5	6.3	6.3	8
l		25～65	25～80	30～120	35～180	45～200	55～200	65～200	80～230	90～300	110～300
l_0		12	15	18	22	28	32	38	50	55	65
l_h		20.5～60.5	19.5～74.5	24～114	28～173	36～191	45～190	54～189	66～216	74～284	91～281
l 系列		25,(28),30,(32),35,(38),40,45,50,(55),60,(65),70,(75),80,(85),90,(95),100,110,120,130,140,150,160,170,180,190,200,210,220,230,240,250,260,280,300									
技术条件	材料：钢	螺纹公差：6 g		力学性能等级：$d \leqslant 39$ mm 时为 8.8；$d>39$ mm 时按协议				表面处理：氧化		产品等级：A、B

注：1. 产品等级 A 级用于 $d \leqslant 24$ mm 和 $l \leqslant 10d$ 或 $l<150$ mm 的螺栓，B 级用于 $d>24$ mm 和 $l>10d$ 或 $l>150$ mm 的螺栓；

　　2. 根据使用要求，螺杆上无螺纹部分杆径（d_0）允许按 m6、u8 制造。按 m6 制造的螺栓，螺杆上无螺纹部分的表面粗糙度 Ra 为 1.6 μm；

　　3. l_3 和 l_h 随 l 变化，相同螺纹直径变量相等；

　　4. l_h 的公差按＋IT14。

表 12-10　双头螺柱(摘自 GB/T 897～900—1988)

GB/T 897—1988($b_m=1d$)　GB/T 898—1988($b_m=1.25d$)　GB/T 899—1988($b_m=1.5d$)
GB/T 900—1988($b_m=2d$)

标记示例

A型　倒角端　倒角端

B型　辗制末端　辗制末端

$x \approx 1.5p$(粗牙螺距)

两端形式	d/mm	l/mm	性能等级	表面处理	型号	b_m/mm	标记
两端均为粗牙普通螺纹	10	50	4.8	不处理	B	$1d$	螺柱 GB/T 897 M10×50
旋入机体一端为粗牙普通螺纹,旋螺母一端为螺距 $p=$ 1mm 的细牙普通螺纹	10	50	4.8	不处理	A	$1d$	螺柱 GB/T 897 AM10— M10×1×50
旋入机体一端为过渡配合螺纹的第一种配合,旋螺母一端为粗牙普通螺纹	10	50	8.8	镀锌钝化	B	$1d$	螺柱 GB/T 897 GM10—M10×50 —8.8—Zn.D
旋入机体一端为过盈配合螺纹,旋螺母一端为粗牙普通螺纹	10	50	8.8	镀锌钝化	A	$2d$	螺柱 GB/T 900 AYM10—M10 ×50—8.8— Zn.D

螺纹规格 d		M3	M4	M5	M6	M8	M10	M12	M16	M20	M24	M30	M36	M42	M48
b_m	GB/T 897	—	—	5	6	8	10	12	16	20	24	30	36	42	48
	GB/T 898	—	—	6	8	10	12	15	20	25	30	38	45	52	60
	GB/T 899	4.5	6	8	10	12	15	18	24	30	36	45	54	63	72
	GB/T 900	6	8	10	12	16	20	24	32	40	48	60	72	84	96

l						b									l
12															140
(14)	6						36								150
16		8													160
(18)			10				44	52	60	72	84	96	108		170
20	10			10	12										180
(22)															190
25		11				14	16								200
(28)				14	16										210
30											85				220
(32)			16			16	20								230
35				16			20		25		97	109	121		240
(38)															250
40							30		30						260
45				18											280
50					22		35								300
(55)										40					
60								45							
(65)										45					
70						26				50	50				
(75)							30								
80												60			
(85)								38	46		60	70			
90										54					
(95)															
100											66			80	
110												78	90	102	
120															
130						32									

注:两端螺纹长度相同的双头螺柱参见有关手册。

表12-11　六角头螺栓—A和B级(摘自GB/T 5782—2016)、六角头螺栓—全螺纹—A和B级(摘自GB/T 5783—2016)、六角头螺栓—细牙—A和B级(摘自GB/T 5785—2016)、六角头螺栓—细牙—全螺纹—A和B级(摘自GB/T 5786—2016)　　　　单位:mm

标记示例

螺纹规格 d=M12、公称长度 l=80 mm、性能等级为8.8级、表面氧化、A级的六角头螺栓:螺栓 GB/T 5782 M12×80

项目	M3	M4	M5	M6	M8	M10	M12	(M14)	M16	(M18)	M20	(M22)	M24	(M27)	M30	M36	M42	M48	M56	M64
螺纹规格 d×p (GB/T 5785、5786)	—	—	—	—	×1	×1	×1.5	×1.5	×1.5	×1.5	×2	×2	×2	×2	×2	×3	×3	×3	×4	×4
S(max)	5.5	7	8	10	13	16	18	21	24	27	30	34	36	41	46	55	65	75	85	95
k(公称)	2	2.8	3.5	4	5.3	6.4	7.5	8.8	10	11.5	12.5	14	15	17	18.7	22.5	26	30	35	40
e(min) GB/T 5782、5785	6.01	7.66	8.79	11.05	14.38	17.77	20.03	23.36	26.75	30.14	33.53	37.72	39.98	—	—	—	—	—	—	—
e(min) GB/T 5783、5786	—	—	8.63	10.89	14.20	17.59	19.85	22.78	26.17	29.56	32.95	37.29	39.55	45.2	50.9	60.8	71.3	82.6	93.56	104.86
c(max)	0.4	0.4	0.5	0.5	0.6	0.6	0.8	0.8	0.8	0.8	0.8	0.8	0.8	0.8	0.8	0.8	0.8	0.8	0.8	0.8
d_w A(min)	4.6	5.9	6.9	8.9	11.6	14.6	16.6	19.6	22.5	25.3	28.2	31.7	33.6	—	—	—	—	—	—	—
d_w B(min)	—	—	6.7	8.7	11.4	14.4	16.4	19.2	22	24.8	27.7	31.4	33.2	38	42.8	51.1	60.6	69.4	78.7	88.2
a GB/T 5783—2016 / 5786—2016 max	1.5	2.1	2.4	3	4	4.5	5.3	6	6	7.5	7.5	9	9	10.5	10.5	12	13.5	15	16.5	18
a min	0.5	0.7	0.8	1	1.25	1.5	1.75	2	2	2.5	2.5	3	3	3.5	3.5	4	4.5	5	5.5	6
b参考 GB/T 5782 (l≤125)	12	14	16	18	22	26	30	34	38	42	46	50	54	60	66	78	—	—	—	—
b参考 (125<l≤200)	—	—	—	—	28	32	36	40	44	48	52	56	60	66	72	84	96	108	124	140
b参考 (l>200)	—	—	—	—	41	45	49	53	57	61	65	69	73	79	85	97	109	121	137	153
l范围 GB/T 5782、5785	20~30	25~40	25~50	30~60	35~80	40~100	45~120	50~140	55~160	60~180	65~200	70~220	80~240	90~260	90~300	110~360	130~400	140~400	160~500	200~500
l范围(全螺纹) GB/T 5783—2016	6~30	8~40	10~50	12~60	16~80	20~100	25~100	30~140	35~100	40~180	45~100	50~200	40~100	50~200	50~200	60~200	70~200	80~200	90~200	100~200

l系列(GB/T 5783—2016):6,8,10,12,16,20,25,30,35,40,45,50,(55),60,(65),70,80,90,100,110,120,130,140,150,160,180,200,220,240,260,280,300,320,340,360,380,400,420,440,460,480,500

技术条件

材料	钢	不锈钢
力学性能等级	8.8（d≤39 mm时为5.6,6.8,8.8,9.8,10.9,d>39 mm时按协议）	A2-70(A—奥氏体,70—σ_b=700MPa)（d≤20 mm时为A2-70,20 mm<d≤39 mm时为A2-50,d>39 mm时按协议）
表面处理	氧化、镀锌钝化	氧化或不经处理

图：GB/T 5782, GB/T 5785；GB/T 5783, GB/T 5786

注:1. A级用于d≤24 mm和l≤10d或l≤150 mm的螺栓;B级用于d>24 mm和l>10d或l>150 mm的螺栓;
2. M3～M36为商品规格,M42～M64为通用规格。尽量不采用的规格还有M33,M39,M45,M52和M60;
3. 在GB/T 5785—2016、GB/T 5786—2016中,还有M10×1,M12×1.5,M20×2。对应于M10×1.25,M12×1.25,M20×1.5,M20×2。

单位:mm

表 12-12　六角头螺栓—C级(摘自 GB/T 5780—2016)、六角头螺栓—全螺纹—C级(摘自 GB/T 5781—2016)

GB/T 5780—2016　　　　GB/T 5781—2016

标记示例

螺纹规格 d=M12、公称长度 l=80 mm、性能等级为 4.8级、不经表面处理、C级的六角头螺栓:

螺栓 GB/T 5780 M12×80

螺纹规格 d=M12、公称长度 l=80 mm、性能等级为 4.8级、不经表面处理、全螺纹、C级的六角头螺栓:

螺栓 GB/T 5781 M12×80

螺纹规格 d		M5	M6	M8	M10	M12	(M14)	M16	(M18)	M20	(M22)	M24	(M27)	M30	(M33)	M36	(M39)	M42	(M45)	M48	(M52)	M56	M60	M64
b 参考	l≤125	16	18	22	26	30	34	38	42	46	50	54	60	66	72	78	84	—	—	—	—	—	—	—
	125<l≤200	—	—	28	32	36	40	44	48	52	56	60	66	72	78	84	90	96	102	108	116	124	132	140
	l>200	—	—	—	—	—	53	57	61	65	69	73	79	85	91	97	103	109	115	121	129	137	145	153
d_a(max)		6	7.2	10.2	12.2	14.7	16.7	18.7	21.2	24.4	26.4	28.4	32.4	35.4	38.4	42.4	45.4	48.6	52.6	56.6	62.6	67	71	75
d_s(max)		5.48	6.48	8.58	10.58	12.7	14.7	16.7	18.7	20.8	22.84	24.84	27.84	30.84	34	37	40	43	46	49	53.2	57.2	61.2	65.2
d_w(min)		6.7	8.7	11.5	14.5	16.5	19.2	22	24.9	27.7	31.4	33.3	38	42.8	46.6	51.1	55.9	60.0	64.7	69.5	74.2	78.7	83.4	88.2
a(max)		2.4	3	4	4.5	5.3	6	6	7.5	7.5	7.5	9	9	10.5	10.5	12	12	13.5	13.5	15	15	16.5	16.5	18
e(min)		8.63	10.89	14.2	17.59	19.85	22.73	26.17	29.56	32.95	37.29	39.55	45.2	50.85	55.37	60.79	66.44	72.02	76.95	82.6	88.25	93.56	99.21	104.86
k(公称)		3.5	4	5.3	6.4	7.5	8.8	10	11.5	12.5	14	15	17	18.7	21	22.5	25	26	28	30	33	35	38	40
r(min)		0.2	0.25	0.4	0.4	0.6	0.6	0.6	0.6	0.8	1	0.8	1	1	1	1	1	1.2	1.2	1.6	1.6	2	2	2
S(max)		8	10	13	16	18	21	24	27	30	34	36	41	46	50	55	60	65	70	75	80	85	90	95
l 范围	GB/T 5780—2016	25~50	30~60	40~80	40~100	55~120	60~140	65~160	80~180	65~200	90~220	100~240	110~260	120~300	120~300	130~320	140~300	150~400	180~420	180~440	200~500	240~500	240~500	260~500
	GB/T 5781—2016	10~50	12~60	16~65	20~80	25~100	30~140	35~100	35~180	40~100	45~220	50~100	55~280	60~100	65~100	70~100	80~100	80~420	90~440	90~480	100~500	110~500	120~500	120~500
l 系列		10、12、16、20~50(5 进位)、(55)、60、(65)、70~160(10 进位)、180、220、240、260、280、300、320、340、360、380、400、420、440、460、480、500																						
技术条件	材料	钢				力学性能等级		d≤39 mm 时为 4.6、4.8, d>39 mm 时按协议				产品等级		C			螺纹公差		8g			表面处理		不经表面处理、镀锌钝化

注:1. 尽量不采用括号内规格。
　　2. M42、M48、M56、M64 为通用规格,其余为商品规格。
　　3. GB/T 5781—2016 中的螺纹公差为 6g。

表 12-13 紧定螺钉

单位:mm

开槽平端紧定螺钉(GB/T 73—2017)

$d_f \approx$ 螺纹小径

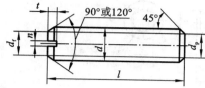

开槽锥端定位螺钉(GB/T 72—1988)

$d_f \approx$ 螺纹小径

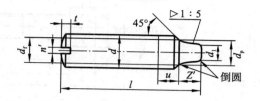

开槽锥端紧定螺钉(GB/T 71—1985)

$d_f \approx$ 螺纹小径

开槽长圆柱端紧定螺钉(GB/T 75—1985)

$d_f \approx$ 螺纹小径

标记示例

螺纹规格 d＝M6、公称长度 l＝16 mm、性能等级为 14H 级、表面氧化的开槽锥端紧定螺钉:

螺钉 GB/T 71 M6×16

开槽平端紧定螺钉: 螺钉 GB/T 73 M6×16

开槽长圆柱端紧定螺钉: 螺钉 GB/T 75 M6×16

螺纹规格 d	螺距 p	d_p (最大)	n 公称	n'	t (最大)	d_t (最大)	d_1	Z'	Z (最大)	l 商品规格范围			制成 120°的短螺钉 $l \leqslant$		
										GB/T 71 GB/T 75	GB/T 72	GB/T 73	GB/T 71	GB/T 73	GB/T 75
M3	0.5	2	0.4	0.46～0.6	1.05	0.3	1.7	1.5	1.75	4～16 5～16	3～16 4～16	3～16 3～16	3	3	5
M4	0.7	2.5	0.6	0.66～0.8	1.42	0.4	2.1	2	2.25	6～20	4～20	4～20	4	4	6
M5	0.8	3.5	0.8	0.86～1	1.63	0.5	2.5	2.5	2.75	8～25	5～20	5～25	5	5	8
M6	1	4	1	1.06～1.2	2	1.5	3.4	3	3.25	8～30	6～25	6～30	6	6	10
M8	1.25	5.5	1.2	1.26～1.51	2.5	2	4.7	4	4.3	10～40	8～35	8～40	8	6	14
M10	1.5	7	1.6	1.66～1.91	3	2.5	6	5	5.3	12～50	10～45	10～50	10	8	16
M12	1.75	8.5	2	2.06～2.31	3.6	3	7.3	6	6.3	14～60	12～50	12～60	12	10	20
l 系列 (公称)	4,5,6,8,10,12,(14),16,20,25,30,35,40,45,50,(55),60														

技术条件	材料	力学性能等级	螺纹公差	产品等级	表面处理
	钢	14H、22H	6g	A	氧化或镀锌钝化

注:材料为 Q235 和 15、35、45 钢。

表 12-14　内六角圆柱头螺钉(摘自 GB/T 70.1—2008)　　　　　　　单位:mm

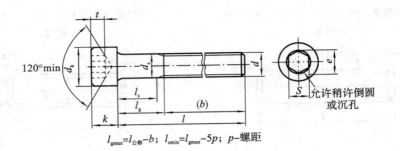

$l_{gmax}=l_{公称}-b$;　$l_{smin}=l_{gmax}-5p$;　p—螺距

标记示例

螺纹规格 d＝M10、公称长度 l＝20 mm、性能等级为 8.8 级、表面氧化的内六角圆柱螺钉:

螺钉 GB/T 70.1 M10×20

螺纹规格 d		M5	M6	M8	M10	M12	M16	M20	M24	M30
螺距 p		0.8	1	1.25	1.5	1.75	2	2.5	3	3.5
d_k	最大*	8.5	10	13	16	18	24	30	36	45
	最大**	8.72	10.22	13.27	16.27	18.27	24.33	30.33	36.39	45.39
k　(最大)		5	6	8	10	12	16	20	24	30
d_s　(最大)		5	6	8	10	12	16	20	24	30
b　(参考)		22	24	28	32	36	44	52	60	72
e　(最小)		4.58	5.72	6.86	9.15	11.43	16	19.44	21.73	25.15
S　(公称)		4	5	6	8	10	14	17	19	22
t　(最小)		2.5	3	4	5	6	8	10	12	15.5
l 范围　(公称)		8~50	10~60	12~80	16~100	20~120	25~160	30~200	40~200	45~200
制成全螺纹时 l≤		22	30	35	40	45	55	65	80	90
l 系列　(公称)		10,12,(14),16,20~50(5 进位),(55),60,65,70~160(10 进位),180,200								

技术条件	材料	力学性能等级	螺纹公差	产品等级	表面处理
	钢	d＜3 mm,d＞39 mm 时按协议,3 mm≤d≤39 mm 时为 8.8、10.9、12.9	12.9 级时为 5 g 或 6 g　其他等级时为 6 g	A	氧化
	不锈钢	d＜24 mm 时为 A2－70、A4－70　24 mm≤d≤39 mm 时为 A2－50、A4－50,d＞39 mm 时按协议			简单处理

注:1. M24 和 M30 为通用规格,其余为商品规格;

　　2. 材料为 Q235 和 15、35、45 钢。

表 12-15　1 型六角螺母—A 和 B 级　（摘自 GB/T 6170—2015）　单位：mm

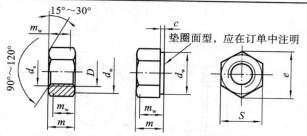

标记示例

螺纹规格 $D=$ M10、性能等级为 10 级、不经表面处理、A 级的 1 型六角螺母：

螺母 GB/T 6170 M10

螺纹规格 $D=$ M16×1.5、性能等级为 8 级、不经表面处理、A 级的 1 型六角螺母：

螺母 GB/T 6171 M16×1.5

螺纹规格 D		M5	M6	M8	M10	M12	M16	M20	M24	M30	M36	M42
c（最大）		0.5	0.5	0.6	0.6	0.6	0.8	0.8	0.8	0.8	0.8	1
p		0.8	1	1.25	1.5	1.75	2	2.5	3	3.5	4	5
m_w		3.5	3.9	5.2	6.4	8.3	11.3	13.5	16.2	19.4	23.5	25.9
d_a（最小）		5	6	8	10	12	16	20	24	30	36	42
d_w（最小）		6.9	8.9	11.6	14.6	16.6	22.5	27.7	33.2	42.7	51.1	60.6
e（最小）		8.79	11.05	14.38	17.77	20.03	26.75	32.95	39.55	50.85	60.79	71.3
m（最大）	1 型	4.7	5.2	6.8	8.4	10.8	14.8	18	21.5	25.6	31	34
	薄螺母	2.7	3.2	4	5	6	8	10	12	15	18	21
S（最大）		8	10	13	16	18	24	30	36	46	55	65

技术条件	材料	力学性能等级	螺纹公差	公差等级	表面处理
	钢	$D<3$ mm、$D>39$ mm 时按协议；3 mm≤D≤39 mm 时为 04、05	6H	D≤16：A $D>16$：B	不经处理
	不锈钢	D≤24 mm 时为 A2−035、A4−035；24 mm≤D≤39 mm 时为 A2−035、A4−035			简单处理

表 12-16　2 型六角螺母—A 和 B 级　（摘自 GB/T 6175—2016）　单位：mm

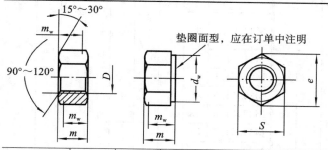

标记示例

1. 螺纹规格 $D=$ M10、性能等级为 9 级、表面氧化、A 级的 2 型六角螺母：

螺母 GB/T 6175 M10

2. 螺纹规格 $D=$ M16×1.5、细牙螺纹、性能等级为 10 级、表面氧化、产品等级为 A 级的 2 型三角螺母标记：

螺母 GB/T 6176 M16×1.5

螺纹规格 D	M5	M6	M8	M10	M12	(M14)	M16	M20	M24	M30	M36
e（最小）	8.8	11.1	14.38	17.77	20.03	23.4	26.75	32.95	39.55	50.85	60.79
S（最大）	8	10	13	16	18	21	24	30	36	46	55
m_w（最小）	3.84	4.32	5.71	7.15	9.26	10.7	12.6	15.2	18.1	21.8	26.5
m（最大）	5.1	5.7	7.5	9.3	12	14.1	16.4	20.3	23.9	28.6	34.7

技术条件	材料：钢	力学性能等级：9～12	螺纹公差：6H	表面处理：表面氧化

注：1. 对于细牙螺母的螺纹规格 D：M8×1，M10×1，M12×1.5，M16×1.5，M20×1.5，M24×2，M30×2，M36×3；

2. A 用于 D≤16 mm，B 用于 $D>16$ mm 的螺母。

表 12-17　圆螺母和小圆螺母　　　　　　　　　　　　单位：mm

圆螺母（GB/T 812—1988）　　　　　　　　　　小圆螺母（GB/T 810—1988）

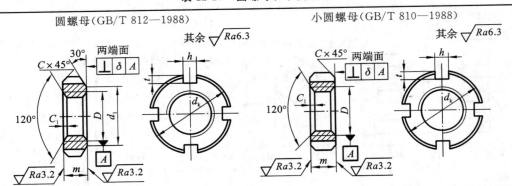

标记示例　螺母 GB/T 812 M16×1.5；螺母 GB/T 810 M16×1.5　（螺纹规格 D＝M16×1.5、材料为 45 钢、槽或全部热处理硬度 35～45HRC、表面氧化的圆螺母和小圆螺母）

圆螺母（GB/T 812—1988）

螺纹规格 $D \times P$	d_k	d_1	m	h max	h min	t max	t min	C	C_1
M10×1	22	16							
M12×1.25	25	19		4.3	4	2.6	2		
M14×1.5	28	20	8					0.5	
M16×1.5	30	22							
M18×1.5	32	24							
M20×1.5	35	27							
M22×1.5	38	30		5.3	5	3.1	2.5		
M24×1.5	42	34							
M25×1.5*	42	34							
M27×1.5	45	37							
M30×1.5	48	40						1	0.5
M33×1.5	52	43	10						
M35×1.5*	52	43							
M36×1.5	55	46							
M39×1.5	58	49		6.3	6	3.6	3		
M40×1.5*	58	49							
M42×1.5	62	53							
M45×1.5	68	59							
M48×1.5	72	61							
M50×1.5*	72	61							
M52×1.5	78	67						1.5	
M55×2*	78	67							
M56×2	85	74	12	8.36	8	4.25	3.5		
M60×2	90	79							
M64×2	95	84							1
M65×2*	95	84							
M68×2	100	88		10.36	10	4.75	4		

小圆螺母（GB/T 810—1988）

螺纹规格 $D \times P$	d_k	m	h max	h min	t max	t min	C	C_1
M10×1	20							
M12×1.25	22	6	4.3	4	2.6	2		
M14×1.5	25							
M16×1.5	28						0.5	
M18×1.5	30						0.5	0.5
M20×1.5	32		5.3	5	3.1	2.5		
M22×1.5	35							
M24×1.5	38							
M27×1.5	42							
M30×1.5	45	8						
M33×1.5	48							
M36×1.5	52							
M39×1.5	55							
M42×1.5	58		6.3	6	3.6	3	1	
M45×1.5	62							
M48×1.5	68							
M52×1.5	72							
M56×2	78	10						
M60×2	80		8.36	8	4.25	3.5		1
M64×2	85							

注：槽数 n；当 $D \leqslant$ M100×2 时，n＝4；当 $D \geqslant$ M105×2 时，n＝6。

表 12-18 小垫圈和平垫圈 单位:mm

小垫圈—A 级(GB/T 848—2002)

平垫圈—A 级(GB/T 97.1—2002)

平垫圈—C 级(GB/T 95—2002)

平垫圈—倒角型—A 级(GB/T 97.2—2002)

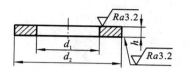
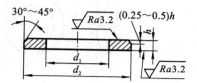

标记示例

(1)小系列(或标准系列)、公称直径 $d=8$ mm、性能等级为 140HV 级、不经表面处理的小垫圈(或平垫圈,或倒角型平垫圈):

垫圈 GB/T 848(或 GB/T 97.1,或 GB/T 97.2)—1985—8—140HV

(2)标准系列、公称直径 $d=8$ mm、性能等级为 100HV 级、不经表面处理的平垫圈:

垫圈 GB/T 95—2002 8

	公称直径 (螺纹规格)	M5	M6	M8	M10	M12	M16	M20	M24	M30	M36
h	GB/T 848—2002	1	1.6	1.6	2	2.5	3	3	4	4	5
	GB/T 97.1—2002 GB/T 97.2—2002	1.1	1.8	1.8	2.2	2.7	3.3	3.3	4.3	4.3	5.6
	GB/T 95—2002	1	1.6	1.6	2	2.5	3	3	4	4	5
d_1	GB/T 848—2002 GB/T 97.1—2002 GB/T 97.2—2002	5.3	6.4	8.4	10.5	13	17	21	25	31	37
	GB/T 95—2002	5.5	6.6	9	11	13.5	17.5	22	26	33	39
d_2	GB/T 848—2002	9	11	15	18	20	28	34	39	50	60
	GB/T 97.1—2002 GB/T 97.2—2002	10	12	16	20	24	30	37	44	56	66
	GB/T 95—2002	10	12	16	20	24	30	37	44	56	66

注:材料为 Q215、Q235。

表 12-19　弹簧垫圈　　　　　　　　　　　　　　　　单位:mm

标准型弹簧垫圈（GB/T 93—1987）　　　　　轻型弹簧垫圈（GB/T 859—1987）

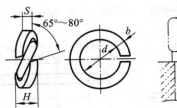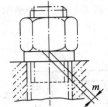

标记示例

公称直径＝16 mm、材料为 65Mn、表面氧化的标准型弹簧垫圈:垫圈 GB/T 93—1987 16

公称直径 （螺纹规格）	d （min）	GB/T 93—1987			GB/T 859—1987			
		S (b)	H （max）	$m\leqslant$	S	b	H （max）	$m\leqslant$
3	3.1	0.8	2	0.4	0.6	1	1.5	0.3
4	4.1	1.1	2.75	0.55	0.8	1.2	2	0.4
5	5.1	1.3	3.25	0.65	1.1	1.5	2.75	0.55
6	6.1	1.6	4	0.8	1.3	2	3.25	0.65
8	8.1	2.1	5.25	1.05	1.6	2.5	4	0.8
10	10.2	2.6	6.5	1.3	2	3	5	1
12	12.2	3.1	7.75	1.55	2.5	3.5	6.25	1.25
(14)	14.2	3.6	9	1.8	3	4	7.5	1.5
16	16.2	4.1	10.25	2.05	3.2	4.5	8	1.6
(18)	18.2	4.5	11.25	2.25	3.6	5	9	1.8
20	20.2	5	12.5	2.5	4	5.5	10	2
(22)	22.5	5.5	13.75	2.75	4.5	6	11.25	2.25
24	24.5	6	15	3	5	7	12.5	2.5
(27)	27.5	6.8	17	3.4	5.5	8	13.75	2.75
30	30.5	7.5	18.75	3.75	6	9	15	3
(33)	33.5	8.5	21.25	4.25	—	—	—	—
36	36.5	9	22.5	4.5	—	—	—	—
(39)	39.5	10	25	5	—	—	—	—
42	42.5	10.5	26.25	5.25	—	—	—	—
(45)	45.5	11	27.5	5.5	—	—	—	—
48	48.5	12	30	6	—	—	—	—

注:材料为 65Mn。淬火并回火处理、硬度 42~50 HRC,尽可能不用括号内的规格。

表 12-20　圆螺母用止动垫圈(摘自 GB/T 858—1988)　　　　单位:mm

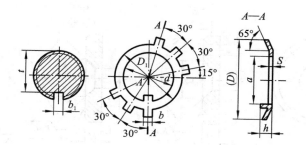

标记示例

公称直径＝16 mm、材料为 Q235、退火、表面氧化的圆螺母用止动垫圈：

垫圈 GB/T 858—1988 16

公称直径(螺纹规格)	d	(D) 参考	D_1	S	b	a	h	轴端	
								b_1	t
20	20.5	38	27	1	4.8	17	4	5	16
24	24.5	45	34			21			20
25*	25.5	45	34			22			—
30	30.5	52	40			27			26
35*	35.5	56	43		5.7	32	5	6	—
36	36.5	60	46			33			32
40*	40.5	62	49			37			—
42	42.5	66	53			39			38
48	48.5	76	61	1.5	7.7	45		8	44
50*	50.5	76	61			47			—
55*	56	82	67			52	6		—
56	57	90	74			53			52
64	65	100	84			61		10	60
65*	66	100	84			62			—
68	69	105	88		9.6	65			64
72	73	110	93			69	7		68
75*	76	110	93			71			—
76	77	115	98	1.5		72			70
80	81	120	103			76			74
85	86	125	108			81			79
90	91	130	112		11.6	86		12	84
95	96	135	117	—		91			89
100	101	140	122			96			94

注:材料为 Q235。

表 12-21　轴端挡圈　　　　　　　　　　单位:mm

螺钉紧固轴端挡圈(GB/T 891—1986)

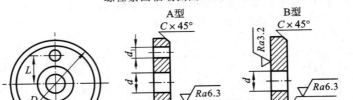

螺栓紧固轴端挡圈(GB/T 892—1986)

标记示例

公称直径 D＝45 mm、材料为 Q235－A、不经表面处理的 A 型螺栓紧固轴端挡圈:

挡圈 GB/T 892 45

按 B 型制造时,应加标记 B:挡圈 GB/T 892 B 45

轴径 d_0 ≤	公称直径 D	H		L		d	C	d_1	GB/T 891—1986				安装尺寸				
		基本尺寸	极限偏差	基本尺寸	极限偏差						GB/T 892—1986						
									D_1	螺钉 GB/T 819—1985 (推荐)	圆柱销 GB/T 119—1986 (推荐)	螺栓 GB/T 5783—1985 (推荐)	圆柱销 GB/T 119—1986 (推荐)	垫圈 GB/T 93—1987	L_1	L_2	L_3	h
14	20	4																
16	22	4																
18	25	4		7.5		5.5	0.5	2.1	11	M5×12	A2×10	M5×16	A2×10	5	14	6	16	5.1
20	28	4		7.5	±0.11													
22	30	4		7.5														
25	32	5		10														
28	35	5		10														
30	38	5	0 −0.30	10		6.6	1	3.2	13	M6×16	A3×12	M6×20	A3×12	6	18	7	20	6
32	40	5		12														
35	45	5		12														
40	50	5		12														
45	55	6		16	±0.135													
50	60	6		16														
55	65	6		16		9	1.5	4.2	17	M8×20	A4×14	M8×25	A4×14	8	22	8	24	8
60	70	6		20														
65	75	6		20														
70	80	6		20	±0.165													
75	90	8	0 −0.36	25		13	2	5.2	25	M12×25	A5×16	M12×30	A5×16	12	26	10	28	11.5
85	100	8		25														

注:1.当挡圈装在带中心孔的轴端时,紧固用螺钉(螺栓)允许加长;

　　2.材料为 Q235-A 和 35、45 钢。

表 12-22　轴用弹性挡圈-A 型(摘自 GB/T 894.1—1986)　　　　　　　　　单位:mm

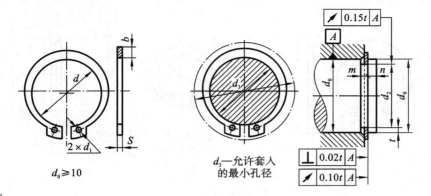

$d_0 \geqslant 10$　　　　　　d_3—允许套入
　　　　　　　　　　　的最小孔径

标记示例

挡圈 GB/T 894.1 50

(轴径 $d_0 = 50$ mm、材料 65Mn、热处理 44~51 HRC、经表面氧化处理的 A 型轴用弹性挡圈)

轴径	挡圈				沟槽(推荐)			孔	轴径	挡圈				沟槽(推荐)			孔
d_0	d	S	$b\approx$	d_1	d_2	m	$n\geqslant$	$d_3\geqslant$	d_0	d	S	$b\approx$	d_1	d_2	m	$n\geqslant$	$d_3\geqslant$
18	16.5		2.48	1.7	17			27	55	50.8		5.48		52			70.4
19	17.5				18			28	56	51.8				53			71.7
20	18.5	1	2.68		19	1.1	1.5	29	58	53.8	2	6.12		55	2.2		73.6
21	19.5				20			31	60	55.8				57			75.8
22	20.5				21			32	62	57.8				59			79
24	22.2		3.32	2	22.9			34	63	58.8				60		4.5	79.6
25	23.2				23.9		1.7	35	65	60.8				62			81.6
26	24.2				24.9			36	68	63.5				65			85
28	25.9	1.2	3.60		26.6	1.3		38.4	70	65.5		6.32	3	67			87.2
29	26.9		3.72		27.6		2.1	39.8	72	67.5				69			89.4
30	27.9				28.6			42	75	70.5				72			92.6
32	29.6		3.92		30.3		2.6	44	78	73.5	2.5			75	2.7		96.2
34	31.5		4.32		32.3			46	80	74.5		7.0		76.5			98.2
35	32.2			2.5	33			48	82	76.5				78.5			101
36	33.2		4.52		34		3	49	85	79.5				81.5			104
37	34.2				35			50	88	82.5				84.5		5.3	107.3
38	35.2	1.5			36	1.7		51	90	84.5		7.6		86.5			110
40	36.5				37.5			53	95	80.5				91.5			115
42	38.5		5.0		39.5		3.8	56	100	94.5		9.2		96.5			121
45	41.5				42.5			59.4	105	98		10.7		101			132
48	44.5			3	45.5			62.8	110	103		11.3		106	3.2	6	136
50	45.8	2	5.48		47	2.2	4.5	64.8	115	108	3		4	111			142
52	47.8				49			67	120	113		12		116			145

注:1. 材料为 65Mn、60Si2MnA;

　　2. 热处理(淬火并回火):$d_0 \leqslant 48$ mm,硬度为 47~54 HRC;$d_0 > 48$ mm,硬度为 44~51 HRC。

表 12-23　孔用弹性挡圈-A 型(摘自 GB/T 893.1—1986)　　　　　　　单位:mm

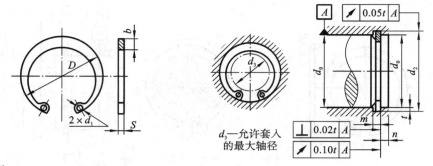

d_3—允许套入的最大轴径

标记示例

挡圈 GB/T 893.1 50

(孔径 d_0＝50 mm、材料 65Mn、热处理硬度 44～51 HRC、经表面氧化处理的 A 型孔用弹性挡圈)

孔径	挡圈				沟槽(推荐)			轴
d_0	D	S	$b\approx$	d_1	d_2	m	$n\geqslant$	$d_3\leqslant$
18	19.5		2.1	1.7	19			9
19	20.5	1			20	1.1	1.5	10
20	21.5				21			
21	22.5		2.5		22			11
22	23.5				23			12
24	25.9			2	25.2			13
25	26.9		2.8		26.2		1.8	14
26	27.9				27.2			15
28	30.1	1.2			29.4	1.3		17
30	32.1		3.2		31.4		2.1	18
31	33.4				32.7			19
32	34.4				33.7		2.6	20
34	36.5				35.7			22
35	37.8			2.5	37			23
36	38.8		3.6		38		3	24
37	39.8				39			25
38	40.8	1.5			40	1.7		26
40	43.5		4		42.5			27
42	45.5				44.5			29
45	48.5				47.5		3.8	31
47	50.5				49.5			32
48	51.5		4.7	3	50.5			33
50	54.2				53			36
52	56.2	2			55		4.5	38
55	59.2				58	2.2		40
56	60.2		5.2		59			41

孔径	挡圈				沟槽(推荐)			轴
d_0	D	S	$b\approx$	d_1	d_2	m	$n\geqslant$	$d_3\leqslant$
58	62.2				61			43
60	64.2	2	5.2		63	2.2		44
62	66.2				65			45
63	67.2				66			46
65	69.2				68			48
68	72.5		5.7		71		4.5	50
70	74.5				73			53
72	76.5				75			55
75	79.5		6.3	3	78			56
78	82.5				81			60
80	85.5				83.5			63
82	87.5	2.5	6.8		85.5	2.7		65
85	90.5				88.5			68
88	93.5		7.3		91.5			70
90	95.5				93.5			72
92	97.5				95.5		5.3	73
95	100.5		7.7		98.5			75
98	103.5				101.5			78
100	105.5				103.5			80
102	108		8.1		106			82
105	112				109			83
108	115		8.8		112			86
110	117	3		4	114	3.2	6	88
112	119				116			89
115	122		9.3		119			90
120	127				124			95

注:1. 材料为 65Mn、60Si2MnA;

2. 热处理(淬火并回火):$d_0\leqslant$48 mm,硬度为 47～54 HRC;d_0>48 mm,硬度为 44～51 HRC。

12.2 键和销连接

表 12-24 平键连接的剖面和键槽(摘自 GB/T 1095—2003)、

普通平键的形式和尺寸(摘自 GB/T 1096—2003)

单位:mm

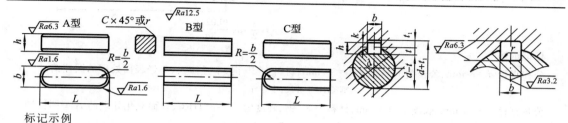

标记示例

$b=16$ mm、$h=10$ mm、$L=100$ mm 的圆头普通平键(A 型):键 16×100 GB/T 1096—2003

$b=16$ mm、$h=10$ mm、$L=100$ mm 的单圆头普通平键(C 型):键 C16×100 GB/T 1096—2003

轴	键	键 槽											
		宽度 b					深 度				半径 r		
			极限偏差				轴 t		毂 t_1				
公称直径 d	公称尺寸 $b×h$	公称尺寸 b	较松键连接		一般键连接		较紧键连接						
			轴 H9	毂 D10	轴 N9	毂 JS9	轴和毂 P9	公称尺寸	极限偏差	公称尺寸	极限偏差	最小	最大
自 6~8	2×2	2	+0.025 0	+0.060 +0.020	−0.004 −0.029	±0.0125	−0.006 −0.031	1.2		1		0.08	0.16
>8~10	3×3	3						1.8		1.4			
>10~12	4×4	4	+0.030 0	+0.078 +0.030	0 −0.030	±0.015	−0.012 −0.042	2.5	+0.1 0	1.8	+0.1 0		
>12~17	5×5	5						3.0		2.3			
>17~22	6×6	6						3.5		2.8		0.16	0.25
>22~30	8×7	8	+0.036 0	+0.098 +0.040	0 −0.036	±0.018	−0.015 −0.051	4.0		3.3			
>30~38	10×8	10						5.0		3.3			
>38~44	12×8	12	+0.043 0	+0.120 +0.050	0 −0.043	±0.0215	−0.018 −0.061	5.0		3.3		0.25	0.40
>44~50	14×9	14						5.5		3.8			
>50~58	16×10	16						6.0		4.3			
>58~65	18×11	18						7.0	+0.2 0	4.4	+0.2 0		
>65~75	20×12	20	+0.052 0	+0.149 +0.065	0 −0.052	±0.026	−0.022 −0.074	7.5		4.9			
>75~85	22×14	22						9.0		5.4			
>85~95	25×14	25						9.0		5.4			
>95~110	28×16	28						10.0		6.4		0.40	0.60
>110~130	32×18	32	+0.062 0	+0.180 +0.080	0 −0.062	±0.031	−0.026 −0.088	11.0		7.4			
键的长度系列	6,8,10,12,14,16,18,20,22,25,28,32,36,40,45,50,56,63,70,80,90,100,110, 125,140,160,180,200,220,250,280,320,360												

注:1. $d−t$ 和 $d+t_1$ 两组组合尺寸的极限偏差按相应的 t 和 t_1 的极限偏差选取,但 $d−t$ 极限偏差值应取负号(−);

2. 在工作图中,轴槽深用 t 或 $d−t$ 标注,轮毂槽深用 $d+t_1$ 标注。轴槽及轮毂槽对称度公差按 7~9 级选取;

3. 平键的材料通常为 45 钢。

表 12-25　圆柱销(GB/T 119.1—2000)和圆锥销(GB/T 117—2000)　　　单位:mm

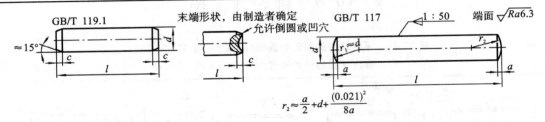

$$r_2 \approx \frac{a}{2} + d + \frac{(0.021)^2}{8a}$$

标记示例

公称直径 $d=8$ mm、公差为 m6、长度 $l=30$ mm、材料为 35 钢、不经淬火、不经表面处理的圆柱销:

销 GB/T 119.1 8 m6×30

公称直径 $d=10$ mm、长度 $l=60$ mm、材料为 35 钢、硬度为 28～38HRC、表面氧化处理的 A 型圆锥销:

销 GB/T 117　A10×60

公称直径 d		3	4	5	6	8	10	12	16	20	25
圆柱销	$c\approx$	0.5	0.63	0.8	1.2	1.6	2.0	2.5	3.0	3.5	4.0
	l(公称)	8～30	8～40	10～50	12～60	14～80	18～95	22～140	26～180	35～200	50～200
圆锥销	$a\approx$	0.4	0.5	0.63	0.8	1.0	1.2	1.6	2.0	2.5	3.0
	l(公称)	12～45	14～55	18～60	22～90	22～120	26～160	32～180	40～200	45～200	50～200
l(公称)系列		6,8,10,12,12～32(2 进位),35～100(5 进位),100～200(20 进位)									

技术条件		直径公差	表面粗糙度	材料(硬度)	表面处理
	圆柱销	m6	$Ra\leqslant0.8\ \mu m$	不淬硬钢(125～245HV30)	表面不经处理,氧化,镀锌钝化,磷化
		h6	$Ra\leqslant1.6\ \mu m$	奥氏体不锈钢 A1(210～280HV30)	表面简单处理
	圆锥销	直径公差	A 型磨削 $Ra=0.8\ \mu m$	35(28～38HRC) 45(38～46HRC) 30CrMnSiA(35～41HRC)	表面不经处理,氧化,磷化,镀锌钝化
		h10	B 型切削或冷镦 $Ra=3.2\ \mu m$	不锈钢 1Cr13, 2Cr13, Cr17Ni2,0Cr18Ni9Ti	表面简单处理

第13章 滚动轴承

13.1 常用滚动轴承的尺寸及性能

表 13-1 圆锥滚子轴承

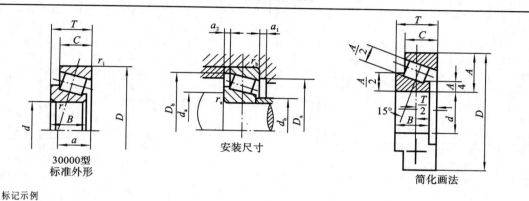

30000型
标准外形

安装尺寸

简化画法

标记示例

滚动轴承 30308 GB/T 297—2015

当量动负荷	当量静负荷
$\dfrac{F_a}{F_r} \leqslant e,P=F_r;\ \dfrac{F_a}{F_r}>e;P=0.4F_r+YF_a$	$P_0=0.5F_r+Y_0F_a$;若 $P_0<F_r$,则取 $P_0=F_r$

轴承型号	基本尺寸/mm					其他尺寸/mm			安装尺寸/mm								e	Y	Y_0	基本额定负荷/kN		极限转速/(r/min)	
	d	D	T	B	C	$a\approx$	r_s(min)	r_{1s}(min)	d_a(min)	d_b(max)	D_a(max)	D_b(min)	a_1(min)	a_2(min)	r_{as}(max)	r_{bs}(max)				C_r	C_{0r}	脂润滑	油润滑
30205	25	52	16.25	15	13	12.6	1	1	31	31	46	48	2	3.5	1	1	0.37	1.6	0.9	32.2	37.0	7000	9000
30206	30	62	17.25	16	14	13.8	1	1	36	37	56	58	2	3.5	1	1	0.37	1.6	0.9	43.2	50.5	6000	7500
30207	35	72	18.25	17	15	15.3	1.5	1.5	42	44	65	67	3	3.5	1.5	1.5	0.37	1.6	0.9	54.2	63.5	5300	6700
30208	40	80	19.75	18	16	16.9	1.5	1.5	47	49	73	75	3	4	1.5	1.5	0.37	1.6	0.9	63.0	74.0	5000	6300
30209	45	85	20.75	19	16	18.6	1.5	1.5	52	53	78	80	3	5	1.5	1.5	0.4	1.5	0.8	67.8	83.5	4500	5600
30210	50	90	21.75	20	17	20	1.5	1.5	57	58	83	86	3	5	1.5	1.5	0.42	1.4	0.8	73.2	92.0	4300	5300
30211	55	100	22.75	21	18	21	2	1.5	64	64	91	95	4	5	2	1.5	0.4	1.5	0.8	90.8	115	3800	4800
30212	60	110	23.75	22	19	22.4	2	1.5	69	69	101	103	4	5	2	1.5	0.4	1.5	0.8	102	130	3600	4500
30213	65	120	24.75	23	20	24	2	1.5	74	77	111	114	4	5	2	1.5	0.4	1.5	0.8	120	152	3200	4000
30214	70	125	26.25	24	21	25.9	2	1.5	79	81	116	119	4	5.5	2	1.5	0.42	1.4	0.8	132	175	3000	3800
30215	75	130	27.25	25	22	27.4	2	1.5	84	85	121	125	4	5.5	2	1.5	0.44	1.4	0.8	138	185	2800	3600
30216	80	140	28.25	26	22	28	2.5	2	90	90	130	133	4	6	2.1	2	0.42	1.4	0.8	160	212	2600	3400
30217	85	150	30.5	28	24	29.9	2.5	2	95	96	140	142	5	6.5	2.1	2	0.42	1.4	0.8	178	238	2400	3200
30218	90	160	32.5	30	26	32.4	2.5	2	100	102	150	151	5	6.5	2.1	2	0.42	1.4	0.8	200	270	2200	3000
30219	95	170	34.5	32	27	35.1	3	2.5	107	108	158	160	5	7.5	2.5	2.1	0.42	1.4	0.8	228	308	2000	2800
30220	100	180	37	34	29	36.5	3	2.5	112	114	168	169	5	8	2.5	2.1	0.42	1.4	0.8	255	350	1900	2600
30303	17	47	15.25	14	12	10	1	1	23	25	41	43	3	3.5	1	1	0.29	2.1	1.2	28.2	27.2	8500	11000
30304	20	52	16.25	15	13	11	1.5	1.5	27	28	45	48	3	3.5	1.5	1.5	0.3	2	1.1	33.0	33.2	7500	9500
30305	25	62	18.25	17	15	13	1.5	1.5	32	34	55	58	3	3.5	1.5	1.5	0.3	2	1.1	46.8	48.0	6300	8000

轴承型号	基本尺寸/mm					其他尺寸/mm			安装尺寸/mm								e	Y	Y_0	基本额定负荷/kN		极限转速/(r/min)	
	d	D	T	B	C	$a\approx$	r_s(min)	r_{1s}(min)	d_a(min)	d_b(max)	D_a(max)	D_b(min)	a_1(min)	a_2(min)	r_{as}(max)	r_{bs}(max)				C_r	C_{0r}	脂润滑	油润滑
30306	30	72	20.75	19	16	15	1.5	1.5	37	40	65	66	3	5	1.5	1.5	0.31	1.9	1	59.0	63.0	5600	7000
30307	35	80	22.75	21	18	17	2	1.5	44	45	71	74	3	5	2	1.5	0.31	1.9	1	75.2	82.5	5000	6300
30308	40	90	25.25	23	20	19.5	2	1.5	49	52	81	84	3	5.5	2	1.5	0.35	1.7	1	90.8	108	4500	5600
30309	45	100	27.25	25	22	21.5	2	1.5	54	59	91	94	3	5.5	2	1.5	0.35	1.7	1	108	130	4000	5000
30310	50	110	29.25	27	23	23	2.5	2	60	65	100	103	3	6.5	2.1	2	0.35	1.7	1	130	158	3800	4800
30311	55	120	31.50	29	25	25	2.5	2	65	70	110	112	4	6.5	2.1	2	0.35	1.7	1	152	188	3400	4300
30312	60	130	33.5	31	26	26.5	3	2.5	72	76	118	121	4	7.5	2.5	2.1	0.35	1.7	1	170	210	3200	4000
30313	65	140	36	33	28	29	3	2.5	77	83	128	131	5	8	2.5	2.1	0.35	1.7	1	195	242	2800	3600
30314	70	150	38	35	30	30.6	3	2.5	82	89	138	141	5	8	2.5	2.1	0.35	1.7	1	218	272	2600	3400
30315	75	160	40	37	31	32	3	2.5	87	95	148	150	5	9	2.5	2.1	0.35	1.7	1	252	318	2400	3200
30316	80	170	42.5	39	33	34	3	2.5	92	102	158	160	5	9.5	2.5	2.1	0.35	1.7	1	278	352	2200	3000
30317	85	180	44.5	41	34	36	4	3	99	107	166	168	5	10.5	3	2.5	0.35	1.7	1	305	388	2000	2800
30318	90	190	46.5	43	36	37.5	4	3	104	113	176	178	6	10.5	3	2.5	0.35	1.7	1	342	440	1900	2600
30319	95	200	49.5	45	38	40	4	3	109	118	186	185	6	11.5	3	2.5	0.35	1.7	1	370	478	1800	2400
30320	100	215	51.5	47	39	42	4	3	114	127	201	199	6	12.5	3	2.5	0.35	1.7	1	405	525	1600	2000
32206	30	62	21.25	20	17	15.4	1	1	36	36	56	56	3	4.5	1	1	0.37	1.6	0.9	51.8	63.8	6000	7500
32207	35	72	24.25	23	19	17.6	1.5	1.5	42	42	65	68	3	5.5	1.5	1.5	0.37	1.6	0.9	70.5	89.5	5300	6700
32208	40	80	24.75	23	19	19	1.5	1.5	47	48	73	75	3	6	1.5	1.5	0.37	1.6	0.9	77.8	97.2	5000	6300
32209	45	85	24.75	23	19	20	1.5	1.5	52	53	78	81	3	6	1.5	1.5	0.4	1.5	0.8	80.8	105	4500	5600
32210	50	90	24.75	23	19	21	1.5	1.5	57	57	83	86	3	6	1.5	1.5	0.42	1.4	0.8	82.8	108	4300	5300
32211	55	100	26.75	25	21	22.5	2	1.5	64	62	91	96	4	6	2	1.5	0.4	1.5	0.8	108	142	3800	4800
32212	60	110	29.75	28	24	24.9	2	1.5	69	68	101	105	4	6	2	1.5	0.4	1.5	0.8	132	180	3600	4500
32213	65	120	32.75	31	27	27.2	2	1.5	74	75	111	115	4	6	2	1.5	0.4	1.5	0.8	160	222	3200	4000
32214	70	125	33.25	31	27	27.9	2	1.5	79	79	116	120	4	6.5	2	1.5	0.42	1.4	0.8	168	238	3000	3800
32215	75	130	33.25	31	27	30.2	2	1.5	84	84	121	126	4	6.5	2	1.5	0.44	1.4	0.8	170	242	2800	3600
32216	80	140	35.25	33	28	31.3	2.5	2	90	89	130	135	4	7.5	2.1	2	0.42	1.4	0.8	198	278	2600	3400
32217	85	150	38.5	36	30	34	2.5	2	95	95	140	143	5	8.5	2.1	2	0.42	1.4	0.8	228	325	2400	3200
32218	90	160	42.5	40	34	36.7	2.5	2	100	101	150	153	5	8.5	2.1	2	0.42	1.4	0.8	270	395	2200	3000
32219	95	170	45.5	43	37	39	3	2.5	107	106	158	163	5	8.5	2.5	2.1	0.42	1.4	0.8	302	448	2000	2800
32220	100	180	49	46	39	41.8	3	2.5	112	113	168	172	5	8.5	2.5	2.1	0.42	1.4	0.8	340	512	1900	2600
32305	25	62	25.25	24	20	15.5	1.5	1.5	32	32	55	58	3	5.5	1.5	1.5	0.3	2	1.1	61.5	68.8	6300	8000
32306	30	72	28.75	27	23	18.8	1.5	1.5	37	38	65	66	4	6	1.5	1.5	0.31	1.9	1	81.5	96.5	5600	7000
32307	35	80	32.75	31	25	20.5	2	1.5	44	43	71	74	4	8	2	1.5	0.31	1.9	1	99.0	118	5000	6300
32308	40	90	35.25	33	27	23.4	2	1.5	49	49	81	83	4	8.5	2	1.5	0.35	1.7	1	115	148	4500	5600
32309	45	100	38.25	36	30	25.6	2	1.5	54	56	91	93	4	8.5	2	1.5	0.35	1.7	1	145	188	4000	5000
32310	50	110	42.25	40	33	28	2.5	2	60	61	100	102	5	9.5	2.1	2	0.35	1.7	1	178	235	3800	4800
32311	55	120	45.5	43	35	30.6	2.5	2	65	66	110	111	5	10.5	2.1	2	0.35	1.7	1	202	270	3400	4300
32312	60	130	48.5	46	37	32	3	2.5	72	72	118	122	6	11.5	2.5	2.1	0.35	1.7	1	228	302	3200	4000
32313	65	140	51	48	39	34	3	2.5	77	79	128	131	6	12	2.5	2.1	0.35	1.7	1	260	350	2800	3600
32314	70	150	54	51	42	36.5	3	2.5	82	84	138	141	6	12	2.5	2.1	0.35	1.7	1	298	408	2600	3400
32315	75	160	58	55	45	39	3	2.5	87	91	148	150	7	13	2.5	2.1	0.35	1.7	1	348	482	2400	3200
32316	80	170	61.5	58	48	42	3	2.5	92	97	158	160	7	13.5	2.5	2.1	0.35	1.7	1	388	542	2200	3000
32317	85	180	63.5	60	49	43.6	4	3	99	102	166	168	8	14.5	3	2.5	0.35	1.7	1	422	592	2000	2800
32318	90	190	67.5	64	53	46	4	3	104	107	176	178	8	14.5	3	2.5	0.35	1.7	1	478	682	1900	2600
32319	95	200	71.5	67	55	49	4	3	109	114	186	187	8	16.5	3	2.5	0.35	1.7	1	515	738	1800	2400
32320	100	215	77.5	73	60	53	4	3	114	122	201	201	8	17.5	3	2.5	0.35	1.7	1	600	872	1600	2000

注:GB/T 297—2015 仅给出轴承型号及尺寸,安装尺寸摘自 GB/T 5868—2003。

表 13-2　推力球轴承(摘自 GB/T 301—2015)

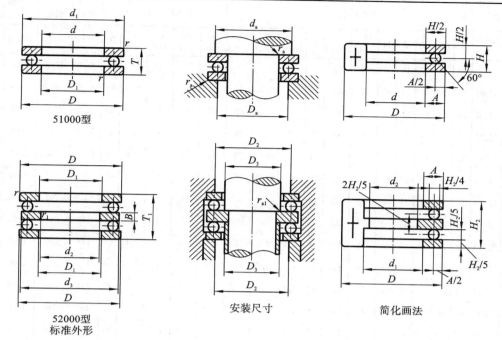

51000型

52000型
标准外形

安装尺寸

简化画法

标记示例

滚动轴承 51214　GB/T 301—2015　　　轴向当量动负荷 $P_a = F_a$

滚动轴承 52214　GB/T 301—2015　　　轴向当量静负荷 $P_{0a} = F_a$

轴承型号		基本尺寸/mm												安装尺寸/mm					额定动负荷 C_a/kN	额定静负荷 C_{0a}/kN	极限转速 /(r/min)	
51000型	52000型	d	d_2	D	T	T_1	D_{1s} (min)	d_1 (max)	B	r_s (min)	r_{1s} (min)	D_{2s} (max)	D_1 (min)	d_3 (max)	r_a (max)	r_{a1} (max)	D_3			脂润滑	油润滑
51204	52204	20	15	40	14	26	22	40	6	0.6	0.3	40	32	28	0.6	0.3	20	22.2	37.5	3800	5300
51205	52205	25	20	47	15	28	27	47	7	0.6	0.3	47	38	34	0.6	0.3	25	27.8	50.5	3400	4800
51206	52206	30	25	52	16	29	32	52	7	0.6	0.3	52	43	39	0.6	0.3	30	28.0	54.2	3200	4500
51207	52207	35	30	62	18	34	37	62	8	1	0.3	62	51	46	1	0.3	35	39.2	78.2	2800	4000
51208	52208	40	30	68	19	36	42	68	9	1	0.6	68	57	51	1	0.6	40	47.0	98.2	2400	3600
51209	52209	45	35	73	20	37	47	73	9	1	0.6	73	62	56	1	0.6	45	47.8	105	2200	3400
51210	52210	50	40	78	22	39	52	78	9	1	0.6	78	67	61	1	0.6	50	48.5	112	2000	3200
51211	52211	55	45	90	25	45	57	90	10	1	0.6	90	76	69	1	0.6	55	67.5	158	1900	3000
51212	52212	60	50	95	26	46	62	95	10	1	0.6	95	81	74	1	0.6	60	73.5	178	1800	2800
51213	52213	65	55	100	27	47	67	100	10	1	0.6	100	86	79	1	0.6	65	74.8	188	1700	2600
51214	52214	70	55	105	27	47	72	105	10	1	1	105	91	84	1	1	70	73.5	188	1600	2400
51215	52215	75	60	110	27	47	77	110	10	1	1	110	96	89	1	1	75	74.8	198	1500	2200
51216	52216	80	65	115	28	48	82	115	10	1	1	115	101	94	1	1	80	83.8	222	1400	2000
51217	52217	85	70	125	31	55	88	125	12	1	1	125	108	101	1	1	85	102	280	1300	1900
51218	52218	90	75	135	35	62	93	135	14	1.1	1	135	117	108	1	1	90	115	315	1200	1800
51220	52220	100	85	150	38	67	103	150	15	1.1	1	150	130	120	1	1	100	132	375	1100	1700

续表

轴承型号		基本尺寸/mm											安装尺寸/mm					额定动负荷 C_a/kN	额定静负荷 C_{0a}/kN	极限转速/(r/min)	
51000型	52000型	d	d_2	D	T	T_1	D_{1s}(min)	d_1(max)	B	r_s(min)	r_{1s}(min)	D_{2s}(max)	D_1(min)	d_3(max)	r_a(max)	r_{a1}(max)	D_3			脂润滑	油润滑
51304	—	20	—	47	18	—	22	47	—	1	—	—	—	—	1	—	—	35.0	55.8	3600	4500
51305	52305	25	20	52	18	34	27	52	8	1	0.3	52	41	36	1	0.3	25	35.5	61.5	3000	4300
51306	52306	30	25	60	21	38	32	60	9	1	0.3	60	48	42	1	0.3	30	42.8	78.5	2400	3600
51307	52307	35	30	68	24	44	37	68	10	1	0.3	68	55	48	1	0.3	35	55.2	105	2000	3200
51308	52308	40	30	78	26	49	42	78	12	1	0.6	78	63	55	1	0.6	40	69.2	135	1900	3000
51309	52309	45	35	85	28	52	47	85	12	1	0.6	85	69	61	1	0.6	45	75.8	150	1700	2600
51310	52310	50	40	95	31	58	52	95	14	1.1	0.6	95	77	68	1	0.6	50	96.5	202	1600	2400
51311	52311	55	45	105	35	64	57	105	15	1.1	0.6	105	85	75	1	0.6	55	115	242	1500	2200
51312	52312	60	50	110	35	64	62	110	15	1.1	0.6	110	90	80	1	0.6	60	118	262	1400	2000
51313	52313	65	55	115	36	65	67	115	15	1.1	0.6	115	95	85	1	0.6	65	115	262	1300	1900
51314	52314	70	55	125	40	72	72	125	16	1.1	1	125	103	92	1	1	70	148	340	1200	1800
51315	52315	75	60	135	44	79	77	135	18	1.5	1	135	111	99	1.5	1	75	162	380	1100	1700
51316	52316	80	65	140	44	79	82	140	18	1.5	1	140	116	104	1.5	1	80	160	380	1000	1600
51317	52317	85	70	150	49	87	88	150	19	1.5	1	150	124	111	1.5	1	85	208	495	950	1500
51318	52318	90	75	155	50	88	93	155	19	1.5	1	155	129	116	1.5	1	90	205	495	900	1400
51320	52320	100	85	170	55	97	103	170	21	1.5	1	170	142	128	1.5	1	100	235	595	800	1200
51405	52405	25	15	60	24	45	27	60	11	1	0.6	60	46	39	1	0.6	25	55.5	89.2	2200	3400
51406	52406	30	20	70	28	52	32	70	12	1	0.6	70	54	46	1	0.6	30	72.5	125	1900	3000
51407	52407	35	25	80	32	59	37	80	14	1.1	0.6	80	62	53	1	0.6	35	86.8	155	1700	2600
51408	52408	40	30	90	36	65	42	90	15	1.1	0.6	90	70	60	1	0.6	40	112	205	1500	2200
51409	52409	45	35	100	39	72	47	100	17	1.1	0.6	100	78	67	1	0.6	45	140	262	1400	2000
51410	52410	50	40	110	43	78	52	110	18	1.5	0.6	110	86	74	1.5	0.6	50	160	302	1300	1900
51411	52411	55	45	120	48	87	57	120	20	1.5	0.6	120	94	81	1.5	0.6	55	182	355	1100	1700
51412	52412	60	50	130	51	93	62	130	21	1.5	0.6	130	102	88	1.5	0.6	60	200	395	1000	1600
51413	52413	65	50	140	56	101	68	140	23	2	1	140	110	95	2.0	1	65	215	448	900	1400
51414	52414	70	55	150	60	107	73	150	24	2	1	150	118	102	2.0	1	70	255	560	850	1300
51415	52415	75	60	160	65	115	78	160	26	2	1	160	125	110	2.0	1	75	268	615	800	1200
51416	52416	80	65	170	68	120	83	170	27	2.1	1	170	133	117	2	1	80	292	692	750	1100
51417	52417	85	65	180	72	128	88	177	29	2.1	1.1	179.5	141	124	2.1	1	85	318	782	700	1000
51418	52418	90	70	190	77	135	93	187	30	2.1	1.1	189.5	149	131	2.1	1	90	325	825	670	950
51420	52420	100	80	210	85	150	103	205	33	3	1.1	209.5	165	145	2.5	1	100	400	1080	600	850

注：GB/T 301—2015 仅给出轴承型号及尺寸,安装尺寸(D_3除外)摘自 GB/T 5868—2003。

表 13-3　深沟球轴承(摘自 GB/T 276—2013)

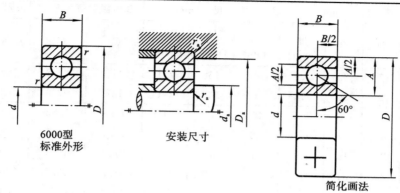

6000型　　　　　　　　安装尺寸　　　　　　　　　　　简化画法
标准外形

标记示例

滚动轴承 6216 GB/T 276—2013

F_a/C_0	e	Y	当量动负荷	当量静负荷
0.014	0.19	2.30		
0.028	0.22	1.99	$\dfrac{F_a}{F_r} \leqslant e, P = F_r$	$\dfrac{F_a}{F_r} \leqslant 0.8, P_0 = F_r$
0.056	0.26	1.71		
0.084	0.28	1.55		
0.11	0.30	1.45		$\dfrac{F_a}{F_r} > 0.8,$
0.17	0.34	1.31		$P_0 = 0.6F_r + 0.5F_a$
0.28	0.38	1.15	$\dfrac{F_a}{F_r} > e, P = 0.56F_r + YF_a$	取上列两式计算
0.42	0.42	1.04		结果的较大值
0.56	0.44	1.00		

轴承型号	基本尺寸/mm				安装尺寸/mm			基本额定负荷 /kN		极限转速 /(r/min)	
	d	D	B	r_s (min)	d_a (min)	D_a (max)	r_{as} (max)	C_r	C_{0r}	脂润滑	油润滑
6204	20	47	14	1	26	41	1	12.8	6.65	14000	18000
6205	25	52	15	1	31	46	1	14.0	7.88	12000	16000
6206	30	62	16	1	36	56	1	19.5	11.5	9500	13000
6207	35	72	17	1.1	42	65	1	25.5	15.2	8500	11000
6208	40	80	18	1.1	47	73	1	29.5	18.0	8000	10000
6209	45	85	19	1.1	52	78	1	31.5	20.5	7000	9000
6210	50	90	20	1.1	57	83	1	35.0	23.2	6700	8500
6211	55	100	21	1.5	64	91	1.5	43.2	29.2	6000	7500
6212	60	110	22	1.5	69	101	1.5	47.8	32.8	5600	7000
6213	65	120	23	1.5	74	111	1.5	57.2	40.0	5000	6300
6214	70	125	24	1.5	79	116	1.5	60.8	45.0	4800	6000
6215	75	130	25	1.5	84	121	1.5	66.0	49.5	4500	5600
6216	80	140	26	2	90	130	2	71.5	54.2	4300	5300
6217	85	150	28	2	95	140	2	83.2	63.8	4000	5000
6218	90	160	30	2	100	150	2	95.8	71.5	3800	4800

轴承型号	基本尺寸/mm				安装尺寸/mm			基本额定负荷/kN		极限转速/(r/min)	
	d	D	B	r_s (min)	d_a (min)	D_a (max)	r_{as} (max)	C_r	C_{0r}	脂润滑	油润滑
6219	95	170	32	2.1	107	158	2.1	110	82.8	3600	4500
6220	100	180	34	2.1	112	168	2.1	122	92.8	3400	4300
6304	20	52	15	1.1	27	45	1	15.8	7.88	13000	17000
6305	25	62	17	1.1	32	55	1	22.2	11.5	10000	14000
6306	30	72	19	1.1	37	65	1	27.0	15.2	9000	12000
6307	35	80	21	1.5	44	71	1.5	33.2	19.2	8000	10000
6308	40	90	23	1.5	49	81	1.5	40.8	24.0	7000	9000
6309	45	100	25	1.5	54	91	1.5	52.8	31.8	6300	8000
6310	50	110	27	2	60	100	2	61.8	38.0	6000	7500
6311	55	120	29	2	65	110	2	71.5	44.8	5600	6700
6312	60	130	31	2.1	72	118	2.1	81.8	51.8	5300	6300
6313	65	140	33	2.1	77	128	2.1	93.8	60.5	4500	5600
6314	70	150	35	2.1	82	138	2.1	105	68.0	4300	5300
6315	75	160	37	2.1	87	148	2.1	112	76.8	4000	5000
6316	80	170	39	2.1	92	158	2.1	122	86.5	3800	4800
6317	85	180	41	3	99	166	2.5	132	96.5	3600	4500
6318	90	190	43	3	104	176	2.5	145	108	3400	4300
6319	95	200	45	3	109	186	2.5	155	122	3200	4000
6320	100	215	47	3	114	201	2.5	172	140	2800	3600
6404	20	72	19	1.1	27	65	1	31.0	15.2	9500	13000
6405	25	80	21	1.5	34	71	1.5	38.2	19.2	8500	11000
6406	30	90	23	1.5	39	81	1.5	47.5	24.5	8000	10000
6407	35	100	25	1.5	44	91	1.5	56.8	29.5	6700	8500
6408	40	110	27	2	50	100	2	65.5	37.5	6300	8000
6409	45	120	29	2	55	110	2	77.5	45.5	5600	7000
6410	50	130	31	2.1	62	118	2.1	92.2	55.2	5200	6500
6411	55	140	33	2.1	67	128	2.1	106	62.5	4800	6000
6412	60	150	35	2.1	72	138	2.1	108	70.0	4500	5600
6413	65	160	37	2.1	77	148	2.1	118	78.5	4300	5300
6414	70	180	42	3	84	166	2.5	140	99.5	3800	4800
6415	75	190	45	3	89	176	2.5	155	115	3600	4500
6416	80	200	48	3	94	186	2.5	162	125	3400	4300
6417	85	210	52	4	103	192	3	175	138	3200	4000
6418	90	225	54	4	108	207	3	192	158	2800	3600
6420	100	250	58	4	118	232	3	222	195	2400	3200

注:GB/T 276—2013 仅给出轴承型号及尺寸,安装尺寸摘自 GB/T 5868—2003。

表 13-4　角接触球轴承(摘自 GB/T 292—2007)

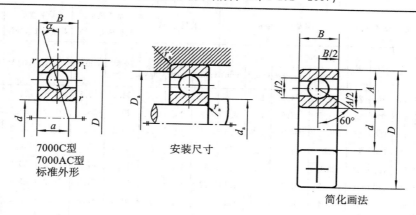

7000C型
7000AC型
标准外形

安装尺寸

简化画法

标记示例

滚动轴承 7216C GB/T 292—2007

类型 当量负荷				7000C					7000AC						
当量动负荷				$F_a/F_r \leqslant e, P=F_r$ $F_a/F_r > e, P_r=0.44F_r+YF_a$					$F_a/F_r \leqslant 0.68, P=F_r$ $F_a/F_r > 0.68, P_r=0.41F_r+0.87F_a$						
当量静负荷				$P_{0r}=0.5F_r+0.46F_a \geqslant F_r$					$P_{0r}=0.5F_r+0.38F_a \geqslant F_r$						
轴承型号		基本尺寸/mm			其他尺寸/mm				安装尺寸/mm			基本额定 动负荷 C_r/kN		基本额定 静负荷 C_{0r}/kN		极限转速 /(r/min)	
		d	D	B	a		r_s (min)	r_{1s} (min)	d_a (min)	D_a (max)	r_{as} (max)	7000C	7000AC	7000C	7000AC	脂润滑	油润滑
					7000C	7000AC											
7204C	7204AC	20	47	14	11.5	14.9	1	0.3	26	41	1	14.5	14.0	8.22	7.82	13000	18000
7205C	7205AC	25	52	15	12.7	16.4	1	0.3	31	46	1	16.5	15.8	10.5	9.88	11000	16000
7206C	7206AC	30	62	16	14.2	18.7	1	0.3	36	56	1	23.0	22.0	15.0	14.2	9000	13000
7207C	7207AC	35	72	17	15.7	21	1.1	0.3	42	65	1	30.5	29.0	20.0	19.2	8000	11000
7208C	7208AC	40	80	18	17	23	1.1	0.6	47	73	1	36.8	35.2	25.8	24.5	7500	10000
7209C	7209AC	45	85	19	18.2	24.7	1.1	0.6	52	78	1	38.5	36.8	28.5	27.2	6700	9000
7210C	7210AC	50	90	20	19.4	26.3	1.1	0.6	57	83	1	42.8	40.8	32.0	30.5	6300	8500
7211C	7211AC	55	100	21	20.9	28.6	1.5	0.6	64	91	1.5	52.8	50.5	40.5	38.5	5600	7500
7212C	7212AC	60	110	22	22.4	30.8	1.5	0.6	69	101	1.5	61.0	58.2	48.5	46.2	5300	7000
7213C	7213AC	65	120	23	24.2	33.5	1.5	0.6	74	111	1.5	69.8	66.5	55.2	52.5	4800	6300
7214C	7214AC	70	125	24	25.3	35.1	1.5	0.6	79	116	1.5	70.2	69.2	60.0	57.5	4500	6700
7215C	7215AC	75	130	25	26.4	36.6	1.5	0.6	84	121	1.5	79.2	75.2	65.8	63.0	4300	5600
7216C	7216AC	80	140	26	27.7	38.9	2	1	90	130	2	89.5	85.0	78.2	74.5	4000	5300
7217C	7217AC	85	150	28	29.9	41.6	2	1	95	140	2	99.8	94.8	85.0	81.5	3800	5000
7218C	7218AC	90	160	30	31.7	44.2	2	1	100	150	2	122	118	105	100	3600	4800
7219C	7219AC	95	170	32	33.8	46.9	2.1	1.1	107	158	2.1	135	128	115	108	3400	4500
7220C	7220AC	100	180	34	35.8	49.7	2.1	1.1	112	168	2.1	148	142	128	122	3200	4300
7304C	7304AC	20	52	15	11.3	16.8	1.1	0.6	27	45	1	14.2	13.8	9.68	9.10	12000	17000
7305C	7305AC	25	62	17	13.1	19.1	1.1	0.6	32	55	1	21.5	20.8	15.8	14.8	9500	14000
7306C	7306AC	30	72	19	15	22.2	1.1	0.6	37	65	1	26.5	25.2	19.8	18.5	8500	12000

续表

轴承型号		基本尺寸/mm			其他尺寸/mm				安装尺寸/mm			基本额定动负荷 C_r/kN		基本额定静负荷 C_{0r}/kN		极限转速/(r/min)	
		d	D	B	a		r_s (min)	r_{1s} (min)	d_a (min)	D_a (max)	r_{as} (max)	7000C	7000AC	7000C	7000AC	脂润滑	油润滑
					7000C	7000AC											
7307C	7307AC	35	80	21	16.6	24.5	1.5	0.6	44	71	1.5	34.2	32.8	26.8	24.8	7500	10000
7308C	7308AC	40	90	23	18.5	27.5	1.5	0.6	49	81	1.5	40.2	38.5	32.3	30.5	6700	9000
7309C	7309AC	45	100	25	20.2	30.2	1.5	0.6	54	91	1.5	49.2	47.5	39.8	37.2	6000	8000
7310C	7310AC	50	110	27	22	33	2	1	60	100	2	53.5	55.5	47.2	44.5	5600	7500
7311C	7311AC	55	120	29	23.8	35.8	2	1	65	110	2	70.5	67.2	60.5	56.8	5000	6700
7312C	7312AC	60	130	31	25.6	38.7	2.1	1.1	72	118	2.1	80.5	77.8	70.2	65.8	4800	6300
7313C	7313AC	65	140	33	27.4	41.5	2.1	1.1	77	128	2.1	91.5	89.8	80.5	75.5	4300	5600
7314C	7314AC	70	150	35	29.2	44.3	2.1	1.1	82	138	2.1	102	98.5	91.5	86.0	4000	5300
7315C	7315AC	75	160	37	31	47.2	2.1	1.1	87	148	2.1	112	108	105	97.0	3800	5000
7316C	7316AC	80	170	39	32.8	50	2.1	1.1	92	158	2.1	122	118	118	108	3600	4800
7317C	7317AC	85	180	41	34.6	52.8	3	1.1	99	166	2.5	132	125	128	122	3400	4500
7318C	7318AC	90	190	43	36.4	55.6	3	1.1	104	176	2.5	142	135	142	135	3200	4300
7319C	7319AC	95	200	45	38.2	58.5	3	1.1	109	186	2.5	152	145	158	148	3000	4000
7320C	7320AC	100	215	47	40.2	61.9	3	1.1	114	201	2.5	162	165	175	178	2600	3600
	7406AC	30	90	23		26.1	1.5	0.6	39	81	1		42.5		32.2	7500	10000
	7407AC	35	100	25		29	1.5	0.6	44	91	1.5		53.8		42.5	6300	8500
	7408AC	40	110	27		31.8	2	1	50	100	2		62.0		49.5	6000	8000
	7409AC	45	120	29		34.6	2	1	55	110	2		66.8		52.8	5300	7000
	7410AC	50	130	31		37.4	2.1	1.1	62	118	2.1		76.5		64.2	5000	6700
	7412AC	60	150	35		43.1	2.1	1.1	72	138	2.1		102		90.8	4300	5600
	7414AC	70	180	42		51.5	3	1.1	84	166	2.5		125		125	3600	4800
	7416AC	80	200	48		58.1	3	1.1	94	186	2.5		152		162	3200	4300
	7418AC	90	215	54		64.8	4	1.5	108	197	3					2800	3600

注:1. 7000C 的单列 $F_a/F_r > e$ 的 Y,双列 $F_a/F_r \leqslant e$ 的 Y_1、$F_a/F_r > e$ 的 Y_2,见表 13-5;

2. 成对安装角接触球轴承,是由两套相同的单列角接触球轴承选配组成,作为一个支承整体,按其外圈不同端面的组合分为

①背对背方式构成 7000C/DB、7000AC/DB、7000B/DB;

②面对面方式构成 7000C/DF、7000AC/DF、7000B/DF。

表 13-5　角接触球轴承的 Y、Y_1、Y_2

F_a/C_0	e	Y	Y_1	Y_2
0.015	0.38	1.47	1.65	2.39
0.029	0.40	1.40	1.57	2.28
0.058	0.43	1.30	1.46	2.11
0.087	0.46	1.23	1.38	2.00
0.12	0.47	1.19	1.34	1.93
0.17	0.50	1.12	1.26	1.82
0.29	0.55	1.02	1.14	1.66
0.44	0.56	1.00	1.12	1.63
0.58	0.56	1.00	1.12	1.63

表 13-6 角接触球轴承当量负荷

类型＼当量负荷	7000C/DB、7000C/DF	7000AC/DB、7000AC/DF	7000B/DB、7000B/DF
当量动负荷	$F_a/F_r \leqslant e, P = F_r + Y_1 F_a$	$F_a/F_r \leqslant 0.68$, $P = F_r + 0.92 F_a$	$F_a/F_r \leqslant 1.14$, $P = F_r + 0.55 F_a$
	$F_a/F_r > e, P = 0.72 F_r + Y_2 F_a$	$F_a/F_r > 0.68$, $P = 0.67 F_r + 1.41 F_a$	$F_a/F_r > 1.14$, $P = 0.57 F_r + 0.93 F_a$
当量静负荷	$P_0 = F_r + 0.92 F_a$	$P_0 = F_r + 0.76 F_a$	$P_0 = F_r + 0.52 F_a$

13.2 轴承的轴向游隙

表 13-7 角接触轴承和推力球轴承的轴向游隙

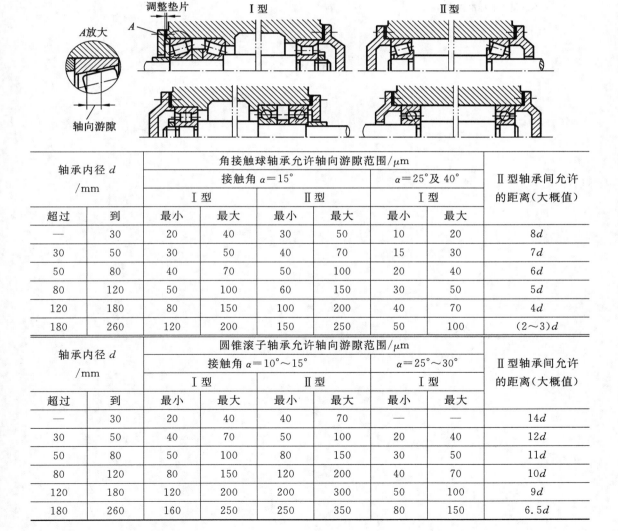

轴承内径 d /mm		角接触球轴承允许轴向游隙范围/μm						Ⅱ型轴承间允许的距离（大概值）
		接触角 $\alpha = 15°$				$\alpha = 25°$ 及 $40°$		
		Ⅰ型		Ⅱ型		Ⅰ型		
超过	到	最小	最大	最小	最大	最小	最大	
—	30	20	40	30	50	10	20	8d
30	50	30	50	40	70	15	30	7d
50	80	40	70	50	100	20	40	6d
80	120	50	100	60	150	30	50	5d
120	180	80	150	100	200	40	70	4d
180	260	120	200	150	250	50	100	(2~3)d

轴承内径 d /mm		圆锥滚子轴承允许轴向游隙范围/μm						Ⅱ型轴承间允许的距离（大概值）
		接触角 $\alpha = 10° \sim 15°$				$\alpha = 25° \sim 30°$		
		Ⅰ型		Ⅱ型		Ⅰ型		
超过	到	最小	最大	最小	最大	最小	最大	
—	30	20	40	40	70	—	—	14d
30	50	40	70	50	100	20	40	12d
50	80	50	100	80	150	30	50	11d
80	120	80	150	120	200	40	70	10d
120	180	120	200	200	300	50	100	9d
180	260	160	250	250	350	80	150	6.5d

轴承内径 d /mm		双向和双联单向推力球轴承允许轴向游隙范围/μm					
		轴承尺寸系列					
		11		12,13 和 22,23		14 和 24	
超过	到	最小	最大	最小	最大	最小	最大
—	50	10	20	20	40	—	—
50	120	20	40	40	60	60	80
120	140	40	60	60	80	80	120

注:1. 工作时,不致因轴的热胀冷缩造成轴承损坏时,可取表中最小值;反之,取最大值;必要时,应根据具体条件再稍加大;使游隙等于或稍大于轴因热胀产生的伸长量 ΔL,ΔL 的近似计算式为

$$\Delta L \approx \frac{1.13(t_2 - t_1)L}{100} \ \mu m$$

其中:t_1 为周围环境温度(℃);t_2 为工作时轴的温度(℃);L 为轴上两端轴承之间的距离(mm)。

2. 尺寸系列 11、12、22、13、23、14、24,即旧标准中直径系列 1、2、3、4;

3. 本表值为非标准内容。

第14章 公差、表面粗糙度及齿轮精度

14.1 公差与配合

1.基本偏差系列及配合种类

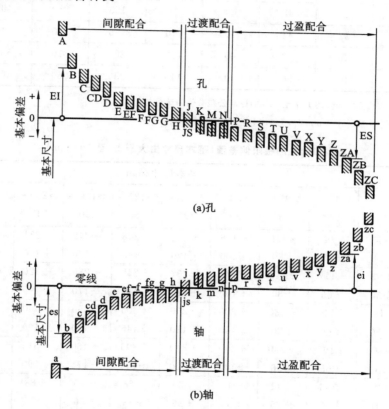

图 14-1 基本偏差系列及配合种类

2.标准公差值及孔和轴的极限偏差值

表 14-1 标准公差值(基本尺寸由大于 6 至 1000 mm)　　　　　　单位:μm

基本尺寸 /mm	公差等级							
	IT5	IT6	IT7	IT8	IT9	IT10	IT11	IT12
>6～10	6	9	15	22	36	58	90	150
>10～18	8	11	18	27	43	70	110	180
>18～30	9	13	21	33	52	84	130	210
>30～50	11	16	25	39	62	100	160	250
>50～80	13	19	30	46	74	120	190	300

基本尺寸 /mm	公差等级							
	IT5	IT6	IT7	IT8	IT9	IT10	IT11	IT12
>80~120	15	22	35	54	87	140	220	350
>120~180	18	25	40	63	100	160	250	400
>180~250	20	29	46	72	115	185	290	460
>250~315	23	32	52	81	130	210	320	520
>315~400	25	36	57	89	140	230	360	570
>400~500	27	40	63	97	155	250	400	630
>500~630	32	44	70	110	175	280	440	700
>630~800	36	50	80	125	200	320	500	800
>800~1000	40	56	90	140	230	360	560	900

注：1. 基本尺寸大于 500 mm 的 IT1 至 IT5 的标准公差数值为试行的；

　　2. 基本尺寸小于或等于 1 mm 时，无 IT14 至 IT18。

表 14-2　孔的极限偏差值（基本尺寸由大于 10 至 500 mm）　　　　　单位：μm

公差带	等级	基本尺寸/mm									
		>10~ 18	>18~ 30	>30~ 50	>50~ 80	>80~ 120	>120~ 180	>180~ 250	>250~ 315	>315~ 400	>400~ 500
D	8	+77 +50	+98 +65	+119 +80	+146 +100	+174 +120	+208 +145	+242 +170	+271 +190	+299 +210	+327 +230
	▼9	+93 +50	+117 +65	+142 +80	+174 +100	+207 +120	+245 +145	+285 +170	+320 +190	+350 +210	+385 +230
	10	+120 +50	+149 +65	+180 +80	+220 +100	+260 +120	+305 +145	+355 +170	+400 +190	+440 +210	+480 +230
	11	+160 +50	+195 +65	+240 +80	+290 +100	+340 +120	+395 +145	+460 +170	+510 +190	+570 +210	+630 +230
F	6	+27 +16	+33 +20	+41 +25	+49 +30	+58 +36	+68 +43	+79 +50	+88 +56	+98 +62	+108 +68
	7	+34 +16	+41 +20	+50 +25	+60 +30	+71 +36	+83 +43	+96 +50	+108 +56	+119 +62	+131 +68
	▼8	+43 +16	+53 +20	+64 +25	+76 +30	+90 +36	+106 +43	+122 +50	+137 +56	+151 +62	+165 +68
	9	+59 +16	+72 +20	+87 +25	+104 +30	+123 +36	+143 +43	+165 +50	+186 +56	+202 +62	+223 +68
G	6	+17 +6	+20 +7	+25 +9	+29 +10	+34 +12	+39 +14	+44 +15	+49 +17	+54 +18	+60 +20
	▼7	+24 +6	+28 +7	+34 +9	+40 +10	+47 +12	+54 +14	+61 +15	+69 +17	+75 +18	+83 +20
	8	+33 +6	+40 +7	+48 +9	+56 +10	+66 +12	+77 +14	+87 +15	+98 +17	+107 +18	+117 +20

公差带	等级	基本尺寸/mm									
		>10~18	>18~30	>30~50	>50~80	>80~120	>120~180	>180~250	>250~315	>315~400	>400~500
H	5	+8 0	+9 0	+11 0	+13 0	+15 0	+18 0	+20 0	+23 0	+25 0	+27 0
	6	+11 0	+13 0	+16 0	+19 0	+22 0	+25 0	+29 0	+32 0	+36 0	+40 0
	▼7	+18 0	+21 0	+25 0	+30 0	+35 0	+40 0	+46 0	+52 0	+57 0	+63 0
	▼8	+27 0	+33 0	+39 0	+46 0	+54 0	+63 0	+72 0	+81 0	+89 0	+97 0
	▼9	+43 0	+52 0	+62 0	+74 0	+87 0	+100 0	+115 0	+130 0	+140 0	+155 0
	10	+70 0	+84 0	+100 0	+120 0	+140 0	+160 0	+185 0	+210 0	+230 0	+250 0
	▼11	+110 0	+130 0	+160 0	+190 0	+220 0	+250 0	+290 0	+320 0	+360 0	+400 0
J	7	+10 −8	+12 −9	+14 −11	+18 −12	+22 −13	+26 −14	+30 −16	+36 −16	+39 −18	+43 −20
	8	+15 −12	+20 −13	+24 −15	+28 −18	+34 −20	+41 −22	+47 −25	+55 −26	+60 −29	+66 −31
JS	6	±5.5	±6.5	±8	±9.5	±11	±12.5	±14.5	±16	±18	±20
	7	±9	±10	±12	±15	±17	±20	±23	±26	±28	±31
	8	±13	±16	±19	±23	±27	±31	±36	±40	±44	±48
	9	±21	±26	±31	±37	±43	±50	±57	±65	±70	±77
K	6	+2 −9	+2 −11	+3 −13	+4 −15	+4 −18	+4 −21	+5 −24	+5 −27	+7 −29	+8 −32
	▼7	+6 −12	+6 −15	+7 −18	+9 −21	+10 −25	+12 −28	+13 −33	+16 −36	+17 −40	+18 −45
	8	+8 −19	+10 −23	+12 −27	+14 −32	+16 −38	+20 −43	+22 −50	+25 −56	+28 −61	+29 −68
N	6	−9 −20	−11 −24	−12 −28	−14 −33	−16 −38	−20 −45	−22 −51	−25 −57	−26 −62	−27 −67
	▼7	−5 −23	−7 −28	−8 −33	−9 −39	−10 −45	−12 −52	−14 −60	−14 −66	−16 −73	−17 −80
	8	−3 −30	−3 −36	−3 −42	−4 −50	−4 −58	−4 −67	−5 −77	−5 −86	−5 −94	−6 −103
	9	0 −43	0 −52	0 −62	0 −74	0 −87	0 −100	0 −115	0 −130	0 −140	0 −155

公差带	等级	基本尺寸/mm									
		>10~18	>18~30	>30~50	>50~80	>80~120	>120~180	>180~250	>250~315	>315~400	>400~500
P	6	−15 −26	−18 −31	−21 −37	−26 −45	−30 −52	−36 −61	−41 −70	−47 −79	−51 −87	−55 −95
	▼7	−11 −29	−14 −35	−17 −42	−21 −51	−24 −59	−28 −68	−33 −79	−36 −88	−41 −98	−45 −108
	8	−18 −45	−22 −55	−26 −65	−32 −78	−37 −91	−43 −106	−50 −122	−56 −137	−62 −151	−68 −165
	9	−18 −61	−22 −74	−26 −88	−32 −106	−37 −124	−43 −143	−50 −165	−56 −186	−62 −202	−68 −223

注:标注▼者为优先公差等级,应优先选用。

表 14-3　轴的极限偏差值(基本尺寸由大于 10 至 500 mm)　　　　单位:μm

公差带	等级	基本尺寸/mm									
		>10~18	>18~30	>30~50	>50~80	>80~120	>120~180	>180~250	>250~315	>315~400	>400~500
d	7	−50 −68	−65 −86	−80 −105	−100 −130	−120 −155	−145 −185	−170 −216	−190 −242	−210 −267	−230 −293
	8	−50 −77	−65 −98	−80 −119	−100 −146	−120 −174	−145 −208	−170 −242	−190 −271	−210 −299	−230 −327
	▼9	−50 −93	−65 −117	−80 −142	−100 −174	−120 −207	−145 −245	−170 −285	−190 −320	−210 −350	−230 −385
	10	−50 −120	−65 −149	−80 −180	−100 −220	−120 −260	−145 −305	−170 −355	−190 −400	−210 −440	−230 −480
	11	−50 −160	−65 −195	−80 −240	−100 −290	−120 −340	−145 −395	−170 −460	−190 −510	−210 −570	−230 −630
e	6	−32 −43	−40 −53	−50 −66	−60 −79	−72 −94	−85 −110	−100 −129	−110 −142	−125 −161	−135 −175
	7	−32 −50	−40 −61	−50 −75	−60 −90	−72 −107	−85 −125	−100 −146	−110 −162	−125 −182	−135 −198
	8	−32 −59	−40 −73	−50 −89	−60 −106	−72 −126	−85 −148	−100 −172	−110 −191	−125 −214	−135 −232
	9	−32 −75	−40 −92	−50 −112	−60 −134	−72 −159	−85 −185	−100 −215	−110 −240	−125 −265	−135 −290
f	5	−16 −24	−20 −29	−25 −36	−30 −43	−36 −51	−43 −61	−50 −70	−56 −79	−62 −87	−68 −95
	6	−16 −27	−20 −33	−25 −41	−30 −49	−36 −58	−43 −68	−50 −79	−56 −88	−62 −98	−68 −108
	▼7	−16 −34	−20 −41	−25 −50	−30 −60	−36 −71	−43 −83	−50 −96	−56 −108	−62 −119	−68 −131
	8	−16 −43	−20 −53	−25 −64	−30 −76	−36 −90	−43 −106	−50 −122	−56 −137	−62 −151	−68 −165
	9	−16 −59	−20 −72	−25 −87	−30 −104	−36 −123	−43 −143	−50 −165	−56 −186	−62 −202	−68 −223

公差带	等级	基本尺寸/mm									
		>10~18	>18~30	>30~50	>50~80	>80~120	>120~180	>180~250	>250~315	>315~400	>400~500
g	5	−6 −14	−7 −16	−9 −20	−10 −23	−12 −27	−14 −32	−15 −35	−17 −40	−18 −43	−20 −47
	▼6	−6 −17	−7 −20	−9 −25	−10 −29	−12 −34	−14 −39	−15 −44	−17 −49	−18 −54	−20 −60
	7	−6 −24	−7 −28	−9 −34	−10 −40	−12 −47	−14 −54	−15 −61	−17 −69	−18 −75	−20 −83
	8	−6 −33	−7 −40	−9 −48	−10 −56	−12 −66	−14 −77	−15 −87	−17 −98	−18 −107	−20 −117
h	5	0 −8	0 −9	0 −11	0 −13	0 −15	0 −18	0 −20	0 −23	0 −25	0 −27
	▼6	0 −11	0 −13	0 −16	0 −19	0 −22	0 −25	0 −29	0 −32	0 −36	0 −40
	▼7	0 −18	0 −21	0 −25	0 −30	0 −35	0 −40	0 −46	0 −52	0 −57	0 −63
	8	0 −27	0 −33	0 −39	0 −46	0 −54	0 −63	0 −72	0 −81	0 −89	0 −97
	▼9	0 −43	0 −52	0 −62	0 −74	0 −87	0 −100	0 −115	0 −130	0 −140	0 −155
	10	0 −70	0 −84	0 −100	0 −120	0 −140	0 −160	0 −185	0 −210	0 −230	0 −250
	▼11	0 −110	0 −130	0 −160	0 −190	0 −220	0 −250	0 −290	0 −320	0 −360	0 −400
j	5	+5 −3	+5 −4	+6 −5	+6 −7	+6 −9	+7 −11	+7 −13	+7 −16	+7 −18	+7 −20
	6	+8 −3	+9 −4	+11 −5	+12 −7	+13 −9	+14 −11	+16 −13	±16	±18	±20
	7	+12 −6	+13 −8	+15 −10	+18 −12	+20 −15	+22 −18	+25 −21	±26	+29 −28	+31 −32
js	5	±4	±4.5	±5.5	±6.5	±7.5	±9	±10	±11.5	±12.5	±13.5
	6	±5.5	±6.5	±8	±9.5	±11	±12.5	±14.5	±16	±18	±20
	7	±9	±10	±12	±15	±17	±20	±23	±26	±28	±31
k	5	+9 +1	+11 +2	+13 +2	+15 +2	+18 +3	+21 +3	+24 +4	+27 +4	+29 +4	+32 +5
	▼6	+12 +1	+15 +2	+18 +2	+21 +2	+25 +3	+28 +3	+33 +4	+36 +4	+40 +4	+45 +5
	7	+19 +1	+23 +2	+27 +2	+32 +2	+38 +3	+43 +3	+50 +4	+56 +4	+61 +4	+68 +5
m	5	+15 +7	+17 +8	+20 +9	+24 +11	+28 +13	+33 +15	+37 +17	+43 +20	+46 +21	+50 +23
	6	+18 +7	+21 +8	+25 +9	+30 +11	+35 +13	+40 +15	+46 +17	+52 +20	+57 +21	+63 +23
	7	+25 +7	+29 +8	+34 +9	+41 +11	+48 +13	+55 +15	+63 +17	+72 +20	+78 +21	+86 +23

公差带	等级	基本尺寸/mm									
		>10~18	>18~30	>30~50	>50~80	>80~120	>120~180	>180~250	>250~315	>315~400	>400~500
n	5	+20 +12	+24 +15	+28 +17	+33 +20	+38 +23	+45 +27	+51 +31	+57 +34	+62 +37	+67 +40
	▼6	+23 +12	+28 +15	+33 +17	+39 +20	+45 +23	+52 +27	+60 +31	+66 +34	+73 +37	+80 +40
	7	+30 +12	+36 +15	+42 +17	+50 +20	+58 +23	+67 +27	+77 +31	+86 +34	+94 +37	+103 +40
p	▼6	+29 +18	+35 +22	+42 +26	+51 +32	+59 +37	+68 +43	+79 +50	+88 +56	+98 +62	+108 +68
	7	+36 +18	+43 +22	+51 +26	+62 +32	+72 +37	+83 +43	+96 +50	+108 +56	+119 +62	+131 +68

公差带	等级	基本尺寸/mm									
		>10~18	>18~30	>30~50	>50~65	>65~80	>80~100	>100~120	>120~140	>140~160	>160~180
r	6	+34 +23	+41 +28	+50 +34	+60 +41	+62 +43	+73 +51	+76 +54	+88 +63	+90 +65	+93 +68
	7	+41 +23	+49 +28	+59 +34	+71 +41	+72 +43	+86 +51	+89 +54	+103 +63	+105 +65	+108 +68
s	▼6	+39 +28	+48 +35	+59 +43	+72 +53	+78 +59	+93 +71	+101 +79	+117 +92	+125 +100	+133 +108
	7	+46 +28	+56 +35	+68 +43	+83 +53	+89 +59	+106 +71	+114 +79	+132 +92	+140 +100	+148 +108

公差带	等级	基本尺寸/mm									
		>180~200	>200~225	>225~250	>250~280	>280~315	>315~355	>355~400	>400~450	>450~500
r	6	+106 +77	+109 +80	+113 +84	+126 +94	+130 +98	+144 +108	+150 +114	+166 +126	+172 +132
	7	+123 +77	+126 +80	+130 +84	+146 +94	+150 +98	+165 +108	+171 +114	+189 +126	+195 +132
s	▼6	+151 +122	+159 +130	+169 +140	+190 +158	+202 +170	+226 +190	+244 +208	+272 +232	+292 +252
	7	+168 +122	+176 +130	+186 +140	+210 +158	+222 +170	+247 +190	+265 +208	+295 +232	+315 +252

注:标注▼者为优先公差等级,应优先选用。

表 14-4　线性尺寸的极限偏差　　　　　　　　单位:mm

公差等级	基本尺寸分段						
	0.5~3	>3~6	>6~30	>30~120	>120~400	>400~1000	>1000~2000
f(精密级)	±0.05	±0.05	±0.1	±0.15	±0.2	±0.3	±0.5
m(中等级)	±0.1	±0.1	±0.2	±0.3	±0.5	±0.8	±1.2
c(粗糙级)	±0.2	±0.3	±0.5	±0.8	±1.2	±2	±3
v(最粗级)	—	±0.5	±1	±1.5	±2.5	±4	±6

注:线性尺寸未注公差值为设备一般加工能力可保证的公差,主要用于较低精度的非配合尺寸,一般不检验。

14.2　几何公差

表 14-5　几何公差分类与基本符号（摘自 GB/T 1182—2008）

分类	形状公差						方向公差					位置公差					跳动公差	
项目	直线度	平面度	圆度	圆柱度	线轮廓度	面轮廓度	平行度	垂直度	倾斜度	线轮廓度	面轮廓度	位置度	同心度	同轴度	对称度	线轮廓度	面轮廓度	圆跳动	全跳动
符号	—	▱	○	�	⌒	⌒	∥	⊥	∠	⌒	⌒	⊕	◎	◎	≡	⌒	⌒	↗	↗↗

表 14-6　同轴度、对称度、圆跳动和全跳动公差　　　　　单位：μm

主参数 $d(D)$、B、L 图例

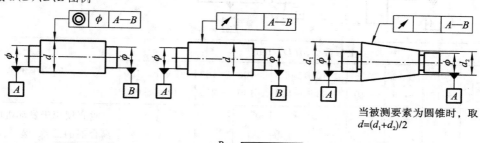

当被测要素为圆锥时，取
$d=(d_1+d_2)/2$

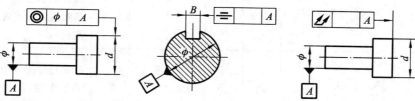

公差等级	主参数 $d(D)$、B、L/mm								应用举例
	>3～6	>6～10	>10～18	>18～30	>30～50	>50～120	>120～250	>250～500	
5	3	4	5	6	8	10	12	15	6 和 7 级精度齿轮轴的配合面，较高精度的高速轴，较高精度机床的轴套
6	5	6	8	10	12	15	20	25	
7	8	10	12	15	20	25	30	40	8 和 9 级精度齿轮轴的配合面，普通精度的高速轴（1000 r/min 以下），长度在 1 m 以下的主传动轴
8	12	15	20	25	30	40	50	60	
9	25	30	40	50	60	80	100	120	10 和 11 级精度齿轮轴的配合面；发动机汽缸套配合面；水泵叶轮离心泵泵件，摩托车活塞，自行车中轴
10	50	60	80	100	120	150	200	250	

表 14-7　平行度、垂直度和倾斜度公差　　　　　　　　　　单位：μm

主参数 L、$d(D)$ 图例

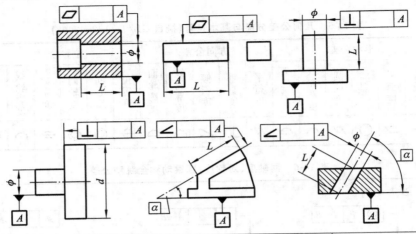

公差等级	主参数 L、$d(D)$/mm										应用举例
	≤10	>10 ～16	>16 ～25	>25 ～40	>40 ～63	>63 ～100	>100 ～160	>160 ～250	>250 ～400	>400 ～630	
5	5	6	8	10	12	15	20	25	30	40	垂直度用于发动机的轴和离合器的凸缘，装 5、6 级轴承和装 4、5 级轴承之箱体的凸肩
6	8	10	12	15	20	25	30	40	50	60	平行度用于中等精度钻模的工作面，7～10 级精度齿轮传动壳体孔的中心线
7	12	15	20	25	30	40	50	60	80	100	垂直度用于装 6、0 级轴承之壳体孔的轴线，按 h6 与 g6 连接的锥形轴减速器的机体孔中心线
8	20	25	30	40	50	60	80	100	120	150	平行度用于重型机械轴承盖的端面、手动传动装置中的传动轴
9	30	40	50	60	80	100	120	150	200	250	垂直度用于手动卷扬机及传动装置中的轴承端面，按 f7 和 d8 连接的锥形面减速器的箱体孔中心线
10	50	60	80	100	120	150	200	250	300	400	零件的非工作面，卷扬机、运输机上的壳体平面

表 14-8　直线度和平面度公差　　　　　　　　　　　单位：μm

主参数 L 图例

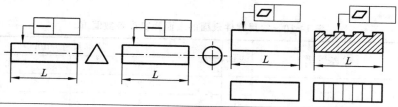

公差等级	主参数 L/mm										应用举例
	≤10	>10 ~16	>16 ~25	>25 ~40	>40 ~63	>63 ~100	>100 ~160	>160 ~250	>250 ~400	>400 ~630	
5	2	2.5	3	4	5	6	8	10	12	15	普通精度的机床导轨，柴油机的进、排气门导杆直线度，柴油机机体上部的结合面等
6	3	4	5	6	8	10	12	15	20	25	
7	5	6	8	10	12	15	20	25	30	40	轴承体的支承面，减速器的壳体，轴系支承轴承的接合面，压力机导轨及滑块
8	8	10	12	15	20	25	30	40	50	60	
9	12	15	20	25	30	40	50	60	80	100	辅助机构及手动机械的支承面，液压管件和法兰的连接面
10	20	25	30	40	50	60	80	100	120	150	

表 14-9　圆度和圆柱度公差　　　　　　　　　　　单位：μm

主参数 $d(D)$ 图例

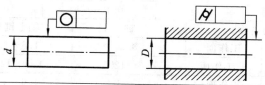

公差等级	主参数 $d(D)$/mm											应用举例
	>6 ~10	>10 ~18	>18 ~30	>30 ~50	>50 ~80	>80 ~120	>120 ~180	>180 ~250	>250 ~315	>315 ~400	>400 ~500	
5	1.5	2	2.5	2.5	3	4	5	7	8	9	10	安装 6、0 级滚动轴承的配合面，通用减速器的轴颈，一般机床的主轴
6	2.5	3	4	4	5	6	8	10	12	13	15	
7	4	5	6	7	8	10	12	14	16	18	20	千斤顶或压力油缸的活塞，水泵及减速器的轴颈，液压传动系统的分配机构
8	6	8	9	11	13	15	18	20	23	25	27	
9	9	11	13	16	19	22	25	29	32	36	40	起重机、卷扬机用滑动轴承等
10	15	18	21	25	30	35	40	46	52	57	63	

14.3　表面粗糙度

表 14-10　常用零件表面的表面粗糙度参数值 *Ra*　　　　　　　　单位：μm

配合表面	公差等级	表面	基本尺寸/mm ≤50	基本尺寸/mm 50～500	
	IT5	轴	0.2	0.4	
		孔	0.4	0.8	
	IT6	轴	0.4	0.8	
		孔	0.4～0.8	0.8～1.6	
	IT7	轴	0.4～0.8	0.8～1.6	
		孔	0.8		
	IT8	轴	0.8		
		孔	0.8～1.6		

过盈配合	压入装配	公差等级	表面	基本尺寸/mm ≤50	基本尺寸/mm 50～120	基本尺寸/mm 120～500
		IT5	轴	0.1～0.2	0.4	0.4
			孔	0.2～0.4	0.8	0.8
		IT6～IT7	轴	0.4	0.8	1.6
			孔	0.8	1.6	1.6
		IT8	轴	0.8	0.8～1.6	1.6～3.2
			孔			
	热装	—	轴	1.6		
			孔	1.6～3.2		

圆锥结合 工作表面	密封结合	对中结合	其他
	0.1～0.4	0.4～1.6	1.6～6.3

键结合	结构名称		键	轴上键槽	毂上键槽
	不动结合	工作面	3.2	1.6～3.2	1.6～3.2
		非工作面	6.3～12.5	6.3～12.5	6.3～12.5
	用导向键	工作面	1.6～3.2	1.6～3.2	1.6～3.2
		非工作面	6.3～12.5	6.3～12.5	6.3～12.5

渐开线花键结合	结构名称	孔槽	轴齿	定心面 孔	定心面 轴	非定心面 孔	非定心面 轴
	不动结合	1.6～3.2	1.6～3.2	0.8～1.6	0.4～0.8	3.2～6.3	1.6～6.3
	动结合	0.8～1.6	0.4～0.8	0.8～1.6	0.4～0.8	3.2	1.6～6.3

螺纹结合	精度等级	IT4、IT5	IT6、IT7	IT8、IT9
	紧固螺纹	1.6	3.2	3.2～6.3
	在轴上、杆上和套上螺纹	0.8～1.6	1.6	3.2
	丝杠和起重螺纹	—	0.4	0.8

链轮	应用精度	普通	提高
	工作表面	3.2～6.3	1.6～3.2
	根圆	6.3	3.2
	顶圆	3.2～12.5	3.2～12.5

续表

齿轮、链轮和蜗轮的非工作端面	3.2～12.5
孔和轴的非工作表面	6.3～12.5
倒角、倒圆、退刀槽等	3.2～12.5
螺栓、螺钉等用的通孔	25
精制螺栓和螺母	3.2～12.5

表 14-11　表面粗糙度参数值及对应的加工方法

粗糙度	∨	Ra 25	Ra 12.5	Ra 6.3	Ra 3.2	Ra 1.6	Ra 0.8	Ra 0.4
表面状态	除净毛刺	微见刀痕	可见加工痕迹	微见加工痕迹	看不见加工痕迹	可辨加工痕迹方向	微辨加工痕迹方向	不可辨加工痕迹方向
加工方法	铸，锻，冲压，热轧，冷轧	粗车，刨，立铣，平铣，钻	车，镗，刨，钻，立铣，平铣，锉，粗铰，磨，铣齿	车，镗，刨，铣，铰，拉，磨，锉，滚压，铣齿，刮（1～2 点/cm²）	车，镗，刨，铣，铰，拉，磨，滚压，铣齿，刮（1～2 点/cm²）	车，镗，拉，磨，立铣，铰，滚压，刮（3～10 点/cm²）	铰，磨，镗，拉，滚压，刮（3～10 点/cm²）	布轮磨，磨，研磨，超级加工

14.4　渐开线圆柱齿轮的精度

　　渐开线圆柱齿轮的精度标准 GB/T 10095—2008 适用于平行轴传动的渐开线圆柱齿轮及其齿轮副，其法向模数大于或等于 1 mm，基本齿廓按 GB/T 1356—2001 的规定。

1. 精度等级及其选择

　　国家标准对轮齿同侧齿面公差规定了 13 个精度等级，其中 0 级最高，12 级最低。如果要求的齿轮精度等级为标准中的某一等级，而无其他规定时，则齿距、齿廓、螺旋线等各项偏差的允许值均按该精度等级确定。也可以按协议对工作和非工作齿面规定不同的精度等级，或对不同偏差项目规定不同的精度等级。另外，也可仅对工作齿面规定要求的精度等级。

　　GB/T 10095.2—2008 对径向综合公差偏差规定了 9 个精度等级，其中 4 级最高，12 级最低；对径向跳动规定了 13 个精度等级，其中 0 级最高，12 级最低。齿轮偏差及代号如表 14-12 所示。

表 14-12　齿轮偏差及其代号

名　称		代号
齿距偏差	单个齿距偏差	f_{pt}
	齿距累积偏差	F_{pk}
	齿距累积总偏差	F_p
齿廓偏差	齿廓总偏差	F_α
	齿廓形状偏差	$f_{f\alpha}$
	齿廓倾斜偏差	$f_{H\alpha}$
螺旋线偏差	螺旋线总偏差	F_β
	螺旋线形状偏差	$f_{f\beta}$
	螺旋线倾斜偏差	$f_{H\beta}$

名　　称		代号
切向综合偏差	切向综合总偏差	F_i'
	一齿切向综合偏差	f_i'
径向综合偏差	径向综合总偏差	F_i''
	一齿径向综合偏差	f_i''
径向跳动公差		F_r

齿轮的精度等级应根据传动的用途、使用条件、传递功率和圆周速度及其他经济、技术条件来确定。表 14-13 给出了各类机械传动中所应用的齿轮精度等级。

表 14-13　机械传动中所用齿轮精度等级

产品类型	精度等级	产品类型	精度等级
测量齿轮	2～5	航空发动机	4～8
透平齿轮	3～6	拖拉机	6～9
金属切削机床	3～8	通用减速器	6～9
内燃机车	6～7	轧钢机	6～10
汽车底盘	5～8	矿用绞车	8～10
轻型汽车	5～8	起重机械	7～10
载重汽车	6～9	农业机械	8～11

2. 齿轮检验组的选择

国家标准没有规定齿轮的公差组和检验组,能明确评定齿轮精度等级的是单个齿距偏差 f_{pt}、齿距累积总偏差 F_p、齿廓总偏差 F_α、螺旋线总偏差 F_β 的允许值。建议根据齿轮的使用要求和生产批量,在下述检验组中选取一个来评定齿轮质量(以下偏差数值查表 14-20、表14-21)。

① f_{pt}、F_p、F_α、F_β、F_r。

② F_{pk}、f_{pt}、F_p、F_α、F_β、F_r。

③ F_i''、f_i''。

④ f_{pt}、F_r(10～12 级)。

⑤ F_i'、f_i'(有协议要求时)。

3. 齿轮副的检验与侧隙

齿轮副的要求包括齿轮副的接触斑点位置和大小及侧隙等,具体检验项目见表 14-14。

表 14-14　齿轮副的检验项目及公差数值

检验项目		公差数值	对传动性能的影响
传动误差	接触斑点	见表 14-12	影响载荷分布的均匀性
	侧隙	根据工作条件用 $j_{n\,max}$(或 $j_{t\,max}$) 和 $j_{n\,min}$(或 $j_{t\,min}$)来规定	保证齿轮传动的正常润滑,避免因热变形、制造及安装误差等使啮合的齿轮被卡住
安装误差	中心距偏差 Δf_a	$\pm f_a$(见表 14-11)	影响侧隙及啮合角的大小,影响接触精度
	轴线的平行度误差 $f_{\Sigma\delta}$ 和 $f_{\Sigma\beta}$	$f_{\Sigma\delta}=\left(\dfrac{L}{b}\right)F_\beta$($F_\beta$ 见表 14-10) $f_{\Sigma\beta}=\dfrac{1}{2}f_{\Sigma\delta}$	影响接触斑点面积及齿轮副的载荷分布均匀性,影响侧隙大小

齿轮副的侧隙受一对齿轮的中心距及每个齿轮的实际齿厚所控制。运行时还因速度、温度、载荷等的变化而变化,因此齿轮副在静态可测量状态下,必须要有足够的侧隙。对于中、大模数齿轮,最小法向侧隙 j_{bnmin} 可表示为

$$j_{bnmin}=\frac{2}{3}(0.06+0.0005a_i+0.03m_n) \tag{14-1}$$

式中:a_i——允许的最小中心距。

齿厚的选择基本上与轮齿的精度无关,在很多应用场合,允许用较宽的齿厚公差或工作侧隙。这样做既不影响齿轮的性能和承载能力,还可以降低制造成本。齿厚上偏差 E_{sns} 和下偏差 E_{sni} 的数值应根据传动要求,在齿轮设计时进行计算,计算方式可参考有关文献。表 14-15 列出了齿厚极限偏差 E_{sn} 的参考值。

表 14-15　齿厚极限偏差 E_{sn} 的参考值

分度圆直径 d/mm	偏差名称	精度 6 级 法面模数/mm			精度 7 级 法面模数/mm			精度 8 级 法面模数/mm			精度 9 级 法面模数/mm		
		≥1 ~3.5	≥3.5 ~6.3	≥6.3 ~10	≥1 ~3.5	≥3.5 ~6.3	≥6.3 ~10	≥1 ~3.5	≥3.5 ~6.3	≥6.3 ~10	≥1 ~3.5	≥3.5 ~6.3	≥6.3 ~10
≤80	E_{sns}	−80	−78	−84	−112	−108	−120	−120	−100	−112	−112	−144	−160
	E_{sni}	−120	−104	−112	−168	−180	−160	−200	−150	−168	−224	−216	−240
>80~125	E_{sns}	−100	−104	−112	−112	−108	−120	−120	−150	−112	−168	−144	−160
	E_{sni}	−160	−130	−140	−168	−180	−160	−200	−200	−168	−280	−216	−240
>125~180	E_{sns}	−110	−112	−128	−128	−120	−132	−132	−168	−128	−192	−160	−180
	E_{sni}	−176	−168	−192	−192	−200	−220	−220	−280	−256	−320	−320	−270
>180~250	E_{sns}	−132	−140	−128	−160	−160	−132	−176	−168	−192	−192	−160	−180
	E_{sni}	−176	−224	−192	−192	−240	−220	−264	−280	−256	−320	−320	−270
>250~315	E_{sns}	−132	−140	−128	−160	−160	−176	−176	−168	−192	−192	−240	−180
	E_{sni}	−176	−224	−192	−256	−240	−264	−264	−280	−256	−320	−400	−270
>315~400	E_{sns}	−176	−168	−160	−192	−160	−176	−176	−168	−192	−256	−240	−270
	E_{sni}	−220	−224	−256	−256	−240	−264	−264	−280	−256	−384	−400	−360
>400~500	E_{sns}	−208	−168	−180	−180	−200	−200	−200	−224	−216	−288	−240	−300
	E_{sni}	−260	−224	−288	−288	−320	−300	−300	−336	−288	−432	−400	−400
>500~630	E_{sns}	−208	−224	−180	−216	−200	−200	−200	−224	−216	−288	−240	−300
	E_{sni}	−260	−280	−288	−360	−320	−300	−300	−336	−360	−432	−400	−400
>630~800	E_{sns}	−208	−224	−216	−216	−240	−250	−250	−224	−288	−288	−320	−300
	E_{sni}	−325	−280	−288	−360	−320	−400	−400	−336	−432	−432	−480	−400

注:1. 本表不属于 GB/T 10095—2008,仅供参考;

2. 按本表选择齿厚极限偏差时,可以使齿轮副在齿轮和壳体温度为 25 ℃时不会因发热而卡住;

3. 精度等级按齿轮的最高精度等级查表。

当齿厚减薄时,公法线长度也变小,因此齿厚偏差也可用公法线长度偏差 E_{bn} 代替。公法线长度上偏差 E_{bns} 和下偏差 E_{bni} 可由公式(14-2)求出。

$$\left.\begin{array}{c}E_{bns}=E_{sns}\cos\alpha_n\\E_{bni}=E_{sni}\cos\alpha_n\end{array}\right\} \tag{14-2}$$

表 14-16 公法线长度 W' ($m_n=1\text{ mm}, \alpha_n=20°$)

单位:mm

齿轮齿数 z	跨测齿数 K	公法线长度 W'	齿轮齿数 z	跨测齿数 K	公法线长度 W'	齿轮齿数 z	跨测齿数 K	公法线长度 W'	齿轮齿数 z	跨测齿数 K	公法线长度 W'	齿轮齿数 z	跨测齿数 K	公法线长度 W'	齿轮齿数 z	跨测齿数 K	公法线长度 W'
11	2	4.5823	46	6	16.8810	81	10	29.1797	116	13	38.5263	151	17	50.8250			
12	2	5963	47	6	8950	82	10	1937	117	14	41.4924	152	17	8390			
13	2	6103	48	6	9090	83	10	2077	118	14	5064	153	18	53.8051			
14	2	6243	49	6	9230	84	10	2217	119	14	5204	154	18	8192			
15	2	6383	50	6	9370	85	10	2357	120	14	5344	155	18	8332			
16	2	6523	51	6	9510	86	10	2497	121	14	5484	156	18	8472			
17	2	6663	52	6	9660	87	10	2637	122	14	5625	157	18	8612			
18	3	7.6324	53	6	9790	88	10	2777	123	14	5765	158	18	8752			
19	3	6464	54	7	19.9452	89	10	2917	124	14	5905	159	18	8892			
20	3	6604	55	7	9592	90	11	32.2579	125	14	6045	160	18	9032			
21	3	6744	56	7	9732	91	11	2719	126	15	44.5706	161	18	9172			
22	3	6885	57	7	9872	92	11	2859	127	15	5846	162	19	56.8833			
23	3	7025	58	7	20.0012	93	11	2999	128	15	5986	163	19	8973			
24	3	7165	59	7	0152	94	11	3139	129	15	6126	164	19	9113			
25	3	7305	60	7	0292	95	11	3279	130	15	6266	165	19	9253			
26	3	7445	61	7	0432	96	11	3419	131	15	6406	166	19	9394			
27	4	10.7106	62	7	0572	97	11	3559	132	15	6546	167	19	9534			
28	4	7246	63	8	23.0233	98	11	3699	133	15	6686	168	19	9674			
29	4	7386	64	8	0373	99	12	35.3361	134	15	6826	169	19	9814			
30	4	7526	65	8	0513	100	12	3501	135	16	47.6488	170	19	9954			
31	4	7666	66	8	0654	101	12	3641	136	16	6628	171	20	59.9615			
32	4	7806	67	8	0794	102	12	3781	137	16	6768	172	20	9755			
33	4	7946	68	8	0934	103	12	3921	138	16	6908	173	20	9895			
34	4	8086	69	8	1074	104	12	4061	139	16	7048	174	20	60.0035			
35	4	8227	70	8	1214	105	12	4201	140	16	7188	175	20	0175			
36	5	13.7888	71	8	1354	106	12	4341	141	16	7328	176	20	0315			
37	5	8028	72	9	26.1015	107	12	4481	142	16	7468	177	20	0455			
38	5	8168	73	9	1155	108	13	38.4142	143	16	7608	178	20	0595			
39	5	8308	74	9	1295	109	13	4282	144	17	50.7270	179	20	0736			
40	5	8448	75	9	1435	110	13	4423	145	17	7410	180	21	63.0397			
41	5	8588	76	9	1575	111	13	4563	146	17	7550	181	21	0537			
42	5	8728	77	9	1715	112	13	4703	147	17	7690	182	21	0677			
43	5	8868	78	9	1855	113	13	4843	148	17	7830	183	21	0817			
44	5	9008	79	9	1996	114	13	4983	149	17	7970	184	21	0957			
45	6	16.8670	80	9	2136	115	13	5123	150	17	8110	185	21	1097			

注:1. 对标准直齿圆柱齿轮,公法线长度 $W=W'm_n$,其中 W' 为 $m_n=1\text{mm}, \alpha_n=20°$ 时的公法线长度,可查本表;跨测齿数可查本表;

2. 对于标准斜齿圆柱齿轮,先由 β 从表 14-17 查出 K_β 值,计算出 $z'=zK_\beta$(z' 取到小数点后两位),再按 z' 的整数部分查表 14-16 得 W',按 z' 的小数部分由表 14-18 查出对应的 $\Delta W'$,则 $W=(W'+\Delta W')m_n$;$K=0.1111z'+0.5$,K 值应四舍五入成整数;

3. 对变位直齿圆柱齿轮,$W=[2.9521\times(K-0.5)+0.0140z+0.6840x]m$;$K=0.1111z+0.5-0.2317x$,$K$ 值应四舍五入成整数。

表 14-17　当量齿数系数 K_β（$\alpha_n = 20°$）

β	K_β	差　值	β	K_β	差　值	β	K_β	差　值	β	K_β	差　值
1°	1.000		9°	1.036		17°	1.136		25°	1.323	
		0.002			0.009			0.018			0.031
2°	1.002		10°	1.045		18°	1.154		26°	1.354	
		0.002			0.009			0.019			0.034
3°	1.004		11°	1.054		19°	1.173		27°	1.388	
		0.003			0.011			0.021			0.036
4°	1.007		12°	1.065		20°	1.194		28°	1.424	
		0.004			0.012			0.022			0.038
5°	1.011		13°	1.077		21°	1.216		29°	1.462	
		0.005			0.013			0.024			0.042
6°	1.016		14°	1.090		22°	1.240		30°	1.504	
		0.006			0.014			0.026			0.044
7°	1.022		15°	1.104		23°	1.266		31°	1.548	
		0.006			0.015			0.027			0.047
8°	1.028		16°	1.119		24°	1.293		32°	1.595	
		0.008			0.017			0.030			

注：对于 β 为中间值的系数 K_β 和差值，可按内插法求出。

表 14-18　公法线长度的修正值 $\Delta W'$

单位：mm

$\Delta z'$	0.00	0.01	0.02	0.03	0.04	0.05	0.06	0.07	0.08	0.09
0.0	0.0000	0.0001	0.0003	0.0004	0.0006	0.0007	0.0008	0.0010	0.0011	0.0013
0.1	0.0014	0.0015	0.0017	0.0018	0.0020	0.0021	0.0022	0.0024	0.0025	0.0027
0.2	0.0028	0.0029	0.0031	0.0032	0.0034	0.0035	0.0036	0.0038	0.0039	0.0041
0.3	0.0042	0.0043	0.0045	0.0046	0.0048	0.0049	0.0051	0.0052	0.0053	0.0055
0.4	0.0056	0.0057	0.0059	0.0060	0.0061	0.0063	0.0064	0.0066	0.0067	0.0069
0.5	0.0070	0.0071	0.0073	0.0074	0.0076	0.0077	0.0079	0.0080	0.0081	0.0083
0.6	0.0084	0.0085	0.0087	0.0088	0.0089	0.0091	0.0092	0.0094	0.0095	0.0097
0.7	0.0098	0.0099	0.0101	0.0102	0.0104	0.0105	0.0106	0.0108	0.0109	0.0111
0.8	0.0112	0.0114	0.0115	0.0116	0.0118	0.0119	0.0120	0.0122	0.0123	0.0124
0.9	0.0126	0.0127	0.0129	0.0130	0.0132	0.0133	0.0135	0.0136	0.0137	0.0139

注：例如，当 $\Delta z' = 0.65$ 时，由此表查得 $\Delta W' = 0.0091$。

表 14-19　标准外齿轮的分度圆弦齿厚 $\overline{S}$(或 $\overline{S}_n$)和分度圆弦齿高 $\overline{h}$(或 $\overline{h}_n$)($m=m_n=1$,$h_a^*=h_{an}^*=1$)

单位:mm

z (或 z_n)	$\overline{S}$ (或 $\overline{S}_s$)	$\overline{h}$ (或 $\overline{h}_n$)	z (或 z_n)	$\overline{S}$ (或 $\overline{S}_s$)	$\overline{h}$ (或 $\overline{h}_n$)	z (或 z_n)	$\overline{S}$ (或 $\overline{S}_s$)	$\overline{h}$ (或 $\overline{h}_n$)	z (或 z_n)	$\overline{S}$ (或 $\overline{S}_s$)	$\overline{h}$ (或 $\overline{h}_n$)
8	1.5607	1.0769	42	1.5704	1.0147	76	1.5707	1.0081	110	1.5707	1.0056
9	1.5628	1.0684	43	1.5705	1.0143	77	1.5707	1.0080	111	1.5707	1.0056
10	1.5643	1.0616	44	1.5705	1.0140	78	1.5707	1.0079	112	1.5707	1.0055
11	1.5654	1.0559	45	1.5705	1.0137	79	1.5707	1.0078	113	1.5707	1.0055
12	1.5663	1.0513	46	1.5705	1.0134	80	1.5707	1.0077	114	1.5707	1.0054
13	1.5670	1.0474	47	1.5705	1.0131	81	1.5707	1.0076	115	1.5707	1.0054
14	1.5675	1.0440	48	1.5705	1.0129	82	1.5707	1.0075	116	1.5707	1.0053
15	1.5679	1.0411	49	1.5705	1.0126	83	1.5707	1.0074	117	1.5707	1.0053
16	1.5683	1.0385	50	1.5705	1.0123	84	1.5707	1.0074	118	1.5707	1.0053
17	1.5686	1.0363	51	1.5706	1.0121	85	1.5707	1.0073	119	1.5707	1.0052
18	1.5688	1.0342	52	1.5706	1.0119	86	1.5707	1.0072	120	1.5707	1.0052
19	1.5690	1.0324	53	1.5706	1.0117	87	1.5707	1.0071	121	1.5707	1.0051
20	1.5692	1.0308	54	1.5706	1.0114	88	1.5707	1.0070	122	1.5707	1.0051
21	1.5694	1.0294	55	1.5706	1.0112	89	1.5707	1.0069	123	1.5707	1.0050
22	1.5695	1.0281	56	1.5706	1.0110	90	1.5707	1.0068	124	1.5707	1.0050
23	1.5696	1.0268	57	1.5706	1.0108	91	1.5707	1.0068	125	1.5707	1.0049
24	1.5697	1.0257	58	1.5706	1.0106	92	1.5707	1.0067	126	1.5707	1.0049
25	1.5698	1.0247	59	1.5706	1.0105	93	1.5707	1.0067	127	1.5707	1.0049
26	1.5698	1.0237	60	1.5706	1.0102	94	1.5707	1.0066	128	1.5707	1.0048
27	1.5699	1.0228	61	1.5706	1.0101	95	1.5707	1.0065	129	1.5707	1.0048
28	1.5700	1.0220	62	1.5706	1.0100	96	1.5707	1.0064	130	1.5707	1.0047
29	1.5700	1.0213	63	1.5706	1.0098	97	1.5707	1.0064	131	1.5708	1.0047
30	1.5701	1.0205	64	1.5706	1.0097	98	1.5707	1.0063	132	1.5708	1.0047
31	1.5701	1.0199	65	1.5706	1.0095	99	1.5707	1.0062	133	1.5708	1.0047
32	1.5702	1.0193	66	1.5706	1.0094	100	1.5707	1.0061	134	1.5708	1.0046
33	1.5702	1.0187	67	1.5706	1.0092	101	1.5707	1.0061	135	1.5708	1.0046
34	1.5702	1.0181	68	1.5706	1.0091	102	1.5707	1.0060	140	1.5708	1.0044
35	1.5702	1.0176	69	1.5707	1.0090	103	1.5707	1.0060	145	1.5708	1.0042
36	1.5703	1.0171	70	1.5707	1.0088	104	1.5707	1.0059	150	1.5708	1.0041
37	1.5703	1.0167	71	1.5707	1.0087	105	1.5707	1.0059	200	1.5708	1.0031
38	1.5703	1.0162	72	1.5707	1.0086	106	1.5707	1.0058	∞	1.5708	1.0000
39	1.5704	1.0158	73	1.5707	1.0085	107	1.5707	1.0058			
40	1.5704	1.0154	74	1.5707	1.0084	108	1.5707	1.0057			
41	1.5704	1.0150	75	1.5707	1.0083	109	1.5707	1.0057			

注:1. 当模数 m(或 m_n)$\neq 1$ 时,应将查得的结果乘以 m(或 m_n),对于直齿锥齿轮,乘以中点模数 m_m;

2. 当 h_a^*(或 h_{an}^*)$\neq 1$ 时,应将查得的弦齿高减去 $(1-h_a^*)$ 或 $(1-h_{an}^*)$,弦齿厚不变;

3. 对斜齿圆柱齿轮和直齿锥齿轮,用当量齿数 z_v 查表,z_v 有小数时,按插值法计算;

4. 本表不属于 GB/T 10095—2008。

4. 齿轮和齿轮副各项误差的偏差值

表 14-20　圆柱齿轮偏差值　　　　　　单位：μm

项　目		径向跳动公差 F_r				齿距累积总偏差 F_p				齿廓总偏差 F_a			
分度圆直径 d/mm	法向模数 m_n/mm	精度等级				精度等级				精度等级			
		6	7	8	9	6	7	8	9	6	7	8	9
20＜d≤50	0.5＜m_n≤2	16	23	32	46	20	29	41	57	7.5	10	15	21
	2＜m_n≤3.5	17	24	34	47	21	30	42	59	10	14	20	29
	3.5＜m_n≤6	17	25	35	49	22	31	44	62	12	18	25	35
	6＜m_n≤10	19	26	37	52	23	33	46	65	15	22	31	43
50＜d≤125	0.5＜m_n≤2	21	29	42	59	26	37	52	74	8.5	12	17	23
	2＜m_n≤3.5	21	30	43	61	27	38	53	76	11	16	22	31
	3.5＜m_n≤6	22	31	44	62	28	39	55	78	13	19	27	38
	6＜m_n≤10	23	33	46	65	29	41	58	82	16	23	33	46
125＜d≤280	0.5＜m_n≤2	28	39	55	78	35	49	69	98	10	14	20	28
	2＜m_n≤3.5	28	40	56	80	35	50	70	100	13	18	25	36
	3.5＜m_n≤6	29	41	58	82	36	51	72	102	15	21	30	42
	6＜m_n≤10	30	42	60	85	37	53	75	106	18	25	36	50
280＜d≤560	0.5＜m_n≤2	36	51	73	103	46	64	91	129	12	17	23	33
	2＜m_n≤3.5	37	52	74	105	46	65	92	131	15	21	29	41
	3.5＜m_n≤6	38	53	75	106	47	66	94	133	17	24	34	48
	6＜m_n≤10	39	55	77	109	48	68	97	137	20	28	40	56

项　目		单个齿距偏差 $\pm f_{pt}$				径向综合总偏差 F_i''				
分度圆直径 d/mm	法向模数 m_n/mm	精度等级				法向模数 m_n/mm	精度等级			
		6	7	8	9		6	7	8	9
20＜d≤50	0.5＜m_n≤2	7	10	14	20	1.5＜m_n≤2.5	26	37	52	73
	2＜m_n≤3.5	7.5	11	15	22	2.5＜m_n≤4.0	31	44	63	89
	3.5＜m_n≤6	8.5	12	17	24	4.0＜m_n≤6.0	39	56	79	111
	6＜m_n≤10	10	14	20	28	6.0＜m_n≤10	52	74	104	147
50＜d≤125	0.5＜m_n≤2	7.5	11	15	21	1.5＜m_n≤2.5	31	43	61	86
	2＜m_n≤3.5	8.5	12	17	23	2.5＜m_n≤4.0	36	51	72	102
	3.5＜m_n≤6	9	13	18	26	4.0＜m_n≤6.0	44	62	88	124
	6＜m_n≤10	10	15	21	30	6.0＜m_n≤10	57	80	114	161
125＜d≤280	0.5＜m_n≤2	8.5	12	17	24	1.5＜m_n≤2.5	37	53	75	106
	2＜m_n≤3.5	9	13	18	26	2.5＜m_n≤4.0	43	61	86	121
	3.5＜m_n≤6	10	14	20	28	4.0＜m_n≤6.0	51	72	102	144
	6＜m_n≤10	11	16	23	32	6.0＜m_n≤10	64	90	127	180

项　目		单个齿距偏差±f_{pt}				径向综合总偏差 F_i''				
分度圆直径 d/mm	法向模数 m_n/mm	精度等级				法向模数 m_n/mm	精度等级			
		6	7	8	9		6	7	8	9
280<d≤560	0.5<m_n≤2	9.5	13	19	27	1.5<m_n≤2.5	46	65	92	131
	2<m_n≤3.5	10	14	20	29	2.5<m_n≤4.0	52	73	104	146
	3.5<m_n≤6	11	16	22	31	4.0<m_n≤6.0	60	84	119	169
	6<m_n≤10	12	17	25	35	6.0<m_n≤10	73	103	145	205

表 14-21　螺旋线总偏差 F_β 值　　　　　　　　　　单位:μm

分度圆直径 d/mm	20<d≤50			50<d≤125				125<d≤280			
齿宽 b/mm	20<b≤40	40<b≤80	80<b≤160	20<b≤40	40<b≤80	80<b≤160	160<b≤250	20<b≤40	40<b≤80	80<b≤160	160<b≤250
精度等级 6	11.0	13.0	16.0	12.0	14.0	17.0	20.0	13.0	15.0	17.0	20.0
精度等级 7	16.0	19.0	23.0	17.0	20.0	24.0	28.0	18.0	21.0	25.0	29.0
精度等级 8	23.0	27.0	32.0	24.0	28.0	33.0	40.0	25.0	29.0	35.0	41.0
精度等级 9	32.0	38.0	46.0	34.0	39.0	47.0	56.0	36.0	41.0	49.0	58.0

表 14-22　齿轮副中心距极限偏差±f_a值　　　　　　　　　　单位:μm

项　目		精度等级			
		6	7	8	9
齿轮副的中心距/mm	>50~80	15	23		37
	>80~120	17.5	27		43.5
	>120~180	20	31.5		50
	>180~250	23	36		57.5
	>250~315	26	40.5		65
	>315~400	28.5	44.5		70
	>400~500	31.5	48.5		77.5
	>500~630	35	55		87

表 14-23　齿轮装配后的接触斑点

精度等级	占齿宽的百分数	占有效齿面高度的百分数
4 级及更高	50%	70%(50%)
5 和 6 级	45%	50%(40%)
7 和 8 级	35%	50%(40%)
9~12 级	25%	50%(40%)

注:括号内的数值为斜齿轮的接触斑点百分数。

5. 齿坯的要求与公差

齿坯的加工精度对齿轮的加工、检验及安装精度影响很大。因此,应控制齿坯的精度,以保证齿轮的精度。齿轮在加工、检验和安装时的径向基准面和轴向辅助基准面应尽可能一致,并在零件图上予以标注。齿坯公差见表 14-24。

表 14-24　齿坯公差

齿轮精度等级①			6	7 和 8	9
孔	尺寸公差		IT6	IT7③	IT8
	形状公差				
轴	尺寸公差		IT5	IT6	IT7
	形状公差				
顶圆直径	作测量基准		IT8		IT9
	不作测量基准		按 IT11 给定,但不大于 $0.1m_n$		
基准面的径向圆跳动②和端面圆跳动/μm	分度圆直径/mm	≤125	11	18	28
		>125~400	14	22	36
		>400~800	20	32	50

注:①当齿轮各项精度等级不同时,按最高的精度等级确定公差值;

②当以顶圆作基准面时,基准面的径向圆跳动就是顶圆的径向圆跳动;

③表中 IT 为标准公差,其值查表 14-1;

④本表不属于国家标准,仅供参考。

6. 标注示例

在齿轮零件图上应标注齿轮的精度等级。

(1)若齿轮的各检验项目精度等级相同,如同为 7 级精度,其标注为

7 GB/T 10095

(2)若齿轮的各检验项目精度等级不同,如齿廓总偏差 F_α 为 6 级,齿距累积总偏差 F_p 和螺旋线总偏差均为 7 级,其标注为

6(F_α)、7(F_p、F_β)　GB/T 10095

14.5　渐开线锥齿轮的精度

锥齿轮精度标准 GB 11365—1989 适用于齿宽中点法向模数 m_{mn}≥1 mm 的直齿、斜齿、曲线齿锥齿轮和准双曲面齿轮(以下简称齿轮)。

1. 精度等级及其选择

标准中对齿轮及其齿轮副规定了 12 个精度等级,第 1 级的精度最高,其余的依次降低。这里仅介绍课程设计中常用的 7、8、9 精度。

按照误差特性及其对传动性能的影响,将锥齿轮及其齿轮副的公差项目分成 3 个公差组(见表 14-25)。选择精度时,应考虑圆周速度、使用条件及其他技术要求等有关因素。选用时,允许各公差组选用相同或不同的精度等级。但对齿轮副中大、小齿轮的同一公差组,应规定相同的精度等级。

锥齿轮第Ⅱ公差组的精度等级主要根据圆周速度的大小进行选择(见表 14-26)。

表 14-25　齿轮和齿轮副各项公差与极限偏差分组

类别	公差组	公差与极限偏差项目		类别	公差组	公差与极限偏差项目	
		代号	名称			代号	名称
齿轮	I	F_i'	切向综合公差	齿轮副	I	F_{ic}'	齿轮副切向综合公差
		$F_{i\Sigma}''$	轴交角综合公差			$F_{i\Sigma c}''$	齿轮副轴交角综合公差
		F_p	齿距累积公差			F_{vj}	齿轮副侧隙变动公差
		F_{pK}	K 个齿距累积公差		II	f_{ic}'	齿轮副一齿切向综合公差
		F_r	齿圈跳动公差			$f_{i\Sigma c}''$	齿轮副一齿轴交角综合公差
	II	f_i'	一齿切向综合公差			f_{zKc}'	齿轮副周期误差的公差
		$f_{i\Sigma}''$	一齿轴交角综合公差			f_{zzc}'	齿轮副齿频周期误差的公差
		f_{zK}'	周期误差的公差			$\pm f_{AM}$	齿圈轴向位移极限偏差
		$\pm f_{pt}$	齿距极限偏差			$\pm f_a$	齿轮副轴间距极限偏差
		f_c	齿形相对误差的公差		III		接触斑点
	III		接触斑点			$\pm E_\Sigma$	齿轮副轴交角极限偏差

表 14-26　齿轮第 II 公差组精度等级与圆周速度的关系

类别	齿面硬度（HBS）	第 II 公差组精度等级			备 注
		7	8	9	
		圆周速度/(m/s)(≤)			
直齿	≤350	7	4	3	1. 圆周速度按齿宽中点分度圆直径计算；
	>350	6	3	2.5	2. 此表不属于国家标准,仅供参考
非直齿	≤350	16	9	6	
	>350	13	7	5	

2. 齿轮和齿轮副的检验与公差

齿轮和齿轮副精度包括第 I、II、III 公差组的要求。此外,齿轮副还有对侧隙的要求。当齿轮副安装在实际装置上时,还应检验安装误差项目 Δf_{AM}、Δf_a、ΔE_Σ。根据齿轮和齿轮副的工作要求、生产规模和检测手段,对于 7～9 级直齿锥齿轮,可在表 14-27 中任选一个检验组组合来评定齿轮和齿轮副的精度及验收齿轮。

表 14-27　推荐的直齿锥齿轮、齿轮副检验组组合

类别	齿轮				齿轮副		
公差组	适用精度等级						
	7～8	7～9	7～8	7～9	7～8	7～9	9
I	$\Delta F_i'$	$\Delta F_{i\Sigma}''$	ΔF_p	$\Delta F_r^①$	$\Delta F_{ic}'$	$\Delta F_{i\Sigma c}''$	ΔF_{vj}
II	$\Delta f_i'$	$\Delta f_{i\Sigma}''$	Δf_{pt}		$\Delta f_{ic}'$		$\Delta f_{i\Sigma c}''$
III	接触斑点　（查表 14-32）						
其他	齿厚偏差 ΔE_s				侧隙 j_t 或 j_n；安装误差 Δf_{AM}、Δf_a、ΔE_Σ		

续表

公差或极限偏差值	$F_i' = F_p + 1.15 f_c; F_{i\Sigma}'' = 0.7 F_{i\Sigma c}''$ $f_i' = 0.8(f_{pt} + 1.15 f_c); f_{i\Sigma}'' = 0.7 f_{i\Sigma c}''$ F_p 查表 14-17；F_r、$\pm f_{pt}$、f_c 查表 14-18 T_s 查表 14-23；E_{ss} 查表 14-24	$F_{ic}'^{②} = F_{i1}' + F_{i2}'; f_{ic}' = f_{i1}' + f_{i2}'$ $F_{i\Sigma c}''$、F_{vj}'、$f_{i\Sigma c}''$ 查表 14-19 $j_{n min}$ 查表 14-22；$j_{n max}$ 查表 14-25 $\pm f_{AM}$、$\pm f_a$、$\pm E_\Sigma$ 查表 14-20

注：1．其中 7～8 级用于中点分度圆直径＞1600 mm 的锥齿轮；

　　2．当两齿轮的齿数比为不大于 3 的整数，且采用选配时，应将 F_{ic}' 值压缩 25% 或更多。

3．齿轮副的侧隙

标准中规定了齿轮副的最小法向侧隙种类为六种：a、b、c、d、e 和 h，其中以 a 为最大，h 为零。最小法向侧隙种类与精度等级无关。标准中规定了齿轮副的法向侧隙公差种类为五种，即 A、B、C、D 和 H。推荐的法向侧隙公差种类与最小法向侧隙种类的对应关系如图 14-2 所示。最大法向侧隙可表示为

$$j_{n max} = (|E_{ss1} + E_{ss2}| + T_{s1} + T_{s2} + E_{s\Delta 1} + E_{s\Delta 2})\cos\alpha_n \qquad (14-3)$$

式中：E_{ss}——齿厚上偏差；

　　　　T_s——齿厚公差；

　　　　$E_{s\Delta}$——制造误差的补偿部分；

　　　　$j_{n min}$、T_s、E_{ss} 和 $E_{s\Delta}$——分别见表 14-33 至表 14-36。

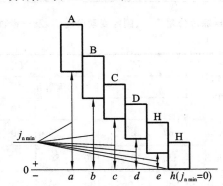

图 14-2　锥齿轮副的最小法向侧隙种类

4．齿轮和齿轮副各项误差的公差及极限偏差值

表 14-28　齿距累积公差 F_p 和 K 个齿距累积公差 F_{pK} 值　　　　单位：μm

中点分度圆弧长 L_m/mm	第 I 公差组精度等级		
	7	8	9
≤11.2	16	22	32
＞11.2～20	22	32	45
＞20～32	28	40	56
＞32～50	32	45	63
＞50～80	36	50	71
＞80～160	45	63	90
＞160～315	63	90	125
＞315～630	90	125	180
＞630～1000	112	160	224

F_p 和 F_{pK} 按中点分度圆弧长 L_m 查表：

查 F_p 时，取 $L_m = \dfrac{1}{2}\pi d_m = \dfrac{\pi m_{mn} z}{2\cos\beta}$；

查 F_{pK} 时，取 $L_m = \dfrac{K\pi m_{mn}}{\cos\beta}$（没有特殊要求时，$K$ 值取 $z/6$ 或最接近的整齿数）。

式中：m_{mn} 为中点法向模数；β 为中点螺旋角

表 14-29　齿轮齿圈径向跳动公差 F_r、齿距极限偏差 $\pm f_{pt}$ 及齿形相对误差的公差 f_c 值

单位: μm

中点分度圆直径 d_m/mm		中点法向模数 m_{mn}/mm	F_r			$\pm f_{pt}$			f_c	
			第Ⅰ组精度等级			第Ⅱ组精度等级				
大于	到		7	8	9	7	8	9	7	8
—	125	≥1~3.5	36	45	56	14	20	28	8	10
		>3.5~6.3	40	50	63	18	25	36	9	13
		>6.3~10	45	56	71	20	28	40	11	17
125	400	≥1~3.5	50	63	80	16	22	32	9	13
		>3.5~6.3	56	71	90	20	28	40	11	15
		>6.3~10	63	80	100	22	32	45	13	19
400	800	≥1~3.5	63	80	100	18	25	36	12	18
		>3.5~6.3	71	90	112	20	28	40	14	20
		>6.3~10	80	100	125	25	36	50	16	24

表 14-30　齿轮副轴交角综合公差 $F''_{i\Sigma c}$、侧隙变动公差 F_{vi} 及一齿轴交角综合公差 $f''_{i\Sigma c}$ 值

单位: μm

中点分度圆直径[①] d_m/mm		中点法向模数 m_{mn}/mm	$F''_{i\Sigma c}$			F_{vi}[②]			$f''_{i\Sigma c}$		
			第Ⅰ组精度等级						第Ⅱ组精度等级		
大于	到		7	8	9	9	10	11	7	8	9
—	125	≥1~3.5	67	85	110	75	90	120	28	40	53
		>3.5~6.3	75	95	120	80	100	130	36	50	60
		>6.3~10	85	105	130	90	120	150	40	56	71
125	400	≥1~3.5	100	125	160	110	140	170	32	45	60
		>3.5~6.3	105	130	170	120	150	180	40	56	67
		>6.3~10	120	150	180	130	160	200	45	63	80
400	800	≥1~3.5	130	160	200	140	180	220	36	50	67
		>3.5~6.3	140	170	220	150	190	240	40	56	75
		>6.3~10	150	190	240	160	200	260	50	71	85

注:①查 F_{vi} 值时,取大、小轮中点分度圆直径之和的一半作为查表直径;
　　②当两齿轮的齿数比为不大于 3 的整数,且采用选配时,可将表中 F_{vi} 值压缩 25% 或更多。

表 14-31　齿圈轴向位移极限偏差±f_{AM}、轴间距极限偏差±f_a和轴交角极限偏差±E_Σ值

单位：μm

中点锥距 R_m/mm		分锥角 δ/(°)		±f_{AM}									±f_a			±E_Σ						
				第Ⅱ组精度等级									第Ⅲ组精度等级			小轮分锥角 δ/(°)		最小法向侧隙种类				
				7			8			9												
				中点法向模数 m_{mn}/mm																		
大于	到	大于	到	≥1~3.5	>3.5~6.3	>6.3~10	≥1~3.5	>3.5~6.3	>6.3~10	≥1~3.5	>3.5~6.3	>6.3~10	7	8	9	大于	到	h、e	d	c	b	a
—	50	—	20	20	11	—	28	16	—	40	22	—	18	28	36	—	15	7.5	11	18	30	45
		20	45	17	9.5	—	24	13	—	34	19	—				15	25	10	16	26	42	63
		45	—	7.1	4	—	10	5.6	—	14	8	—				25	—	12	19	30	50	80
50	100	—	20	67	38	24	95	53	34	140	75	50	20	30	45	—	15	10	16	26	42	63
		20	45	56	32	21	80	45	30	120	63	42				15	25	15	22	36	50	80
		45	—	24	13	8.5	34	17	12	48	26	17				25	—	15	22	36	63	95
100	200	—	20	150	80	53	200	120	75	300	160	105	25	36	55	—	15	12	19	30	50	80
		20	45	130	71	45	180	100	63	260	140	90				15	25	17	26	42	71	110
		45	—	53	30	19	75	40	26	105	60	38				25	—	20	32	50	80	125
200	400	—	20	340	180	120	480	250	170	670	360	240	30	45	75	—	15	15	22	32	60	95
		20	45	280	150	100	400	210	140	560	300	200				15	25	24	36	54	90	140
		45	—	120	63	40	170	90	60	240	130	85				25	—	26	40	63	100	160
400	800	—	20	750	400	250	1050	560	360	1500	800	500	36	60	90	—	15	20	32	50	80	125
		20	45	630	340	210	900	480	300	1300	670	440				15	25	28	45	71	110	180
		45	—	270	140	90	380	200	130	530	280	180				25	—	34	56	85	140	220

注：1. 表中±f_{AM}值用于 $\alpha=20°$ 的非修形齿轮；对于修形齿轮，允许采用低一级的±f_{AM}值；当 $\alpha\neq20°$ 时，表中数值乘以 $\sin20°/\sin\alpha$；

2. 表中±f_a值用于无纵向修形的齿轮副；对于纵向修形的齿轮副允许采用低一级的±f_a值；对准双曲面的齿轮副按大轮中点锥距查表；

3. ±E_Σ的公差带位置相对于零线，可以不对称或取在一侧；表中数值用于 $\alpha=20°$ 的正交齿轮副；当 $\alpha\neq20°$ 时，表中数值乘以 $\sin20°/\sin\alpha$。

表 14-32　接触斑点

第Ⅲ公差组精度等级	7	8,9
沿齿长方向/(%)	50~70	35~65
沿齿高方向/(%)	55~75	40~70

注：表中数值用于齿面修形的齿轮；对于齿面不修形的齿轮，其接触斑点不小于其平均值。

表 14-33　最小法向侧隙 $j_{n\,min}$ 值　　　　　　　　　单位：μm

中点锥距 R_m/mm		小轮分锥角 δ_1/(°)		最小法向侧隙种类					
大于	到	大于	到	h	e	d	c	b	a
—	50	—	15	0	15	22	36	58	90
		15	25	0	21	33	52	84	130
		25	—	0	25	39	62	100	160
50	100	—	15	0	21	33	52	84	130
		15	25	0	25	39	62	100	160
		25	—	0	30	46	74	120	190
100	200	—	15	0	25	39	62	100	160
		15	25	0	35	54	87	140	220
		25	—	0	40	63	100	160	250
200	400	—	15	0	30	46	74	120	190
		15	25	0	46	72	115	185	290
		25	—	0	52	81	130	210	320
400	800	—	15	0	40	63	100	160	250
		15	25	0	57	89	140	230	360
		25	—	0	70	110	175	280	440

注：1. 表中数值用于正交齿轮副；非正交齿轮副按 R' 查表，$R'=R_m(\sin 2\delta_1+\sin 2\delta_2)/2$，式中：$R_m$ 为中点锥距；δ_1 和 δ_2 分别为小、大轮的分锥角；

　　2. 准双曲面齿轮副按大轮中点锥距查表。

表 14-34　齿厚公差 T_s 值　　　　　　　　　单位：μm

齿圈跳动公差 F_r		法向侧隙公差种类				
大于	到	H	D	C	B	A
25	32	38	48	60	75	95
32	40	42	55	70	85	110
40	50	50	65	80	100	130
50	60	60	75	95	120	150
60	80	70	90	110	130	180
80	100	90	110	140	170	220
100	125	110	130	170	200	260

注：对于标准直齿锥齿轮

齿宽中点分度圆弦齿厚　$\bar{s}_m=\dfrac{\pi m_m}{2}-\dfrac{\pi^3 m_m}{48z^2}$

齿宽中点分度圆弦齿高　$\bar{h}_m=m_m+\dfrac{\pi^2 m_m}{16z}\cos\delta$

式中：m_m——中点模数，$m_m=(1-0.5\varphi_R)m$；

　　　φ_R——齿宽系数；

　　　δ——分度圆锥角；

　　　z——齿数。

表 14-35　齿厚上偏差值　　　　　　　单位：μm

基本值	中点法向模数 m_{mn}/mm	中点分度圆直径 d_m/mm									第Ⅱ组精度等级	最小法向侧隙种类					
		≤125			>125~400			>400~800				h	e	d	c	b	a
		分锥角 δ/(°)									系数						
		≤20	>20~45	>45	≤20	>20~45	>45	≤20	>20~45	>45							
	≥1~3.5	−20	−20	−22	−28	−32	−30	−36	−50	−45	7	1.0	1.6	2.0	2.7	3.8	5.5
	>3.5~6.3	−22	−22	−25	−32	−32	−30	−38	−55	−45	8	—	—	2.2	3.0	4.2	6.0
	>6.3~10	−25	−25	−28	−36	−36	−34	−40	−55	−50	9	—	—	3.2	4.6	6.6	

注：最小法向侧隙种类和各精度等级齿轮的 E_{ss} 值由基本值一栏查出的数值乘以系数得出。

表 14-36　最大法向侧隙 ($j_{n\,max}$) 中的制造误差补偿部分值　　　　　　　单位：μm

第Ⅱ公差组精度等级				7			8			9		
中点法向模数 m_{mn}/mm				≥1~3.5	>3.5~6.3	>6.3~10	≥1~3.5	>3.5~6.3	>6.3~10	≥1~3.5	>3.5~6.3	>6.3~10
中点分度圆直径 d_m/mm	≤125	分锥角 δ/(°)	≤20	20	22	25	22	24	28	24	25	30
			>20~45	20	22	25	22	24	28	24	25	30
			>45	22	25	28	24	25	30	25	25	32
	>125~400		≤20	28	32	36	30	36	40	32	38	45
			>20~45	32	32	36	36	36	40	38	38	45
			>45	30	30	34	32	32	38	36	36	40
	>400~800		≤20	36	38	40	40	42	45	45	45	48
			>20~45	50	55	55	55	60	60	65	65	65
			>45	45	45	50	50	50	55	55	55	60

5. 齿坯的要求与公差

齿轮在加工、检验和安装时的定位基准面应尽量一致，并在零件图上予以标注。有关齿坯的各项公差值见表 14-37 至表 14-39。

表 14-37　齿坯尺寸公差

精度等级	7,8	9~12
轴径尺寸分差	IT6	IT7
孔径尺寸公差	IT7	IT8
外径尺寸极限偏差	0 −IT8	0 −IT9

注：1. 当三个公差组精度等级不同时，公差值按最高精度等级查取；

　　2. IT 为标准公差，其值查表 14-1。

表 14-38　齿坯轮冠距和顶锥角极限偏差值

中点法向模数 m_{mn}/mm	轮冠距极限偏差/μm	顶锥角极限偏差/(′)
≤1.2	0 −50	+15 0
>1.2~10	0 −75	+8 0

表 14-39　齿坯顶锥母线跳动和基准端面跳动公差值　　　　　　　　单位：μm

公差项目		顶锥母线跳动公差						基准端面跳动公差					
参　　数		外径/mm						基准端面直径/mm					
尺寸范围	大于	—	30	50	120	250	500	—	30	50	120	250	500
	到	30	50	120	250	500	800	30	50	120	250	500	800
精度等级	7,8	25	30	40	50	60	80	10	12	15	20	25	30
	9~12	50	60	80	100	120	150	15	20	25	30	40	50

注：当三个公差组的精度等级不同时，按最高的精度等级确定公差值。

6. 标注示例

在齿轮工作图上应标注齿轮的精度等级、最小法向侧隙种类及法向侧隙公差种类的数字（字母）代号。

（1）齿轮的三个公差组精度同为 7 级，最小法向侧隙种类为 b，法向侧隙公差种类为 B，其标注为

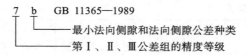

（2）齿轮的三个公差组同为 7 级，最小法向侧隙为 $400\mu m$，法向侧隙公差种类为 B，其标注为

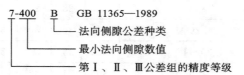

（3）齿轮的第 Ⅰ 公差组精度为 8 级，第 Ⅱ、Ⅲ 公差组精度为 7 级，最小法向侧隙种类为 c，法向侧隙公差种类为 B，其标注为

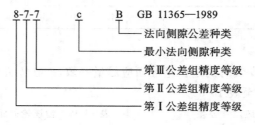

第15章 联轴器

15.1 联轴器轴孔、键槽形式及其尺寸

表 15-1 轴孔和键槽的形式及代号

圆柱形和圆锥形轴孔、键槽	长圆柱形轴孔（Y 型）	有沉孔的短圆柱形轴孔（J 型）	无沉孔的短圆柱形轴孔（J₁ 型）	有沉孔的圆锥形轴孔（Z 型）	无沉孔的圆锥形轴孔（Z₁ 型）
	平键单键槽（A 型）	120°布置平键双键槽（B 型）	180°布置平键双键槽（B1 型）		键槽（C 型）

表 15-2 圆柱形轴孔和键槽尺寸　　　　　单位:mm

直径 d H7	长度 L 长系列	长度 L 短系列	L_1	沉孔尺寸 d_1	沉孔尺寸 R	A 型、B 型、B1 型键槽 bP9	A 型、B 型、B1 型键槽 t 公称尺寸	A 型、B 型、B1 型键槽 t 极限偏差	A 型、B 型、B1 型键槽 t_1 公称尺寸	A 型、B 型、B1 型键槽 t_1 极限偏差
16	42	30	42	38	1.5	5	18.3	+0.10	20.6	+0.20
18、19	42	30	42	38	1.5	6	20.8、21.8	+0.10	23.6、24.6	+0.20
20、22	52	38	52	38	1.5	6	22.8、24.8	+0.10	25.6、27.6	+0.20
24	52	38	52	38	1.5	8	27.3	+0.10	30.6	+0.20
25、28	62	44	62	48	1.5	8	28.3、31.3	+0.10	31.6、34.6	+0.20
30	62	44	62	55	1.5	8	33.3	+0.10	36.6	+0.20
32、35	82	60	82	55	1.5	10	35.3、38.3	+0.10	38.6、41.6	+0.20
38	82	60	82	65	2	10	41.3	+0.10	44.6	+0.20
40、42	112	84	112	65	2	12	43.3、45.3	+0.20	46.6、48.6	+0.40
45、48	112	84	112	80	2	14	48.8、51.8	+0.20	52.6、55.6	+0.40
50	112	84	112	80	2	14	53.8	+0.20	57.6	+0.40
55、56	112	84	112	95	2	16	59.3、60.3	+0.20	63.6、64.6	+0.40
60、63、65	142	107	142	105	2.5	18	64.4、67.4、69.4	+0.20	68.8、71.8、73.8	+0.40
70	142	107	142	120	2.5	20	74.9	+0.20	79.8	+0.40
71、75	142	107	142	120	2.5	20	75.9、79.9	+0.20	80.8、84.8	+0.40
80	172	132	172	140	3	22	85.4	+0.20	90.8	+0.40
85	172	132	172	140	3	22	90.4	+0.20	95.8	+0.40
90	172	132	172	160	3	25	95.4	+0.20	100.8	+0.40
95	172	132	172	160	3	25	100.4	+0.20	105.8	+0.40
100、110	212	167	212	180	3	28	106.4、116.4	+0.20	112.8、122.8	+0.40
120	212	167	212	210	4	32	127.4	+0.20	134.8	+0.40
125	212	167	212	210	4	32	132.4	+0.20	139.8	+0.40

注:1.一小格中 t、t_1 有 2～3 个数值时,分别与同一横行中的 d 的 2～3 个值相对应;

2.轴孔长度推荐选用 J 型和 J₁ 型,Y 型限用于长圆柱形轴伸电动机端。

15.2　刚性联轴器

表 15-3　凸缘联轴器　　　　　　　　　　　　　　　单位:mm

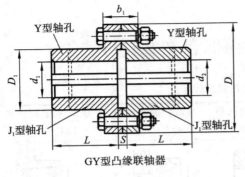

GY型凸缘联轴器

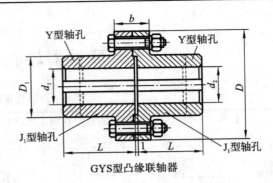

GYS型凸缘联轴器

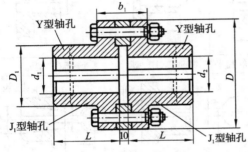

GYH型凸缘联轴器(有对中环)

标记示例
GYS型凸缘联轴器
主动端:Y型轴孔,A型键槽,d_1=32 mm,L=82 mm
从动端:J_1型轴孔,B型键槽,d_2=30 mm,L=60 mm
GYS4联轴器 $\dfrac{Y32 \times 82}{J_1 B30 \times 60}$ GB/T 5843—2003

型号	公称转矩 T_n/ (N·m)	许用转速 $[n]$/ (r/min)	轴孔直径 d_1、d_2	轴孔长度 L/mm		D	D_1	b	b_1	S	转动惯量 I/(kg·m²)	质量 m/kg
				Y 型	J_1 型	mm						
GY1 GYS1 GYH1	25	12000	12	32	27	80	30	26	42	6	0.0008	1.16
			14									
			16									
			18	42	30							
			19									
GY2 GYS2 GYH2	63	10000	16	42	30	90	40	28	44	6	0.0015	1.72
			18									
			19									
			20									
			22	52	38							
			24									
			25	62	44							
GY3 GYS3 GYH3	112	9500	20	52	38	100	45	30	46	6	0.0025	2.38
			22									
			24									
			25	62	44							
			28									

型号	公称转矩 T_n/ (N・m)	许用转速 $[n]$/ (r/min)	轴孔直径 d_1、d_2	轴孔长度 L/mm		D	D_1	b	b_1	S	转动惯量 I/(kg・m²)	质量 m/kg
				Y 型	J_1 型	mm						
GY4 GYS4 GYH4	224	9000	25	62	44	105	55	32	48	6	0.003	3.15
			28									
			30									
			32	82	60							
			35									
GY5 GYS5 GYH5	400	8000	30	82	60	120	68	36	52	8	0.007	5.43
			32									
			35									
			38									
			40	112	84							
			42									
GY6 GYS6 GYH6	900	6800	38	82	60	140	80	40	56	8	0.015	7.59
			40									
			42									
			45	112	84							
			48									
			50									
GY7 GYS7 GYH7	1600	6000	48	112	84	160	100	40	56	8	0.031	13.1
			50									
			55									
			56									
			60	142	107							
			63									
GY8 GYS8 GYH8	3150	4800	60	142	107	200	130	50	68	10	0.103	27.5
			63									
			65									
			70									
			71									
			75									
			80	172	132							
GY9 GYS9 GYH9	6300	3600	75	142	107	260	160	66	84	10	0.319	47.8
			80									
			85	172	132							
			90									
			95									
			100	212	167							
GY10 GYS10 GYH10	10000	3200	90	172	132	300	200	72	90	10	0.720	82.0
			95									
			100	212	167							
			110									
			120									
			125									
GY11 GYS11 GYH11	25000	2500	120	212	167	380	260	80	98	10	2.278	162.2
			125									
			130	252	202							
			140									
			150									
			160	302	242							

表 15-4　GICL 型鼓形齿式联轴器　　　　　　　　　　　　单位：mm

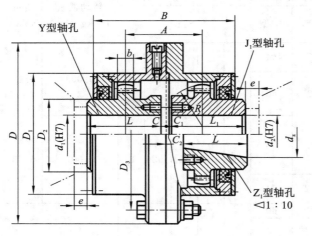

标记示例

GICL3 型齿式联轴器

主动端：Y 型轴孔，A 型键槽，

$d_1 = 45$ mm，$L = 112$ mm

从动端：J_1 型轴孔，B 型键槽，

$d_2 = 40$ mm，$L = 84$ mm

GICL3 联轴器 $\dfrac{YA45 \times 112}{J_1 B40 \times 84}$ JB/T 8854.3—2001

型号	公称转矩 T_n/ (N·m)	许用转速 $[n]$/ (r/min)	轴孔直径 d_1、d_2、d_z	轴孔长度		D	D_1	D_2	B	A	C	C_1	C_2	e	转动惯量 I/ (kg·m²)	质量 m/ kg
				Y 型 L/mm	J_1、Z_1型											
GICL1 GICLZ1	630	4000	16,18,19	42	—	125	95	60	114	74	20	—	—	30	0.01 0.01	5.9 5.4
			20,22,24	52	38						10	—	24			
			25,28	62	44						2.5	—	19			
			30,32*,35*,38*	82	60							15	22			
GICL2 GICLZ2	1120	4000	25,28	62	44	144	120	75	134	88	10.5	—	29	30	0.02 0.02	9.7 9.2
			30,32,35,38	82	60						2.5	12.5	30			
			40,42*,45*,48*	112	84							13.5	28			
GICL3 GICLZ3	2240	4000	30,32,35,38	82	60	174	140	95	154	106	24.5	25		30	0.05 0.04	17.2 16.4
			40,42,45,48,50,55,56	112	84						3	17	28			
			60,63*,65*,70*	142	107								35			
GICL4 GICLZ4	3550	3600	32,35,38	82	60	196	165	115	178	124	14	37	32	30	0.09 0.08	24.9 22.7
			40,42,45,48,50,55,56	112	84						3	17	28			
			60,63*,65*,70*,71*,75*	142	107								35			
GICL5 GICLZ5	5000	3300	40,42,45,48,50,55,56	112	84	224	183	130	198	142		25	28	30	0.17 0.15	38 36.2
			60,63,65,70,71,75	142	107						3	20	35			
			80,85*,90*	172	132							22	43			
GICL6 GICLZ6	7100	3000	48,50,55,56	112	84	241	200	145	218	160	6	35	35	30	0.27 0.24	48.2 46.2
			60,63,65,70,71,75	142	107						4	20	35			
			80,85*,90*,95*	172	132							22	43			
GICL7 GICLZ7	10000	2680	60,63,65,70,71,75	142	107	260	230	160	244	180		35	35	30	0.45 0.43	68.9 68.4
			80,85,90,95	172	132						4	22	43			
			100,110*,120*	212	167								48			
GICL8 GICLZ8	14000	2500	65,70,71,75	142	107	282	245	175	264	192		35	35	30	0.65 0.61	83.3 81.1
			80,85,90,95	172	132						5	22	43			
			100,110*,120*	212	167								48			
GICL9 GICLZ9	18000	2350	70,71,75	142	107	314	270	200	284	208	10	45	45	30	1.04 0.96	110 100.1
			80,85,90,95	172	132						5	22	43			
			100,110,120	212	167								49			

注：表中标记"＊"号的轴孔尺寸只适合于 GICLZ 型的 d_2 选用，GICLZ 型联轴器的结构可详见标准 JB/T 8854.3—2001。

表 15-5　十字滑块联轴器(主要尺寸和特性参数)　　　　　　单位:mm

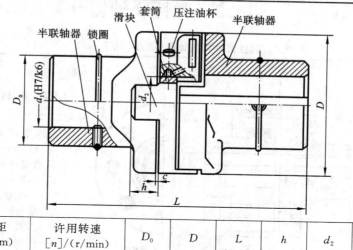

d_1	公称转矩 T_n/(N·m)	许用转速 $[n]$/(r/min)	D_0	D	L	h	d_2	c
15							18	
17	120		32	70	95	10	20	
18							22	
20							25	
25	250		45	90	115	12	30	
30							34	
36							40	
40	500		60	110	160	16	45	
45							50	
50	800		80	130	200	20	55	$0.5^{+0.30}_{0}$
55		250					60	
60	1250		95	150	240	25	65	
65							70	
70	2000		105	170	275	30	75	
75							80	
80	3200		115	190	310	34	85	
85							90	
90	5000		130	210	355	28	95	
95							100	$10^{+0.50}_{0}$
100	8000		140	240	395	42	105	

注:两轴允许的角度偏斜 $\alpha \leqslant 30'$,径向偏差 $y \leqslant 0.04d$。

15.3　弹性联轴器

表 15-6　弹性套柱销联轴器(摘自 GB/T 4323—2002)　　　　单位:mm

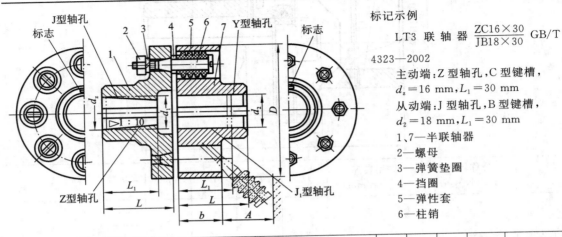

标记示例

LT3 联轴器 $\dfrac{ZC16\times30}{JB18\times30}$ GB/T 4323—2002

主动端:Z 型轴孔,C 型键槽,$d_z=16$ mm,$L_1=30$ mm

从动端:J 型轴孔,B 型键槽,$d_2=18$ mm,$L_1=30$ mm

1、7—半联轴器
2—螺母
3—弹簧垫圈
4—挡圈
5—弹性套
6—柱销

型号	公称转矩 T_n/(N·m)	许用转速 $[n]$/(r/min)	轴孔直径 d_1、d_2、d_z	轴孔长度 Y型 L	J、J_1、Z型 L_1	L	$L_{推荐}$	D	A	b	质量 m/kg	转动惯量 I/(kg·m²)
LT1	6.3	8800	9	20	14	—	25	71	18	16	0.82	0.0005
			10,11	25	17							
			12,14	32	20							
LT2	16	7600	12,14				35	80			1.20	0.0008
			16,18,19	42	30	42						
LT3	31.5	6300	16,18,19				38	95	35	23	2.20	0.0023
			20,22	52	38	52						
LT4	63	5700	20,22,24				40	106			2.84	0.0037
			25,28	62	44	62						
LT5	125	4600	25,28				50	130			6.05	0.0120
			30,32,35	82	60	82						
LT6	250	3800	32,35,38				55	160	45	38	9.57	0.0280
			40,42									
LT7	500	3600	40,42,45,48	112	84	112	65	190			14.01	0.0550
LT8	710	3000	45,48,50,55,56				70	224			23.12	0.1340
			60,63	142	107	142			65	48		
LT9	1000	2850	50,55,56	112	84	112	80	250			30.69	0.2130
			60,63,65,70,71	142	107	142						
LT10	2000	2300	63,65,70,71,75				100	315	80	58	61.40	0.6600
			80,85,90,95	172	132	172						
LT11	4000	1800	80,85,90,95				115	400	100	73	120.70	2.1220
			100,110	212	167	212						
LT12	8000	1450	100,110,120,125				135	475	130	90	210.34	5.3900
			130	252	202	252						
LT13	16000	1150	120,125	212	167	212	160	600	180	110	419.36	17.5800
			130,140,150	252	202	252						
			160,170	302	242	302						

注:质量、转动惯量按材料为铸钢、无孔、$L_{推荐}$ 计算近似值。

表 15-7　带制动轮弹性套柱销联轴器(摘自 GB/T 4323—2002)　　　单位:mm

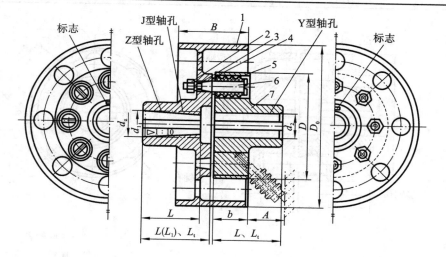

标记示例

$$LTZ5 \frac{JB50 \times 84}{YB55 \times 112} GB/T\ 4323—2002$$

主动端:J 型轴孔,B 型键槽,$d_1 = 55$ mm,$L_1 = 84$ mm
从动端:Y 型轴孔,B 型键槽,$d_2 = 55$ mm,$L = 112$ mm

1—制动轮　　5—弹性套
2—螺母　　　6—销
3—弹簧垫圈　7—半联轴器
4—挡圈

型号	公称转矩 T_n/(N·m)	许用转速 $[n]$/(r/min)	轴孔直径 d_1、d_2、d_z	轴孔长度				D_0	D	B	$A \geqslant$	质量 m/kg	转动惯量 I/(kg·m²)
				Y 型	J、J_1、Z 型		$L_{推荐}$						
				L	L_1	L							
LTZ1	125	3800	25,28	62	44	62	50	200	130	85	45	13.38	0.0416
			30,32,35	82	60	82							
LTZ2	250	3000	32,35,38				55	250	160	105		21.25	0.1053
			40,42										
LTZ3	500		40,42,45,48	112	84	112	65		190			35.00	0.2522
LTZ4	710	2400	45,48,50,55,56				70	315	224	132	65	45.14	0.3470
			60,63	142	107	142							
LTZ5	1000		50,55,56	112	84	112	80		250			58.67	0.4070
			60,63,65,70	142	107	142				168			
LTZ6	2000	1900	63,65,70,71,75				100	400	315		80	100.30	1.3050
			80,85,90,95	172	132	172							
LTZ7	4000	1500	80,85,90,95				115	500	400	210	100	198.73	4.3300
			100,110	212	167	212							
LTZ8	8000	1200	100,110,120,125				135	630	475	265	130	370.60	12.4900
			130	252	202	252							
LTZ9	16000	1000	120,125	212	167	212	160	710	600	298	180	641.13	30.4800
			130,140,150	252	202	252							
			160,170	302	242	302							

注:质量、转动惯量按材料为铸钢、无孔、$L_{推荐}$计算近似值。

表 15-8　弹性柱销联轴器(摘自 GB/T 5014—2003)　　　　　　　　　　单位:mm

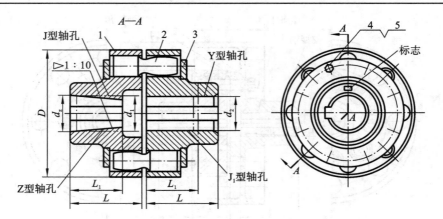

标记示例

LX7 联轴器 $\dfrac{ZC75 \times 107}{J_1 B70 \times 107}$ GB/T 5014—2003

主动端:Z 型轴孔,C 型键槽,$d_z = 75$ mm,$L_1 = 107$ mm

从动端:J_1 型轴孔,B 型键槽,$d_2 = 70$ mm,$L_1 = 107$ mm

1—半联轴器
2—柱销
3—挡板
4—螺栓
5—垫圈

型号	公称转矩 T_n/ (N·m)	许用转速 [n]/ (r/min)	轴孔直径 d_1、d_2、d_z	轴孔长度			D	质量 m/ (kg)	转动惯量 I/ (kg·m²)	许用补偿量		
				Y 型 L	J、J_1、Z 型 L_1	Z 型 L				径向 Δy	轴向 Δx	角向 $\Delta \alpha$
LX1	250	8500	12,14	32	27	—	90	2	0.002		±0.5	
			16,18,19	42	30	42						
			20,22,24	52	38	52						
LX2	560	6300	20,22,24	62	44	62	120	5	0.009		±1.0	
			25,28									
			30,32,35	82	60	82				0.15		
LX3	1250	4750	30,32,35,38	112	84	112	160	8	0.026			
			40,42,45,48									
LX4	2500	3870	40,42,45,48,50,55,56				195	22	0.109		±1.5	
			60,63	142	107	142						
LX5	3150	3450	50,55,56	112	84	112	220	30	0.191			
			60,63,65,70,71,75	142	107	142						
LX6	6300	2720	60,63,65,70,71,75				280	53	0.543			≤ 0°30′
			80,85	172	132	172						
LX7	11200	2360	70,71,75	142	107	142	320	98	1.314			
			80,85,90,95	172	132	172				0.20	±2.0	
			100,110	212	167	212						
LX8	16000	2120	80,85,90,95	172	132	172	360	119	2.023			
			100,110,120,125	212	167	212						
LX9	22400	1850	100,110,120,125				410	197	4.386			
			130,140	252	202	252						
LX10	35500	1600	110,120,125	212	167	212	480	322	9.76	0.25	±2.5	
			130,140,150	252	202	252						
			160,170,180	302	242	302						

表 15-9 梅花形弹性联轴器(摘自 GB/T 5272—2002) 单位:mm

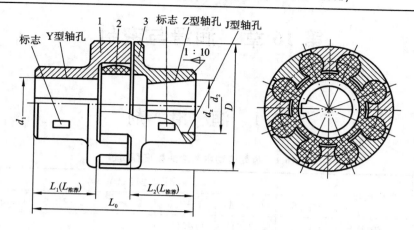

1、3—半联轴器
2—梅花形弹性体

标记示例

LM3 型联轴器 $\dfrac{ZA30 \times 60}{YB25 \times 62}$ MT3a GB/T 5272—2002

主动端:Z 型轴孔,A 型键槽,轴孔直径 $d_z = 30$ mm,轴孔长度 $L_1 = 60$ mm

从动端:Y 型轴孔,B 型键槽,轴孔直径 $d_1 = 25$ mm,轴孔长度 $L_2 = 62$ mm

(MT3 型弹性件硬度为 a)

型号	公称转矩 T_n/(N·m) 弹性件硬度		许用转速 $[n]$/ (r/min)	轴孔直径 d_1、d_2、d_z	轴孔长度			L_0	D	弹性件型号	质量 m /kg	转动惯量 I/ (kg·m²)
	a/H_A 80±5	b/H_D 90±5			Y 型	J₁、Z 型	$L_{推荐}$					
					L							
LM3	100	200	10900	20,22,24	52	38	40	103	70	MT3$\frac{-a}{-b}$	1.41	0.0009
				25,28	62	44						
				30,32	82	60						
LM4	140	280	9000	22,24	52	38	45	114	85	MT4$\frac{-a}{-b}$	2.18	0.0020
				25,28	62	44						
				30,32,35,38	82	60						
				40	112	84						
LM5	350	400	7300	25,28	62	44	50	127	105	MT5$\frac{-a}{-b}$	3.60	0.0050
				30,32,35,38	82	60						
				40,42,45	112	84						
LM6	400	710	6100	30,32,35,38	82	60	55	143	125	MT6$\frac{-a}{-b}$	6.07	0.0114
				40,42,45,48	112	84						
LM7	630	1120	5300	35*,38*	82	60	60	159	145	MT7$\frac{-a}{-b}$	9.09	0.0232
				40*,42*,45,48,50,55	112	84						
LM8	1120	2240	4500	45*,48*,50,55,56	112	84	70	181	170	MT8$\frac{-a}{-b}$	13.56	0.0468
				60,63,65*	142	107						
LM9	1800	3550	3800	50*,55*,56*	112	84	80	208	200	MT9$\frac{-a}{-b}$	21.40	0.1041
				60,63,65,70,71,75	142	107						
				80	172	132						
LM10	2800	5600	3300	60*,63*,65*,70,71,75	142	107	90	230	230	MT10$\frac{-a}{-b}$	32.03	0.2105
				80,85,90,95	172	132						
				100	212	167						

注:1. 带"*"者轴孔直径可用于 Z 型轴孔;
2. 表中 a、b 为弹性件的硬度代号;
3. 表中质量为联轴器的最大质量。

第16章 润滑与密封

16.1 润滑剂

表 16-1 齿轮传动中润滑油黏度荐用值 单位:mm²/s

齿轮材料	齿面硬度	圆周速度/(m/s)						
		<0.5	0.5~1	1~2.5	2.5~5	5~12.5	12.5~25	>25
调质钢	<280HBS	266(32)	177(21)	118(11)	82	59	44	32
	280~350HBS	266(32)	266(32)	177(21)	118(11)	82	59	44
渗碳或表面淬火钢	40~64HRC	444(52)	266(32)	266(32)	177(21)	118(11)	82	59
塑料、青铜、铸铁		177	118	82	59	44	32	—

注:1. 多级齿轮传动,润滑油黏度按各级传动的圆周速度平均值来选取;

2. 表内数值为温度 50 ℃时的黏度,而括号内的数值为温度 100 ℃时的黏度。

表 16-2 常用润滑油的主要性能和用途

名 称	代 号	运动黏度/(mm²/s)		凝点 /℃(≤)	闪点 (开口) /℃(≥)	主 要 用 途
		40 ℃	50 ℃			
全损耗系统用油 (GB/T 443—1989)	AN46	41.4~50.6	26.1~31.3	−5	160	用于轻载、普通机械的全损耗系统润滑,不适用于循环润滑系统(新标准的黏度按 40 ℃取值)
	AN68	61.2~74.8	37.1~44.4	−5	160	
	AN100	90.0~110	52.4~56.0	−5	180	
	AN150	135~165	75.9~91.2	−5	180	
工业闭式齿轮油 (GB/T 5903—2011)	L-CKC68	61.2~74.8	37.1~44.4	−12	180	用于中负荷、无冲击、工作温度−16~100 ℃的齿轮副的润滑
	L-CKC100	90.0~110	52.4~63.0	−12	200	
	L-CKC150	135~165	75.9~91.2	−9	200	
	L-CKC220	198~242	108~129	−9	200	
	L-CKC320	288~352	151~182	−9	200	
	L-CKC460	414~506	210~252	−9	200	
	L-CKC680	612~748	300~360	−5	200	

续表

名　称	代　号	运动黏度/(mm²/s)		凝点 /℃(≤)	闪点 （开口） /℃(≥)	主 要 用 途
		40 ℃	50 ℃			
工业闭式 齿轮油 （GB/T 5903— 2011）	CKD68	61.2～74.8	37.1～44.4	−12	180	用于高负荷,工作温度 100～120 ℃,接触应力大 于 500 MPa、有冲击的齿 轮副的润滑
	CKD100	90～110	52.4～63.0	−12	200	
	CKD150	135～165	75.9～91.2	−9	200	
	CKD220	198～242	108～129	−9	200	
	CKD320	288～352	151～182	−9	200	
	CKD460	414～506	210～252	−9	200	
	CKD680	612～748	300～360	−5	220	

表 16-3　常用润滑脂的主要性能和用途

名　称	代　号	针入度 (25 ℃,150g, 1/10 mm)	滴点/℃ 不低于	主 要 用 途
钙基润滑脂 （GB/T 491—2008）	1 号	310～340	80	耐水性能好。适用于工作温度 55～60 ℃的工业、农业和交通运输等机械设备的 轴承润滑,特别适用于有水或潮湿的场合
	2 号	265～295	85	
	3 号	220～250	90	
	4 号	175～205	95	
钠基润滑脂 （GB 492—1989）	2 号	265～295	160	耐水性能差。适用于工作温度≤110 ℃的一般机械设备的轴承润滑
	3 号	220～250	160	
钙钠基润滑脂 （SH/T 0368—1992）	1 号	250～290	120	用在工作温度 80～100 ℃、有水分或较 潮湿环境中工作的机械润滑,多用于铁路 机车、列车、小电动机、发电机的滚动轴承 （温度较高者）润滑,不适于低温工作
	2 号	200～240	135	
滚珠轴承脂 （SH/T 0386—1992）	ZG 69-2	250～290 −40 ℃时为 30	120	用于各种机械的滚动轴承润滑
通用锂基 润滑脂 （GB/T 7324—2010）	1 号	310～340	170	用于工作温度在 −20～120 ℃范围内 的各种机械的滚动轴承、滑动轴承的润滑
	2 号	265～295	175	
	3 号	220～250	180	
7407 号齿轮 润滑脂 （SH/T 0469—1994）		75～90	160	用于各种低速齿轮、中或重载齿轮、链 和联轴器等的润滑,使用温度≤120 ℃, 承受冲击载荷≤25000 MPa

16.2　常用润滑装置

表 16-4　直通式压注油杯　　　　　　　　　　单位:mm

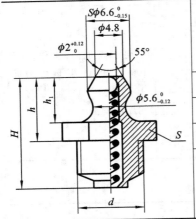

d	H	h	h_1	S	钢球 (按 GB 308—1989)
M6	13	8	6	$8_{-0.22}^{0}$	
M8×1	16	9	6.5	$10_{-0.22}^{0}$	3
M10×1	18	10	7	$11_{-0.22}^{0}$	

标记示例

　　连接螺纹 M8×1、直通式压注油杯的标记:

　　油杯 M8×1 JB/T 7940.5—1995

表 16-5　压配式压注油杯　　　　　　　　　　单位:mm

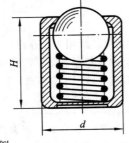

d		H	钢球 (按 GB 308—1989)
基本尺寸	极限偏差		
6	+0.040 +0.028	6	4
8	+0.049 +0.034	10	5
10	+0.058 +0.040	12	6
16	+0.063 +0.045	20	11
25	+0.085 +0.064	30	13

标记示例

　　$d=8$ mm、压配式压注油杯的标记:

　　油杯 8 JB/T 7940.4—1995

表 16-6　A 型旋盖式油杯　　　　　　　　　　单位:mm

最小 容量 /cm³	d	l	H	h	h_1	d_1	D	L_{max}	S
1.5	M8×1		14	22	7	3	16	33	$10_{-0.22}^{0}$
3	M10×1	8	15	23			20	35	$13_{-0.27}^{0}$
6			17	26	8	4	26	40	
12	M14×1.5		20	30			32	47	$18_{-0.27}^{0}$
18			22	32			36	50	
25		12	24	34	10	5	41	55	
50	M16×1.5		30	44			51	70	$21_{-0.33}^{0}$
100			38	52			68	85	

标记示例

　　最小容量 18 cm³、A 型旋盖式油杯的标记:

　　油杯 A18 JB/T 7940.3—1995

16.3　密　封　装　置

1. 接触式密封

表 16-7　毡圈油封及槽

单位：mm

轴径	毡	圈		槽				
d	D	d_1	b_1	D_0	d_0	b	B_{min}	
							钢	铸铁
15	29	14	6	28	16	5	10	12
20	33	19		32	21			
25	39	24	7	38	26	6		
30	45	29		44	31			
35	49	34		48	36			
40	53	39		52	41			
45	61	44	8	60	46		12	15
50	69	49		68	51			
55	74	53		72	56			
60	80	58		78	61	7		
65	84	63		82	66			
70	90	68		88	71			
75	94	73		92	77			
80	102	78	9	100	82	8	15	18

标记示例

$d=30$ mm 的毡圈油封的标记：

毡圈 30 JB/ZQ 4606—1997

（材料为半粗羊毛毡）

表 16-8　J 形无骨架橡胶油封

单位：mm

轴径 d	D	D_1	d_1	H
30	55	46	29	
35	60	51	34	
40	65	56	39	
45	70	61	44	
50	75	66	49	
55	80	71	54	
60	85	76	59	
65	90	81	64	12
70	95	86	69	
75	100	91	74	
80	105	96	79	
85	110	101	84	
90	115	106	89	
95	120	111	94	

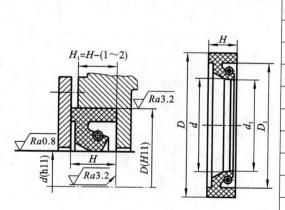

$H_1=H-(1\sim2)$

标记示例

$d=45$ mm、$D=70$ mm、$H=12$ mm 的 J 形无骨架橡胶油封的标记：

J 形油封 $45\times70\times12$ HG 4-338—1986

表 16-9　U 形无骨架橡胶油封　　　　　　　　　　　　单位：mm

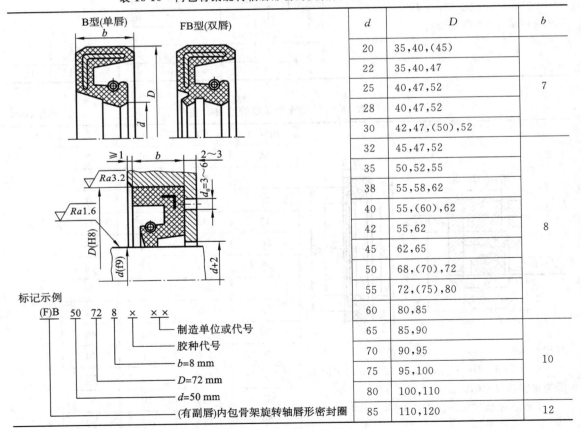

轴径 d	D	d_1	H	b_1	c_1	f
30	55	29				
35	60	34				
40	65	39				
45	70	44				
50	75	49				
55	80	54				
60	85	59	12.5	9.6	13.8	12.5
65	90	64				
70	95	69				
75	100	74				
80	105	79				
85	110	84				
90	115	89				
95	120	94				

标记示例

　　$d=45$ mm、$D=70$ mm、$H=12.5$ mm 的
U 形无骨架橡胶油封的标记：

　　U 形油封 $45\times70\times12.5$ GB 13871—1992

表 16-10　内包骨架旋转轴唇形密封圈（摘自 GB 13871.1—2007）　　　单位：mm

d	D	b
20	35,40,(45)	
22	35,40,47	
25	40,47,52	7
28	40,47,52	
30	42,47,(50),52	
32	45,47,52	
35	50,52,55	
38	55,58,62	
40	55,(60),62	
42	55,62	8
45	62,65	
50	68,(70),72	
55	72,(75),80	
60	80,85	
65	85,90	
70	90,95	10
75	95,100	
80	100,110	
85	110,120	12

标记示例

(F)B　50　72　8　×　××

制造单位或代号
胶种代号
$b=8$ mm
$D=72$ mm
$d=50$ mm
(有副唇)内包骨架旋转轴唇形密封圈

注：1．括号内尺寸尽量不采用；

　　2．为便于拆卸密封圈，在壳体上应有 d_0 孔 3~4 个；

　　3．在一般情况下（中速），采用材料为 B-丙烯酸酯橡胶（ACM）。

表 16-11　O 形橡胶密封圈　　　　　　　　　　　　　　　　　　　单位：mm

标记示例

　　内径 $d=50$ mm、截面直径 $d_0=3.55$ mm 的通用 O 形密封圈的标记：

　　O 形密封圈 50×3.55G GB/T 3452.1—2005

内径 d	截面直径 d_0			内径 d	截面直径 d_0		
	2.65±0.09	3.55±0.10	5.30±0.13		2.65±0.09	3.55±0.10	5.30±0.13
45.0	*	*	*	67.0	*	*	*
46.2	*	*	*	69.0	*	*	*
47.5	*	*	*	71.0	*	*	*
48.7	*	*	*	73.0	*	*	*
50.0	*	*	*	75.0	*	*	*
51.5	*	*	*	77.5	*	*	*
53.0	*	*	*	80.0	*	*	*
54.5	*	*	*	82.5	*	*	*
56.0	*	*	*	85.0	*	*	*
58.0	*	*	*	87.5	*	*	*
60.0	*	*	*	90.0	*	*	*
61.5	*	*	*	92.5	*	*	*
63.0	*	*	*	95.0	*	*	*
65.0	*	*	*	97.5	*	*	*

注：1. d 的极限偏差：45.0～50.0 为±0.30，51.5～63.0 为±0.44，65.0～80.0 为±0.53，82.5～97.5 为±0.65；

　　2. 有 * 者为适合选用；

　　3. 标记中的 G 代表通用 O 形密封圈。

2. 非接触式密封

表 16-12　迷宫式密封槽　　　　　　　　　　　　　　　　　　　单位：mm

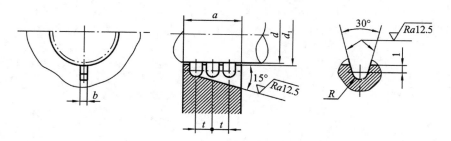

轴径 d	25～80	>80～120	>120～180	>180
R	1.5	2	2.5	3
t	4.5	6	7.5	9
b	4	5	6	7
d_1	$d_1=d+1$			
a_{min}	$a_{min}=nt+R$			

注：1. 表中 R、t、b 尺寸，在个别情况下可用于与表中不相对应的轴径上；

　　2. 一般 $n=2～4$ 个，使用 3 个的较多。

表 16-13　迷宫密封槽　　　　　　　　　　　　　单位:mm

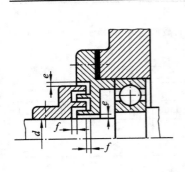　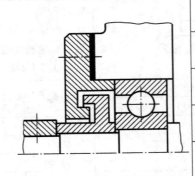

轴径 d	e	f
15~50	0.2	1
50~80	0.3	1.5
80~110	0.4	2
110~180	0.5	2.5

表 16-14　组合式密封

结构形式示例	说　　明
	这是一种油沟式加离心式的组合密封形式,能充分发挥各自的优点,提高密封效果。这种组合式密封,适用于轴承采用油润滑、轴的转速较高的场合

第17章 电 动 机

17.1 Y系列(IP44)三相异步电动机

Y系列电动机为全封闭自扇冷式笼型三相异步电动机,按照国际电工委员会(IEC)标准设计,具有互换性,用于空气中不含易燃、易爆或腐蚀性气体的场所。Y系列三相异步电动机适用于电源电压为380 V无特殊要求的机械上,如机床、泵、风机、运输机、搅拌机、农业机械等,也可用于某些需要高启动转矩的机器上,如压缩机。

表 17-1 Y系列三相异步电动机的技术数据

电动机型号	额定功率/kW	满载转速/(r/min)	堵转转矩额定转矩	最大转矩额定转矩	电动机型号	额定功率/kW	满载转速/(r/min)	堵转转矩额定转矩	最大转矩额定转矩
同步转速 3000 r/min,2 极					同步转速 1500 r/min,4 极				
Y80M1	0.75	2830	2.2	2.3	Y80M1	0.55	1390	2.3	2.3
Y80M2	1.1	2830	2.2	2.3	Y80M2	0.75	1390	2.3	2.3
Y90S	1.5	2840	2.2	2.3	Y90S	1.1	1400	2.3	2.3
Y90L	2.2	2840	2.2	2.3	Y90L	1.5	1400	2.3	2.3
Y100L	3	2870	2.2	2.3	Y100L1	2.2	1430	2.2	2.3
Y112M	4	2890	2.2	2.3	Y100L2	3	1430	2.2	2.3
Y132S1	5.5	2900	2.0	2.3	Y112M	4	1440	2.2	2.3
Y132S2	7.5	2900	2.0	2.3	Y132S	5.5	1440	2.2	2.3
Y160M1	11	2930	2.0	2.3	Y132M	7.5	1440	2.2	2.3
Y160M2	15	2930	2.0	2.3	Y160M	11	1460	2.2	2.3
Y160L	18.5	2930	2.0	2.2	Y160L	15	1460	2.2	2.3
Y180M	22	2940	2.0	2.2	Y180M	18.5	1470	2.0	2.2
Y200L1	30	2950	2.0	2.2	Y180L	22	1470	2.0	2.2
同步转速 1000 r/min,6 极					Y200L	30	1470	2.0	2.2
Y90S	0.75	910	2.0	2.2	同步转速 750 r/min,8 极				
Y90L	1.1	910	2.0	2.2	Y132S	2.2	710	2.0	2.0
Y100L	1.5	940	2.0	2.2	Y132M	3	710	2.0	2.0
Y112M	2.2	940	2.0	2.2	Y160M1	4	720	2.0	2.0
Y132S	3	960	2.0	2.2	Y160M2	5.5	720	2.0	2.0
Y132M1	4	960	2.0	2.2	Y160L	7.5	720	2.0	2.0
Y132M2	5.5	960	2.0	2.2	Y180L	11	730	1.7	2.0
Y160M	7.5	970	2.0	2.0	Y200L	15	730	1.8	2.0
Y160L	11	970	2.0	2.0	Y225S	18.5	730	1.7	2.0
Y180L	15	970	2.0	2.0	Y225M	22	730	1.8	2.0
Y200L1	18.5	970	2.0	2.0	Y250M	30	730	1.8	2.0
Y200L2	22	970	2.0	2.0					
Y225M	30	980	1.7	2.0					

注:电动机型号意义:以 Y132S2-2-B3 为例,Y表示系列代号,132表示机座中心高,S2表示短机座和第二种铁芯长度(M表示中机座,L表示长机座),2表示电动机的极数,B3表示安装形式。

表 17-2　机座带底脚、端盖无凸缘 Y 系列电动机的安装及外形尺寸(JB/T 10391—2008)　单位:mm

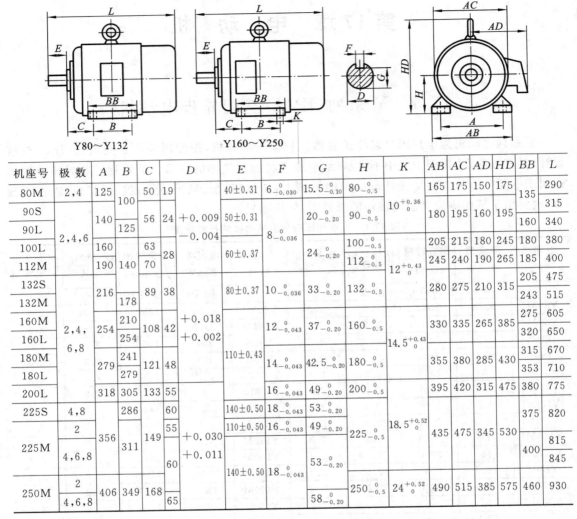

Y80~Y132　　　　　Y160~Y250

机座号	极 数	A	B	C	D	E	F	G	H	K	AB	AC	AD	HD	BB	L
80M	2,4	125	100	50	19	40±0.31	$6_{-0.030}^{0}$	$15.5_{-0.10}^{0}$	$80_{-0.5}^{0}$	$10_{0}^{+0.36}$	165	175	150	175	135	290
90S	2,4,6	140	100	56	$24_{-0.004}^{+0.009}$	50±0.31	$8_{-0.036}^{0}$	$20_{-0.20}^{0}$	$90_{-0.5}^{0}$	$10_{0}^{+0.36}$	180	195	160	195	135	315
90L	2,4,6	140	125	56	$24_{-0.004}^{+0.009}$	50±0.31	$8_{-0.036}^{0}$	$20_{-0.20}^{0}$	$90_{-0.5}^{0}$	$10_{0}^{+0.36}$	180	195	160	195	160	340
100L	2,4,6	160	140	63	$28_{-0.004}^{+0.009}$	60±0.37	$8_{-0.036}^{0}$	$24_{-0.20}^{0}$	$100_{-0.5}^{0}$	$10_{0}^{+0.36}$	205	215	180	245	180	380
112M	2,4,6	190	140	70	$28_{-0.004}^{+0.009}$	60±0.37	$8_{-0.036}^{0}$	$24_{-0.20}^{0}$	$112_{-0.5}^{0}$	$12_{0}^{+0.43}$	245	240	190	265	185	400
132S	2,4,6	216	140	89	$38_{+0.002}^{+0.018}$	80±0.37	$10_{-0.036}^{0}$	$33_{-0.20}^{0}$	$132_{-0.5}^{0}$	$12_{0}^{+0.43}$	280	275	210	315	205	475
132M	2,4,6	216	178	89	$38_{+0.002}^{+0.018}$	80±0.37	$10_{-0.036}^{0}$	$33_{-0.20}^{0}$	$132_{-0.5}^{0}$	$12_{0}^{+0.43}$	280	275	210	315	243	515
160M	2,4,6,8	254	210	108	$42_{+0.002}^{+0.018}$	110±0.43	$12_{-0.043}^{0}$	$37_{-0.20}^{0}$	$160_{-0.5}^{0}$	$14.5_{0}^{+0.43}$	330	335	265	385	275	605
160L	2,4,6,8	254	254	108	$42_{+0.002}^{+0.018}$	110±0.43	$12_{-0.043}^{0}$	$37_{-0.20}^{0}$	$160_{-0.5}^{0}$	$14.5_{0}^{+0.43}$	330	335	265	385	320	650
180M	2,4,6,8	279	241	121	$48_{+0.002}^{+0.018}$	110±0.43	$14_{-0.043}^{0}$	$42.5_{-0.20}^{0}$	$180_{-0.5}^{0}$	$14.5_{0}^{+0.43}$	355	380	285	430	315	670
180L	2,4,6,8	279	279	121	$48_{+0.002}^{+0.018}$	110±0.43	$14_{-0.043}^{0}$	$42.5_{-0.20}^{0}$	$180_{-0.5}^{0}$	$14.5_{0}^{+0.43}$	355	380	285	430	353	710
200L	2,4,6,8	318	305	133	55	110±0.43	$16_{-0.043}^{0}$	$49_{-0.20}^{0}$	$200_{-0.5}^{0}$	$14.5_{0}^{+0.43}$	395	420	315	475	380	775
225S	4,8	356	286	149	60	140±0.50	$18_{-0.043}^{0}$	$53_{-0.20}^{0}$	$225_{-0.5}^{0}$	$18.5_{0}^{+0.52}$	435	475	345	530	375	820
225M	2	356	311	149	$55_{+0.011}^{+0.030}$	110±0.50	$16_{-0.043}^{0}$	$49_{-0.20}^{0}$	$225_{-0.5}^{0}$	$18.5_{0}^{+0.52}$	435	475	345	530	400	815
225M	4,6,8	356	311	149	$60_{+0.011}^{+0.030}$	140±0.50	$18_{-0.043}^{0}$	$53_{-0.20}^{0}$	$225_{-0.5}^{0}$	$18.5_{0}^{+0.52}$	435	475	345	530	400	845
250M	2	406	349	168	$60_{+0.011}^{+0.030}$	110±0.50	$18_{-0.043}^{0}$	$53_{-0.20}^{0}$	$250_{-0.5}^{0}$	$24_{0}^{+0.52}$	490	515	385	575	460	930
250M	4,6,8	406	349	168	65	140±0.50	$18_{-0.043}^{0}$	$58_{-0.20}^{0}$	$250_{-0.5}^{0}$	$24_{0}^{+0.52}$	490	515	385	575	460	930

17.2　YZ 和 YZR 系列冶金及起重用三相异步电动机

　　冶金及起重用三相异步电动机是用于驱动各种形式的起重机械和冶金设备中的辅助机械的专用系列产品。它具有较大的过载能力和较高的机械强度,特别适用于短时或断续周期运行、频繁启动和制动、有时过负荷及有显著的振动与冲击的设备。

　　YZ 系列为笼型转子电动机,YZR 系列为绕线转子电动机。冶金及起重用电动机大多采用绕线转子,但对于 30 kW 以下电动机及在启动不是很频繁而电网容量又许可满压启动的场所,也可采用笼型转子。

　　根据负荷的不同性质,电动机常用的工作制分为 S2(短时工作制)、S3(断续周期工作制)、S4(包括启动的断续周期性工作制)、S5(包括电制动的断续周期工作制)四种。电动机的额定工作制为 S3,每一工作周期为 10 min。电动机的基准负载持续率 FC 为 40%。

表 17-3　YZ 系列电动机技术数据

型号	S2 30 min 额定功率/kW	S2 30 min 转速/(r/min)	S2 60 min 额定功率/kW	S2 60 min 转速/(r/min)	S3 15% 额定功率/kW	S3 15% 转速/(r/min)	S3 25% 额定功率/kW	S3 25% 转速/(r/min)	S3 40% 额定功率/kW	S3 40% 转速/(r/min)	S3 40% 最大转矩/额定转矩	S3 40% 堵转转矩/额定转矩	S3 40% 堵转电流/额定电流	S3 40% 效率/(%)	S3 40% 功率因数	S3 60% 额定功率/kW	S3 60% 转速/(r/min)	S3 100% 额定功率/kW	S3 100% 转速/(r/min)
YZ112M-6	1.8	892	1.5	920	2.2	810	1.8	892	1.5	920	2.0	2.0	4.47	69.5	0.765	1.1	946	0.8	980
YZ132M1-6	2.5	920	2.2	935	3.0	804	2.5	920	2.2	935	2.0	2.0	5.16	74	0.745	1.8	950	1.5	960
YZ132M2-6	4.0	915	3.7	912	5.0	890	4.0	915	3.7	912	2.0	2.0	5.54	79	0.79	3.0	940	2.8	945
YZ160M1-6	6.3	922	5.5	933	7.5	903	6.3	922	5.5	933	2.0	2.0	4.9	80.6	0.83	5.0	940	4.0	953
YZ160M2-6	8.5	943	7.5	948	11	926	8.5	943	7.5	948	2.3	2.3	5.52	83	0.86	6.3	956	5.5	961
YZ160L-6	15	920	11	953	15	920	13	936	11	953	2.3	2.3	6.17	84	0.852	9	964	2.5	972
YZ160L-8	9	694	7.5	705	11	675	9	694	7.5	705	2.3	2.3	5.1	82.4	0.766	6	717	5	724
YZ180L-8	13	675	11	694	15	654	13	675	11	694	2.3	2.3	4.9	80.9	0.811	9	710	7.5	718
YZ200L-8	18.5	697	15	710	22	686	18.5	697	15	710	2.5	2.5	6.1	86.2	0.80	13	714	11	720
YZ225M-8	26	701	22	712	33	687	26	701	22	712	2.5	2.5	6.2	87.5	0.834	18.5	718	17	720
YZ250M1-8	35	681	30	694	42	663	35	681	30	694	2.5	2.5	5.47	85.7	0.84	26	702	22	717

注：S3 为 6 次/时（热等效启动次数）。

表 17-4　YZ 系列电动机的安装及外形尺寸（IM1001、IM1003 及 IM1002、IM1004 型）　单位：mm

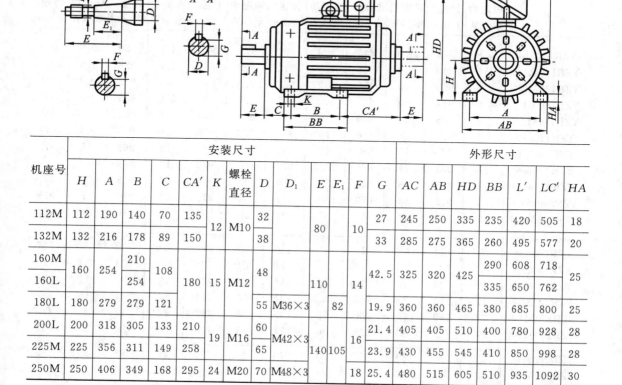

机座号	安装尺寸 H	A	B	C	CA'	K	螺栓直径	D	D1	E	E1	F	G	外形尺寸 AC	AB	HD	BB	L'	LC'	HA
112M	112	190	140	70	135	12	M10	32		80		10	27	245	250	335	235	420	505	18
132M	132	216	178	89	150	12	M10	38		80		10	33	285	275	365	260	495	577	20
160M	160	254	210	108	180	15	M12	48		110		14	42.5	325	320	425	290	608	718	25
160L	160	254	254	108	180	15	M12	48		110		14	42.5	325	320	425	335	650	762	25
180L	180	279	279	121	180	15	M12	55	M36×3	110	82	14	19.9	360	360	465	380	685	800	25
200L	200	318	305	133	210	19	M16	60	M42×3	140	105	16	21.4	405	405	510	400	780	928	28
225M	225	356	311	149	258	19	M16	65	M42×3	140	105	16	23.9	430	455	545	410	850	998	28
250M	250	406	349	168	295	24	M20	70	M48×3			18	25.4	480	515	605	510	935	1092	30

表 17-5　YZR 系列电动机技术数据

型号	S2				S3							
	30 min		60 min		6 次/时(热等效启动次数)							
					FC=15%		FC=25%		FC=40%		FC=60%	
	额定功率/kW	转速/(r/min)	额定功率/kW	转速/(r/min)	额定功率/kW	转速/(r/min)	额定功率/kW	转速/(r/min)	额定功率/kW	转速/(r/min)	额定功率/kW	转速/(r/min)
YZR112M-6	1.8	815	1.5	866	2.2	725	1.8	815	1.5	866	1.1	912
YZR132M1-6	2.5	892	2.2	908	3.0	855	2.5	892	2.2	908	1.3	924
YZR132M2-6	4.0	900	3.7	908	5.0	875	4.0	900	3.7	908	3.0	937
YZR160M1-6	6.3	921	5.5	930	7.5	910	6.3	921	5.5	930	5.0	935
YZR160M2-6	8.5	930	7.5	940	11	908	8.5	930	7.5	940	6.3	949
YZR160L-6	13	942	11	957	15	920	13	942	11	945	9.0	952
YZR180L-6	17	955	15	962	20	946	17	955	15	962	13	963
YZR200L-6	26	956	22	964	33	942	26	956	22	964	19	969
YZR225M-6	34	957	30	962	40	947	34	957	30	962	26	968
YZR160L-8	9	694	7.5	705	11	676	9	694	7.5	705	6	717
YZR180L-8	13	700	11	700	15	690	13	700	11	700	9	720
YZR200L-8	18.5	701	15	712	22	690	18.5	701	15	712	13	718
YZR225M-8	26	708	22	715	33	696	26	708	22	715	18.5	721
YZR250M1-8	35	715	30	720	42	710	35	715	30	720	26	725

型号	S3								S4 及 S5			
	150 次/时(热等效启动次数)								300 次/时(热等效启动次数)			
	FC=100%		FC=25%		FC=40%		FC=60%		FC=40%		FC=60%	
	额定功率/kW	转速/(r/min)	额定功率/kW	转速/(r/min)	额定功率/kW	转速/(r/min)	额定功率/kW	转速/(r/min)	额定功率/kW	转速/(r/min)	额定功率/kW	转速/(r/min)
YZR112M-6	0.8	940	1.6	845	1.3	890	1.1	920	1.2	900	0.9	930
YZR132M1-6	1.5	940	2.2	908	2.0	913	1.7	931	1.8	926	1.6	936
YZR132M2-6	2.5	950	3.7	915	3.3	925	2.8	940	3.4	925	2.8	940
YZR160M1-6	4.0	944	5.8	927	5.0	935	4.8	937	5.0	935	4.8	937
YZR160M2-6	5.5	956	7.5	940	7.0	945	6.0	954	6.0	954	5.5	959
YZR160L-6	7.5	970	11	950	10	957	8.0	969	8.0	969	7.5	971
YZR180L-6	11	975	15	960	13	965	12	969	12	969	11	972
YZR200L-6	17	973	21	965	18.5	970	17	973	17	973	—	—
YZR225M-6	22	975	28	965	25	969	22	973	22	973	20	977
YZR250M1-6	28	975	33	970	30	973	28	975	26	977	25	978
YZR250M2-6	33	974	42	967	37	971	33	975	31	976	30	977
YZR160L-8	5	724	7.5	712	7	716	5.8	724	6.0	722	50	727
YZR180L-8	7.5	726	11	711	10	717	8.0	728	8.0	728	7.5	729
YZR200L-8	11	723	15	713	13	718	12	720	12	720	11	724
YZR225M-8	17	723	21	718	18.5	721	17	724	17	724	15	727
YZR250M1-8	22	729	29	700	25	705	22	712	22	712	20	716
YZR250M2-8	27	729	33	725	30	727	28	728	26	730	25	731
YZR280S-10	27	582	33	578	30	579	28	580	26	582	25	583
YZR280M-10	33	587	42	—	37		33		31	—	28	—

表 17-6 YZR 系列电动机的安装及外形尺寸(IM1001、IM1003 及 IM1002、IM1004 型) 单位:mm

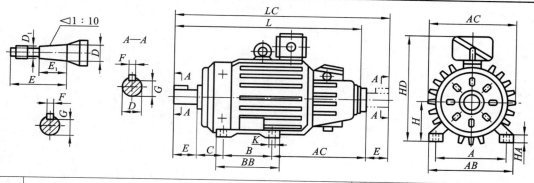

机座号	安装尺寸													外形尺寸						
	H	A	B	C	CA	K	螺栓直径	D	D₁	E	E₁	F	G	AC	AB	HD	BB	L	LC	HA
112M	112	190	140	70	300	12	M10	32		80		10	27	245	250	330	235	590	970	18
132M	132	216	178	89				38					33	285	275	360	260	645	727	20
160M	160	254	210	108	330	15	M12	48		110		14	42.5	325	320	420	290	758	858	25
160L			254														335	800	912	
180L	180	279	279	121	360			55	M36×3		82		19.9	360	360	460	380	870	980	25
200L	200	318	305	133	400	19	M16	60	M42×3			16	21.4	405	405	510	400	975	1118	28
225M	225	356	311	149	450			65		140	105		23.9	430	455	545	410	1050	1190	28
250M	250	406	349	168				70	M48×3			18	25.4	480	515	605	510	1195	1337	30
280S	280	457	368	190	540	24	M20	85	M56×3	170	130	20	31.7	530	575	665	530	1265	1438	32
280M			419											535			580	1315	1489	

第4篇　计算机辅助设计

第 18 章　计算机辅助设计概述

18.1　引　　言

近年来,计算机技术对各技术领域的渗透,人们的思维、观念和方法正在不断地变化、发展和更新。

作为具有几百年历史的机械设计技术领域,计算机技术发展迅速地影响着其发展模式。各种设计技术、计算技术、设计工具使机械设计传统的理论体系和方法体系受到强烈的冲击。

在机械设计过程中,利用计算机作为工具的一切实用技术的总和称为计算机辅助设计(computer aided design,CAD)。

机械 CAD 主要应用于机械设计的机构综合、机械零件及整机的分析计算(如结构分析中的应力/应变计算,动态特性等)、计算机辅助绘图、设计审查与评价(如公差分配审查、干涉检查、运动仿真、动力学仿真等)、设计信息的处理、检索和交换等。

机械 CAD 包括的内容很多,如:概念设计、优化设计、有限元分析、计算机仿真、计算机辅助绘图、计算机辅助设计过程管理等。

CAD 的运用,使机械设计技术从相对静止的方式变为基于计算数据的、知识工程的、动态的、高度模块化的现代机械设计方法,使人们可以从烦琐的计算分析和信息检索中解放出来,把更多的精力放在方案创新设计和对机械产品的市场需求调查上;CAD 的运用,为"考虑装配的设计""考虑制造的设计"等并行设计的实施创造了条件,使异地、协同、虚拟设计及实时仿真成为可能,提高了设计效率,缩短了机械产品的设计周期和优化程度。

我国 CAD 技术的研究与应用起步于 20 世纪 70 年代,成长于 80 年代。至 90 年代后,CAD 技术得到了蓬勃而迅猛的发展,由单纯的计算机辅助计算发展到智能化、集成化、并行性、网络化及全数字化设计。CAD 技术的发展深刻地影响着机械设计理论、方法和实践的走向。

目前,CAD 应用软件已经实现了大型化、多功能化。在计算机辅助分析计算方面,由传统模式向现代模式发展(如高等动力学及有限元方法的运用);在计算机辅助绘图方面,由二维图形向三维模型发展。

机械设计中常用的计算机辅助设计软件有 AutoCAD、CAXA、UG、Pro/e、SolidWorks、机械设计手册软件版等。

机械设计手册软件版可以帮助快速查询常用资料、常用标准、公差配合、材料、标准件、机械设计常用规范等,是目前国内机械设计方面资料较为齐全的资料库软件,可以进行机械设计零件设计、常用传动设计、标准件的选用校核及常用电动机的计算选用。

AutoCAD、CAXA 主要用于二维工程图的绘制。UG、Pro/e、SolidWorks 用于建立机械产品的三维模型并对机械产品进行运动学、动力学分析及各种强度的计算。其中 SolidWorks 易学易用、功能强大,且为全中文界面,得到了越来越广泛的应用。

18.2　计算机辅助计算

1. 机械设计手册软件版简介

1) 概况

《机械设计手册(新编软件版)2008》是一种面向机械产品设计的实用、综合、系统的、集多种功能于一体的数字化手册,提供与机械产品设计有关的最新标准、数据资料、设计计算方法和专业应用工具,是支持制造业信息化工程基础信息资源集成支撑环境平台,其体系结构和主要功能模块如图 18-1 所示。

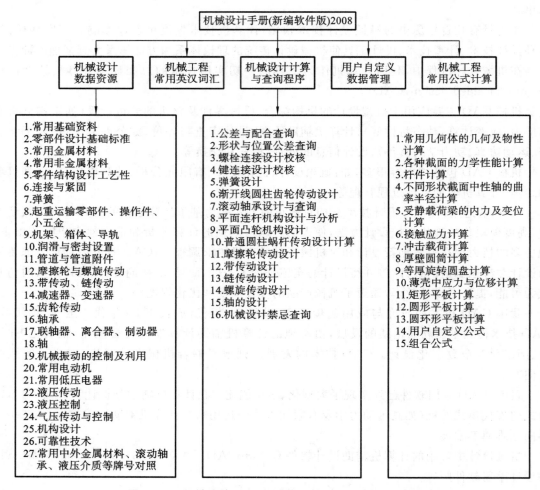

图 18-1　《机械设计手册(新编软件版)2008》的体系结构

2) 主界面介绍

主界面的功能划分如图 18-2 所示,主要包含菜单区、工具栏区、窗体操作按钮、导航器、资料显示区等功能区,其中菜单区和工具栏区的部分功能是重合的。工具栏区为用户提供了快捷操作方式,导航器为用户提供了目录、索引、模糊、书签等 4 种方式进行数据资料的查询定位,资料显示区可显示用户查询到的各种资料信息,包括数据、说明文字、图形及超文本等。

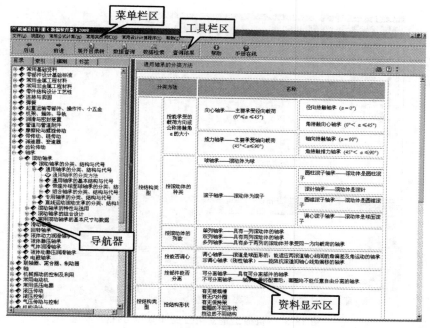

图 18-2　主界面

3）菜单区

主菜单包含"文件""视图""常用公式计算""常用英汉词汇""常用设计计算程序"和"帮助"6 个子菜单。

(1)"文件"菜单主要用于系统及各个功能模块的操作,如图 18-3 所示。

数据查询:当数据区为数据表时,单击此命令可调用数据查询功能。

数据检索:当数据区为数据表时,单击此命令可调用数据搜索功能。

查询结果:单击此命令调用查询结果整理功能。

(2)"视图"菜单如图 18-4 所示。

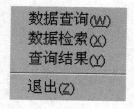

图 18-3　"文件"菜单

图 18-4　"视图"菜单

工具栏:选中本菜单时,主界面出现工具栏,否则工具栏隐藏。

导航器:选中本菜单时,主界面出现导航器,否则导航器隐藏。

(3)"常用公式计算"菜单。通过单击菜单栏中的"常用公式计算"命令,可调用机械工程常用公式计算模块,如图 18-5 所示。

(4)"常用设计计算程序"菜单。通过单击菜单区的"常用设计计算程序"命令,可调用常用机械设计计算模块,如图 18-6 所示。

4）工具栏

工具栏分为快捷按钮栏和地址栏,提供系统的快捷操作功能。

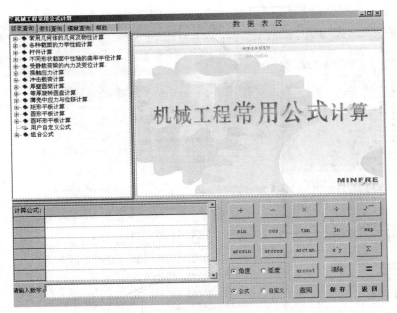

图 18-5　"机械工程常用公式计算"对话框

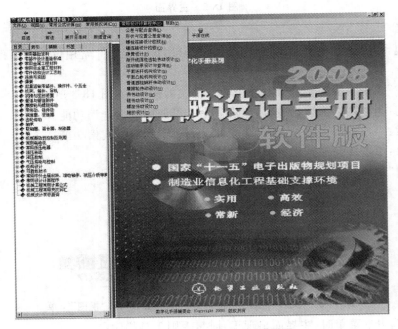

图 18-6　"常用设计计算程序"界面

5）导航器

导航器主要为用户提供目录、索引、模糊和书签等 4 种导航定位功能。

6）资料显示区

资料显示区主要用来显示数据表、数据曲线及各种图形文本资料。

2. V 带传动的计算机设计

在带传动设计之前，小带轮传递的功率 P、转速 n 和一些工作条件都已经明确。为此可以在计算机上打开机械设计手册软件版,便得到如图 18-7 所示的界面;点击"带传动设计"得如图 18-8 所示的"带传动设计"程序界面。下面结合具体的例子叙述在计算机上设计 V 带传动的全过程。

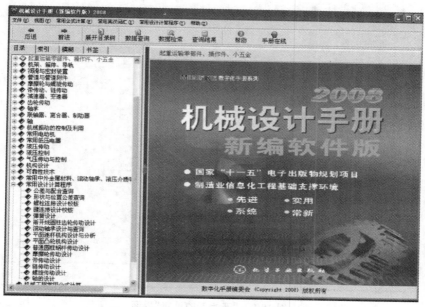

图 18-7　导航区的"常用设计计算程序"

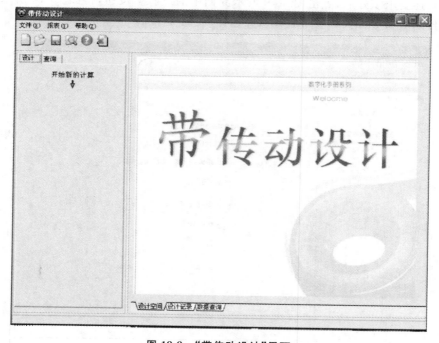

图 18-8　"带传动设计"界面

例 18-1　已知电动机的功率 $P=5.5$ kW,转速 $n=960$ r/min,传动比 $i=2.679$。传动平稳,带中心距 $a\geqslant900$ mm。

解　(1)点击"常用设计计算程序"→"带传动设计"得到图 18-8 所示的界面后.点击"开始

新的计算"得图 18-9 所示界面,并在"设计者"及"单位"中分别填写设计者及设计单位的名称。

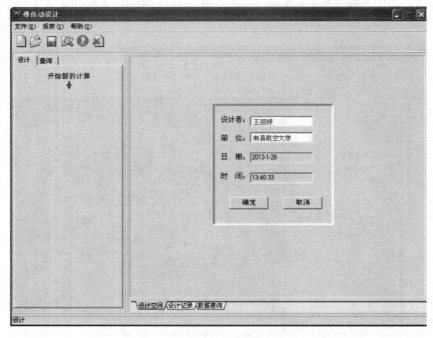

图 18-9　"开始新的计算"界面

(2)按上述要求填好后,点击图 18-9 所示界面中的"确定"按钮,得图 18-10 所示界面。选中"选择带传动类型"中的"V 型带设计",并选择"普通 V 带"。

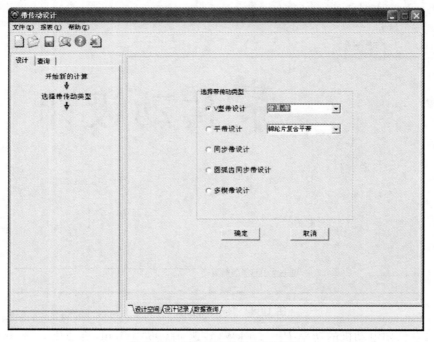

图 18-10　"选择带传动类型"界面

(3)按上述要求填好后,点击图 18-10 所示界面中的"确定"按钮,得图 18-11 所示界面。

然后在相应的地方输入功率、小带轮转速和传动比。在本例中分别输入 5.5、960 和 2.679。

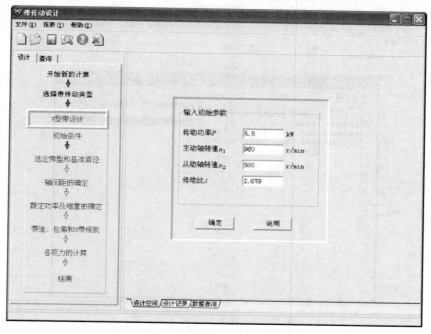

图 18-11 填上已知数据

(4)再点击图 18-11 所示界面中的"确定"按钮,得到图 18-12 所示界面。在该界面右面"设计功率"点击"查询"按钮,弹出 V 带的工况系数菜单(见图 18-13),通过查询后得到 K_A 值,再在相应文本框输入 K_A 值。再点击"设计功率""查询"按钮下面的"计算"按钮,得到计算功率的值,如图 18-14 所示。

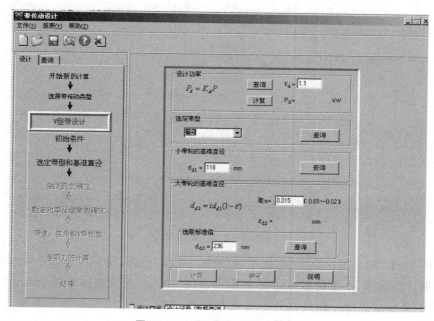

图 18-12 选择带型和基准直径

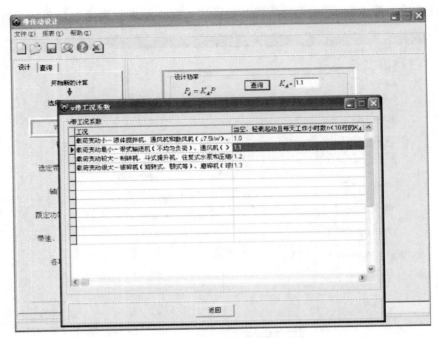

图 18-13　填上 V 带的工况系数

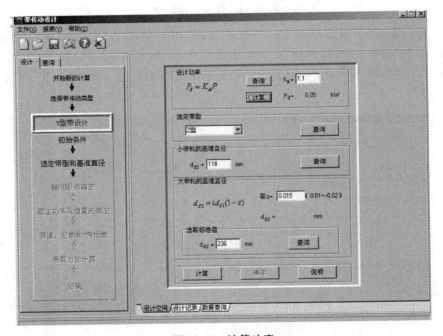

图 18-14　计算功率

（5）在图 18-12 的界面中点击"选定带型"中的"查询"按钮，得到图 18-15 所示界面。在该界面中，根据计算功率、小带轮转速选定 V 带型号（A 型）、小带轮基准直径后点击"返回"按钮返回到图 18-12 所示界面。然后在这个界面中选取带的型号，填入小带轮直径。再点击"计算"按钮，算出大带轮直径，然后根据计算的大带轮直径，在"选取标准值"处输入圆整后的大带轮直径或通过点击"查询"按钮输入大带轮基准直径，得到图 18-16 所示界面。再点击"确定"

按钮,得图 18-17 所示界面。

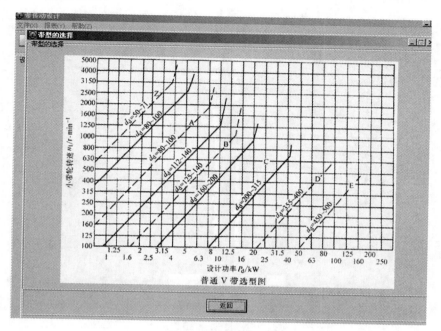

图 18-15　计算功率

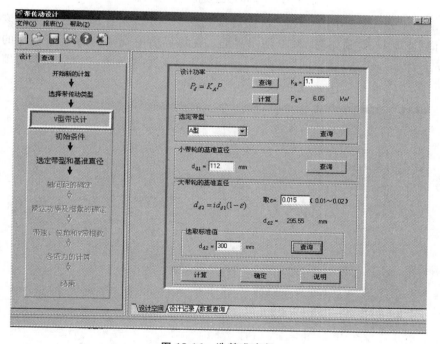

图 18-16　选基准直径

（6）在图 18-17 所示的界面中的"初定轴间距"里,选取"根据结构要求定",根据要求输入 a_0 值（根据已知,输入 920 mm）。再在"所需基准长度"部分中点击"计算"按钮,得到初算出的带的长度为 2496.77 mm。再点击"查询"按钮,根据初算出的带的长度选取基准长度为 2500 mm。接着在"实际轴间距"部分点击"计算"按钮,得到实际轴间距 a 的值为 922 mm,满足带

中心距 $a \geqslant 900$ mm 的要求。

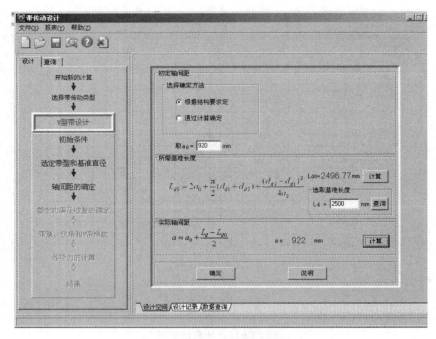

图 18-17　选中心距及带的基准长度

　　(7)点击图 18-17 界面中的"确定"按钮后得到图 18-18 所示界面。然后点击该界面下边的"数据查询"选项卡,得到如图 18-19 所示界面。在该界面中查询单根 V 带传递的额定功率为 1.15 kW。然后点击"设计空间"选项卡,返回图 18-18 所示界面,在 P_1 文本框填入查到的数据。

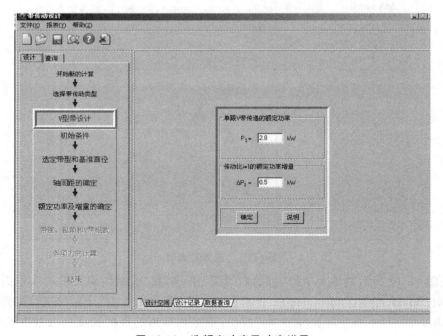

图 18-18　选额定功率及功率增量

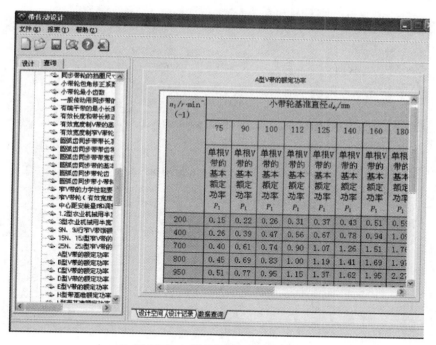

图 18-19　额定功率的数据查询

再点击该界面下边的"数据查询"选项卡，得到图 18-20 所示的查询额定功率增量的界面，根据传动比查到 ΔP_1 的数据。填入图 18-18 所示对应的文本框。然后点击"设计空间"选项卡，出现如图 18-21 所示界面。

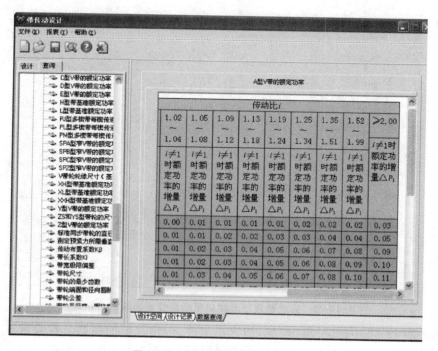

图 18-20　功率增量的数据查询

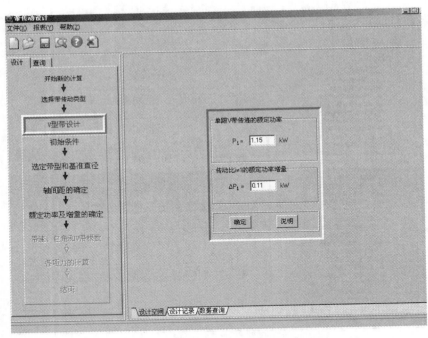

图 18-21　完成额定功率和功率增量的数据输入

点击图 18-21 中的"确定"按钮后得到如图 18-22 所示界面。

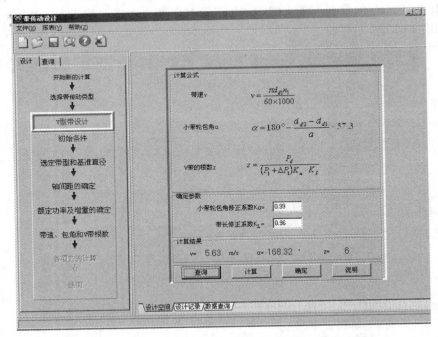

图 18-22　完成额定功率和功率增量数据输入后的界面

（8）点击图 18-22 中的"计算"按钮，初算出带速、包角及带的根数。若带速在 5～25 m/s 之间、小带轮包角≥120°，则点击该界面下边的"数据查询"选项卡，得到图 18-23、图 18-24 所示界面。

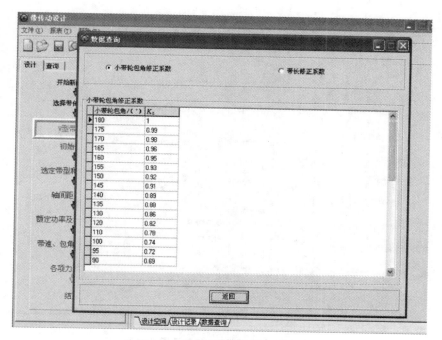

图 18-23 包角修正系数的查询

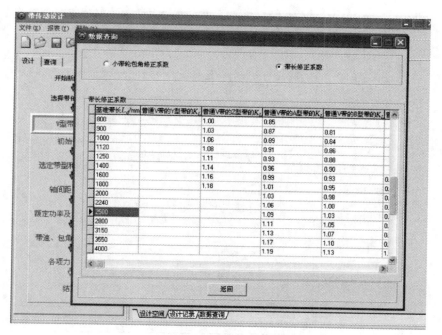

图 18-24 带长修正系数的查询

根据包角和带基准长度分别查取小带轮包角修正系数 0.98 和带长修正系数 1.09，然后点击"返回"至图 18-22 所示的界面，点击"计算"按钮，得到如图 18-25 所示的界面。

点击图 18-25 中的"确定"按钮，得到如图 18-26 所示的界面。

（9）通过点击图 18-26 所示的界面中"查询"按钮得图 18-27 所示的界面。根据上面设计中得到的 V 带型号，查得 A 型普通 V 带的质量值为 0.10 kg/m，然后点击"设计空间"选项返

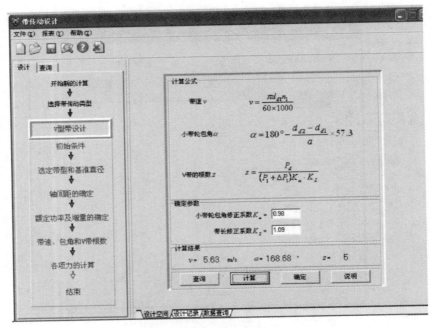

图 18-25 确定带速、包角及带的根数

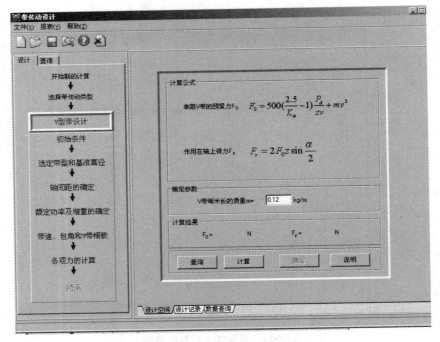

图 18-26 各项力的计算界面

回图 18-26 所示界面,填入所查数据,再点击"计算",得到如图 18-28 所示的界面。

然后单击图 18-28 中的"确定"按钮得到图 18-29 所示的界面。

(10)点击图 18-29 所示界面下边的"设计记录"选项卡,便得到图 18-30 所示界面中的输出数据。这些数据可以复制到 Word 文档的设计计算说明书中,从而在计算机上能方便地对它们进行编辑等操作,至此,V 带传动的计算机辅助设计也就完成了。

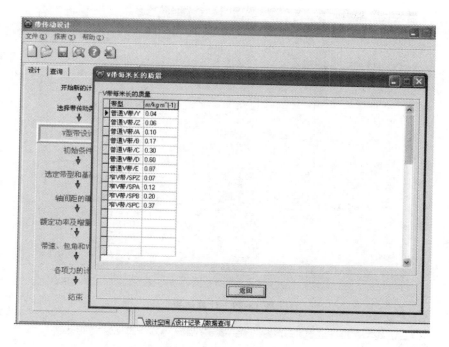

图 18-27　查询 V 带的质量值

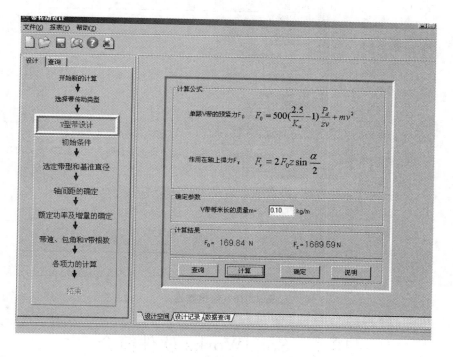

图 18-28　完成各项力的计算

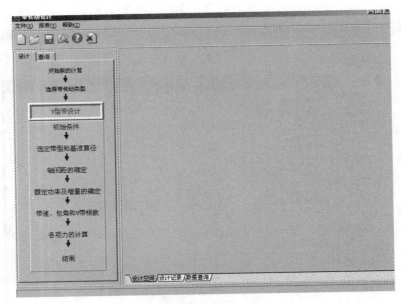

图 18-29　计算结束

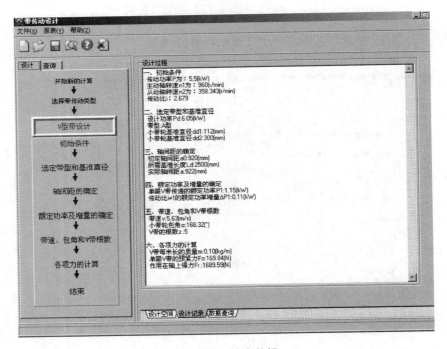

图 18-30　输出数据

18.3　SolidWorks 软件简介

1. SolidWorks 的特点

　　SolidWorks 是非常优秀的三维机械设计软件,它易学易用,全中文界面,具有完成产品的三维造型、上色、三维动画、CAD/CAM 转换、工程分析、工程制图等功能,为机械设计提供了良好的软件平台。可进行各类机械产品的设计,实现从产品概念设计、零件结构设计、机构装配设计、外观造型直至工程制造等全过程的计算机处理。SolidWorks 具有以下几种特性。

1)基于特征

就像装配体是由许多单独的零件组成的一样,SolidWorks 中的模型由许多单独的元素组成,这些元素被称为特征,如凸台、剪切体、孔、筋、圆角、倒角和斜度等。这些特征的组合就构成了机械零件实体模型。可以说,零件的设计过程就是特征的累积过程。

SolidWorks 的零件模型中,第一个实体特征称为基本特征,代表零件的基本形状,零件其他特征的创建往往依赖于基本特征。

SolidWorks 中的特征可以分为草图特征和直接生成特征。

草图特征是基于二维草图的特征。通常该草图可以通过拉伸、旋转、扫描或放样转换为实体。

直接生成特征就是直接创建在实体模型上的特征,如圆角和倒角就属于这类特征。

SolidWorks 在一个被称为特征管理窗格的特殊窗口中显示模型的基于特征的结构。树状结构的特征管理区不仅可以显示特征创建的顺序,而且还可以很容易地得到所有特征的相关信息。图 18-31 显示了这些特征与它们在特征管理窗格设计树列表中的一一对应关系。

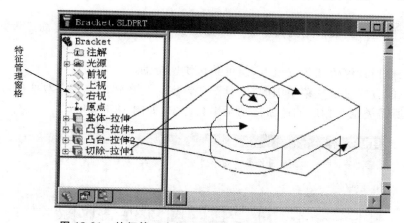

图 18-31　特征管理窗格设计树与零件特征的对应关系

2)参数化

所谓参数化是指各个特征的几何形状和尺寸大小是用变量参数的方式来表达的。这个变量参数不仅可以是常数,而且可以是代数式。当改变某个特征的变量参数(如尺寸参数),则实体的轮廓的大小、形状也随之更改。

3)实体建模

实体模型是 CAD 系统中最完全的几何模型类型。它除了完整描述模型的表面几何信息外,还描述了相关的拓扑信息,如三维形状、颜色、质量、密度、硬度等。以此为基础,可进行空间运动分析、装配干涉分析、应力应变分析等。

2. SolidWorks 的用户界面

SolidWorks 的用户界面如图 18-32 所示。该界面所示为打开零件文件的操作界面,装配体文件及工程图文件的工作界面与此界面类似。

1)菜单

通过菜单,可以得到 SolidWorks 提供的所有命令。

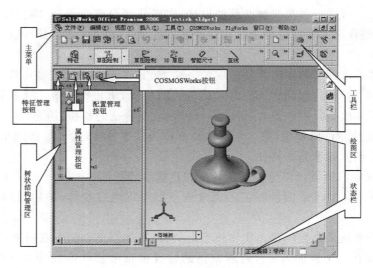

图 18-32　SolidWorks 的用户界面

在主菜单中,可以添加菜单项和自定义各菜单项。主菜单每个菜单项都有下拉式子菜单。

2)工具栏

工具栏能快速得到最常用的命令。可根据需要可以自定义添加、移动或重新排列工具中的按钮。

只要将光标指针停留在各按钮上,便可获得快速帮助。

添加按钮的方式是选择菜单中的"工具"→"自定义",在弹出自定义对话框后,选"命令"选项框,然后将所需类别及相应的按钮拖动至工具栏中,如图 18-33 所示。

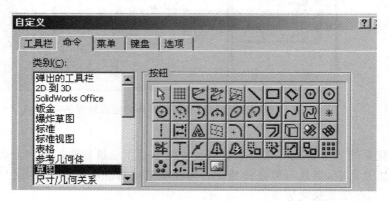

图 18-33　为工具栏添加按钮的自定义对话框

可以打开或关闭某些工具栏。方式是选择菜单中的"视图"→"工具栏",然后逐个点取要显示(或隐藏)的工具栏的选框。为了能够进入下拉菜单中的视图、工具、自定义对话框,必须先打开一个文件。

3)管理区

在主窗口的左边有一长方形区域,称为管理区。管理区有两个窗格:管理窗格(属性管理区)和显示窗格。其中显示窗格一般都折叠起来了。

(1)属性管理区　属性管理区如(见图 18-34)有多个选项按钮。利用它可切换到不同的管理模式,如特征管理、属性管理和配置管理等。单击"特征管理"按钮将进入特征管理区,单击"属性管理"按钮将进入属性管理区。

当开始执行命令时,属性管理区自动打开。许多 SolidWorks 命令是通过属性管理区来执行的。在 SolidWorks 窗口中属性管理区与特征管理区处于同一个位置。当属性管理区运行时,它自动代替特征管理区设计树的位置。在属性管理区的顶部排列有"确认""取消"和"帮助"按钮。在顶部按钮的下面是一些对话盒,可以根据需要将它们打开(展开)或关闭(折叠)。单击"配置管理"按钮将打开配置管理区,配置管理区用来生成、选择和查看一个文件中零件和装配体的配置。

配置可以在单一的文件中对零件或装配体生成多个设计变化,提供简便的方法来开发与管理一组有着不同尺寸、零部件或其他参数的模型。例如在零件文件中,配置可以生成具有不同尺寸、特征和属性(包括自定义属性)的零件系列。

(2)显示窗格　单击管理区窗格顶部的 ≫ 可展开显示窗格。在显示窗格中,可以查看零件和工程图文件的各种显示设置,如图 18-35 所示。

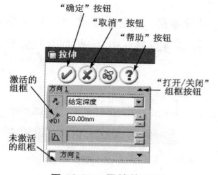

图 18-34　属性管理区

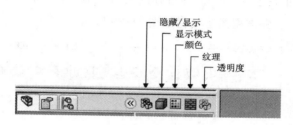

图 18-35　显示窗格

4)图形区

SolidWorks 主窗口大部分区域是管理区右边的图形区。

(1)坐标系　坐标系以"X""Y""Z"三轴的形式出现在图形区左下方,查看模型时导向。它仅供参考之用,不能用作推理点。可隐藏坐标系,也可指定其颜色。

如欲隐藏坐标系,在主菜单单击"工具"→"选项"→"系统选项"→"显示/选择",选择或清除"显示参考三重轴",然后单击"确定"按钮。

(2)基准面　SolidWorks 自带 3 个基准面,即前视、上视和右视,分别代表 3 个视图方向。在基准面上绘制草图后,才可创建实体模型。

可以创建其他的基准面,方法是在主菜单上单击"插入"→"参考几何体"→"基准面"。

(3)多窗口显示　可将图形区域分割成两个或四个窗格,如图 18-36 所示。

要分割图形区域,可在窗口竖直滚动条的顶部或水平滚动条的左端当指针变成 ⇌ 时,往下或往右拖动,或双击将窗口分割为两半。可在每个窗格中调整视图方向、缩放等。

(4)系统颜色选项　可设定图形区的背景颜色。方法是在主菜单单击"工具"→"选项"→"系统选项"→"颜色"→"视区背景",编辑选择合适颜色后,单击"确定"按钮。

(5)操纵图形区　①可通过视图工具栏来放大、缩小、平移、旋转视图,也可通过视图工具栏改变实体模型的显示模式。

如若想返回到上一视图,单击视图工具栏上的上一视图 ⟲ 。视图工具栏如图 18-37 所示。

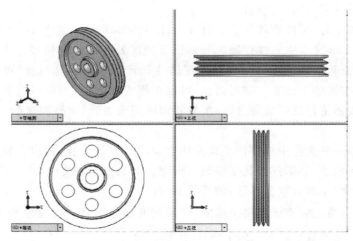

图 18-36　分割图形区域

②可通过标准视图工具栏以设定好的标准方向定向观看零件、装配体或草图。其中单击"正视于"按钮 ⬇️，使选择的面与屏幕平行（如果再次单击，模型将反转 180°），非常利于绘图。

标准视图工具栏如图 18-38 所示。

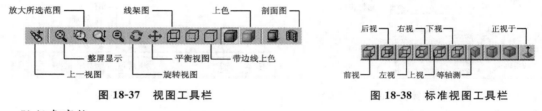

图 18-37　视图工具栏　　　　　　　　图 18-38　标准视图工具栏

5）任务窗格

在绘图区的右边将会出现任务窗格。它包含三个标签：SolidWorks 资源库 🏠、设计库 📇、文件探测器 🔍。其中设计库含有大量的常用标准件库、常用特征库及零部件供应商和个人提供的所有主要 CAD 格式的 3D 模型。

任务窗格一般处于折叠状态，通过单击 《 按钮，可将其展开。

6）状态栏

窗口底部的状态栏提供与正执行的功能有关的信息。要显示（或隐藏）状态栏，可在主菜单中单击"视图"，在下拉菜单中选择（或不选择）状态栏。

7）命令选项

许多命令选项可以单击鼠标按键实现。

单鼠标左键可选择对象，如几何体、菜单按钮和特征管理员设计树中的特征。

单击鼠标右键可激活快捷菜单列表，快捷菜单列表的内容取决于光标所处的位置，其中也包含常用命令的快捷键；单击鼠标中键可动态地旋转、平移和缩放零件或装配体，平移工程图。

8）系统反馈

反馈由一个连接到箭头形光标的符号来代表，它表明你正在选取什么或系统希望你选取什么。当光标通过模型时，与光标相邻的符号就表示系统反馈。图 18-39 示意了一些符号，从左至右分别表示顶点、边、表面。

图 18-39　箭头形光标的符号

9) 帮助

当使用 SolidWorks 遇到问题时，可以打开主菜单中的"帮助"下拉式菜单。它包含
SolidWorks 帮助主题、快速提示、SolidWorks API 和插件帮助主题、在线指导教程等。其中，
在线指导教程安排了 30 个全中文的实例课程，从零件体到装配体、从渲染到分析、从简单到高
级，是 SolidWorks 的一大特色。

如果打开了插件，则下拉式菜单中会出现相应的帮助主题，有的插件也带有在线指导
教程。

第 19 章　齿轮减速器的三维装配结构设计及建模

19.1　减速器的设计原则及其三维装配结构设计与建模思路

1. 减速器装配体三维设计的总体原则

减速器三维设计与建模的总体原则是:从满足减速器内部零件之间的装配关系和装配精度要求出发,先设计基准性零件或定位零件,后设计一般零件;先设计主要零件,后设计次要零件;先设计大致的零件外形,后设计零件的结构细节;先设计有配合关系处的零件,再考虑其他位置处的零件。

装配体的设计的一般方法是"四边"方法,即"边算、边画、边构思、边修改",直至完善。

2. 减速器的三维装配体的结构组成

减速器作为机械系统中的主要传动部件,组成零件众多,结构比较复杂。从功能构成的系统组成来看,减速器主要零件包括:大齿轮、齿轮轴、低速轴、箱体、箱盖、轴承盖(透盖、闷盖)、滚动轴承、键等。在设计减速器的三维装配结构时,必须针对减速器的每个零件,特别是其主要零件进行功能分析、结构设计和实体建模。减速器零件中的大部分结构尺寸是通过结构设计来确定的。因此,合理进行结构设计,对于高质量地完成减速器的三维装配设计是尤为关键的。为了便于减速器零件选型和结构设计,在此给出典型减速器的三维装配模型,如图 19-1 所示。

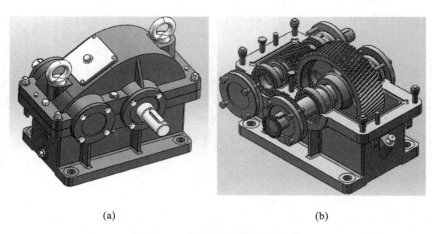

(a)　　　　　　　　　　　　　　　(b)

图 19-1　减速器的三维装配模型

(a)外观形貌;(b)内部结构

3. 建模对象的描述

本章着力对某通用型斜齿圆柱齿轮减速器的三维装配结构设计与建模技术进行介绍,该减速器的齿轮传动基本参数主要包括:齿轮模数 $m_n = 3$ mm,小齿轮齿数 $z_1 = 20$,大齿轮齿数 $z_2 = 60$,压力角 $a_n = 20°$,螺旋角 $\beta = 16°26'13''$,小齿轮宽度 $B_1 = 70$ mm,大齿轮宽度 $B_2 = 63$ mm,轴承采用油润滑。该减速器装配结构的三维建模与设计思路参见表 19-1。

表 19-1　减速器装配体的设计思路

序号	设计思路		实现方法
	设计过程	设计说明	
1		生成大齿轮	（1）打开设计库； （2）配置螺旋齿轮模板； （3）生成大齿轮基本结构； （4）保存为"大齿轮"文件
2		生成小齿轮	（1）打开设计库； （2）配置螺旋齿轮模板； （3）生成小齿轮基本结构； （4）保存为"齿轮轴"零件
3		装配前视基准面	（1）新建减速器装配体； （2）加载大齿轮和齿轮轴； （3）定义大齿轮中面与装配体前视基准面重合； （4）定义小齿轮中面与装配体前视基准面重合
4		装配上视基准面	（1）定义大齿轮上视基准面与装配体上视基准面重合； （2）定义小齿轮轴线与装配体前视基准面重合
5		装配齿轮传动的中心距	针对两齿轮轴线定义距离配合
6		设计箱体的外廓及其内腔	（1）通过拉伸凸台方式生成箱体的基体； （2）利用抽壳特征操作生成箱体内腔
7		设计高、低速轴	（1）设计低速轴的结构； （2）设计高速轴的结构； （3）装配两轴的位置

序号	设计思路		实现方法
	设计过程	设计说明	
8		安装滚动轴承	(1)利用设计库生成高、低速轴处滚动轴承; (2)将滚动轴承加载到装配体设计环境; (3)装配高、低速轴处的 4 个滚动轴承
9		安装套筒和挡油盘	(1)设计大齿轮定位用套筒; (2)设计高速轴处挡油盘; (3)装配低速轴处套筒; (4)装配高速轴处的两挡油盘
10		设计箱体凸缘、凸台及轴承座的结构	(1)以拉伸凸台方式设计箱体的凸缘结构; (2)以拉伸凸台方式设计箱体上的轴承座; (3)以拉伸凸台方式设计轴承座旁螺栓连接用凸台
11		安装轴承透盖与闷盖	(1)设计高速轴处透盖和闷盖零件; (2)设计低速轴处透盖与闷盖; (3)定义轴承与轴承座间的配合关系
12		设计箱体细部结构并分割箱体	(1)拉伸出吊环螺钉座; (2)设计轴承座处肋板; (3)拉伸视孔盖凸台; (4)设计箱体底板; (5)设计油塞、油标座
13		设计吊环座并安装吊环螺钉	(1)在箱体上设计吊环螺钉安装座; (2)从设计库加载吊环螺钉并对其进行装配

续表

序号	设计思路		实现方法
	设计过程	设计说明	
14		设计安装视孔盖垫板、视孔盖及通气器	（1）拉伸视孔盖垫板； （2）拉伸视孔盖； （3）设计通气器； （4）定义视孔盖垫板、视孔盖及通气器之间装配关系
15		装配各螺栓连接	（1）利用 ToolBox 配置螺栓； （2）利用 ToolBox 配置螺母； （3）利用 ToolBox 配置弹性垫圈； （4）装配螺栓、螺母、弹性垫圈

19.2　减速器装配体三维设计的进程及其建模方法

　　理论上讲，减速器装配结构设计与建模是一个自顶向下、从粗到细、不断求精、不断演进的迭代和优化过程。特别是设计过程中需进行多次的反复和修改，故设计过程无统一的范式，各人可根据自己的设计经验和所掌握的机械设计理论和技术完成装配结构的设计，每个人采用的三维设计的建模方法更是不具唯一性。循由以下设计步骤并采用相应的设计方法，可以完成减速器的装配设计与建模。

　　步骤 1　生成大小齿轮基本结构。

　　利用 SolidWorks 设计库中 ToolBox 加载齿轮的模板，配置大齿轮和小齿轮的基本参数，生成大、小齿轮的构型和外廓，如图 19-2 所示。

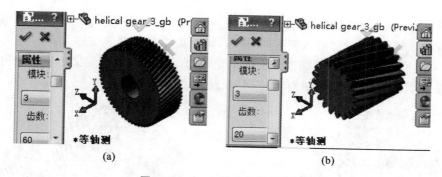

图 19-2　大、小齿轮的基本结构

（a）大齿轮的结构；（b）小齿轮的结构

　　步骤 2　定义大齿轮、小齿轮的齿宽中面，以供齿轮传动装配之用。

　　利用"基准面"特征操作，并分别以大、小齿轮的两个端面作为其第一参考平面和第二参考平面，定义大、小齿轮的齿宽中面（对称面）为基准面，如图 19-3 所示。

　　步骤 3　对大齿轮进行初步安装。

　　执行新建装配体操作，进入装配体设计环境，在该环境下执行"插入零部件"操作，将大齿

图 19-3　定义大、小齿轮的齿宽中面

(a)大齿轮齿宽中面；(b)小齿轮的齿宽中面

轮加载到装配体设计环境；定义大齿轮的齿宽中面（即基准面 1）与装配体的前视基准面重合，如图 19-4 所示；定义大齿轮的上视基准面与装配体的上视基准面重合，如图 19-5 所示。将装配体保存为"减速器"。

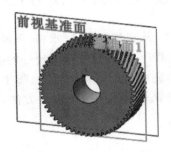

图 19-4　大齿轮中面与装配体前视基准面重合

图 19-5　大齿轮上视基准面与装配体上视基准面重合

步骤 4　对小齿轮进行初步安装。

在装配体设计环境执行"插入零部件"操作，将小齿轮加载到装配体；同样，定义小齿轮的齿宽中面（基准面 1）与装配体的前视基准面重合，如图 19-6 所示；再定义小齿轮的轴线与大齿轮的上视基准面重合，得到装配结构，如图 19-7 所示。

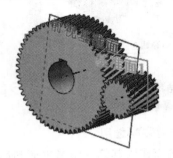

图 19-6　小齿轮中面与装配体前视基准面重合

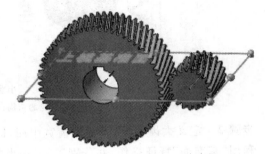

图 19-7　小齿轮轴线与装配体上视基准面重

步骤 5　装配大、小齿轮之间的中心距。

点击"视图"→"临时轴"，显示大、小齿轮的轴线。在装配体设计环境下，执行"配合"操作，进入距离配合模式,设置齿轮中心距的大小,定义大、小齿轮的中心距,如图 19-8 所示。保存"减速器"。

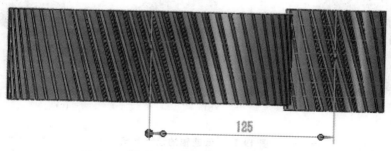

图 19-8　定义齿轮中心距

步骤 6　设计箱盖和箱体的轮廓和内腔。

在装配体设计环境下执行"插入新零件"操作,生成一个空零件,并将其更名为"箱体";选定"箱体"零件的"前视基准面"作为草图绘制基准面,在该基准面内绘制箱体的外廓草图,如图 19-9(a)所示,对该草图执行"拉伸凸台"操作,则可生成箱体的大致三维实体结构,如图 19-9(b)所示;针对该三维实体执行"抽壳"特征操作,即可得到箱体(箱盖+箱体)的内腔,如图19-9(c)所示。保存箱体零件,退出零件设计环境,返回"减速器"装配体设计环境。

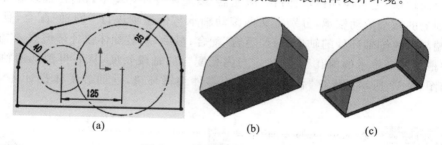

图 19-9　箱体结构的初步建模

(a)箱体外廓草图;(b)拉伸出的实体结构;(c)底面抽壳操作

步骤 7　低速轴的初步设计与建模。

在装配体设计环境下执行"插入新零件"操作,生成一个空零件并将其更名为低速轴,且以"低速轴"文件名保存该零件。为了突出设计重点、避免干扰,可在装配体设计环境下,先对"箱体""小齿轮"零件执行"隐藏零部件"操作,将这些零件暂时隐藏起来而不进行显示。再在装配体设计环境执行编辑零件命令而进入"低速轴"编辑环境,并以"低速轴"的前视基准面为草图平面,设计与大齿轮毂孔相配合的轴段的草图(圆截面),对该草图执行"拉伸凸台"操作,生成齿轮配合轴段的结构,如图 19-10(a)所示,设计时保证该轴段长度比轮齿轮毂孔深度短 2～4 mm。在完成该轴段设计的基础上,分别绘制低速轴的左端轴颈(与轴承相配合的轴段)、轴环、右端轴颈的草图,并通过对它们执行"拉伸凸台"操作,生成这三个轴段的三维结构,如图 19-10(b)所示。值得指出的是,与轴承相配合轴段的长度可暂时根据情况任意设定。同样,以"拉伸凸台"的特征操作的方式生成穿过轴承透盖的轴段,该轴段的直径应比轴颈直径小 2～4 mm,其长度暂时可以取较大的值;再以"拉伸凸台"方式设计与相联轴器配合的轴段,该段的长度比联轴器的内孔深度小 2～4 mm,这样便得到低速轴大致的结构,如图 19-10(c)所示。保存"低速轴"并退出其编辑状态,返回到装配体设计环境。

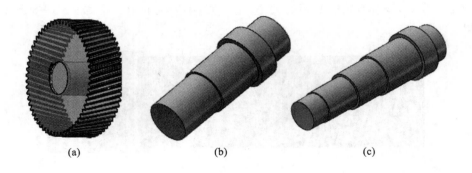

图 19-10　低速轴的设计方法

（a）齿轮配合轴段；（b）轴环及轴颈段；（c）轴承盖及联轴器配合轴段

步骤 8　配置和安装低速轴处滚动轴承。

在低速轴的结构设计的基础上，结合减速器低速轴载荷大小、性质、方向及其运转条件等，选定滚动轴承的类型（本设计采用圆锥滚子轴承），再依据低速轴上与轴承配合处的轴颈直径的大小，确定滚动轴承的代号。然后，在 SolidWorks 运行环境下打开设计库中的 ToolBox 标准零件设计工具箱，以"生成零件"的方式配置并生成滚动轴承的三维模型，如图所示 19-11 所示，并以"滚动轴承"之名保存该零件；在"减速器"装配体设计环境下，执行"插入零部件"操作，加载低速轴上的两个滚动轴承，分别定义两滚动轴承与低速轴进行"同轴"配合，且定义右端轴承的一端与低速轴轴环处的轴肩进行"重合"配合；最后，从装配体设计环境进入"低速轴"编辑环境，并根据滚动轴承的内孔深度，确定与内孔配合的轴段长度，从而得到低速轴初步的装配结构，如图 19-12 所示。保存"低速轴"，退出零件编辑环境，返回装配体设计环境，并保存"减速器"。

图 19-11　基于 ToolBox 的滚动轴承配置与生成

图 19-12　低速轴的装配建模

步骤 9　设计高速轴-齿轮轴。

在装配体设计环境，执行显示"小齿轮"操作以显示小齿轮，并从装配体设计环境进入"小齿轮"编辑环境。选定小齿轮的右端面为基准面绘制齿轮轴的轴毂段草图，并以拉伸凸台方式对该草图进行拉伸，从而生成了右端轴毂段的结构，如图 19-13 所示。

以小齿轮的齿宽中面作为镜像面，利用"镜像"特征操作，生成小齿轮的左端轴毂段，如图 19-14 所示。采用同样的方式设计并拉伸出小齿轮的轴颈段，如图 19-15 所示，并设计穿越轴承盖的轴段，如图 19-16 所示。根据大带轮的宽度或深度、直径，确定齿轮轴与大带轮配合段的长度及尺寸，并以拉伸凸台方式生成齿轮轴上与大带轮配合的轴段的三维结构，如图 19-17

所示；保存"齿轮轴"并退出齿轮轴设计环境，返回装配体设计环境。利用 ToolBox 配置和生成安装在齿轮轴上的滚动轴承零件，并将其加载到装配体设计环境，采用"同轴""重合"等配合方式将滚动轴承装配到相应的轴段，并在此基础上初步确定齿轮轴的轴颈段长度，从而得到图19-18 所示齿轮轴装配结构。保存"减速器"装配结构。

图 19-13　拉伸出齿轮轴的右轴毂段

图 19-14　镜像出齿轮轴左轴毂段

图 19-15　设计齿轮轴的轴颈

图 19-16　拉伸轴承盖处轴段

图 19-17　设计大带轮配合的轴段

图 19-18　装配轴承和齿轮轴

步骤 10　设计齿轮轴上的挡油盘。

在装配体设计环境下执行"插入新零件"操作，生成一个空零件，并将其更名为"挡油盘"，且保存该零件。选定挡油盘的上视基准面为草图绘制平面，依据滚动轴承的结构尺寸确定挡油盘的结构尺寸，并绘制挡油盘的草图，如图 19-19 所示，对该草图执行"旋转凸台"特征操作，便生成挡油盘三维结构形式，如图 19-20 所示，在保存"挡油盘"零件之后，返回装配体设计环境。在装配体环境下加载和安装两个挡油盘到齿轮轴相应的位置，并在调整齿轮相应轴段尺寸之后，便得到图 19-21 所示齿轮轴装配结构。保存"减速器"装配结构。

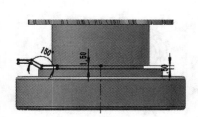

图 19-19　挡油盘的草图

图 19-20　挡油盘的三维结构

图 19-21　挡油盘的装配位置

步骤 11　设计减速器箱体的凸缘结构。

在装配体设计环境下对箱体执行"孤立"操作，而以孤立显示的方式显示箱体结构。从装配体设计环境进入"箱体"零件编辑环境。选取箱体的上视基准面为草图绘制平面以绘制凸缘的草图，如图 19-22 所示。利用拉伸凸台的特征操作方式，并以两侧对称的拉伸模式生成凸缘结构，如图 19-23 所示；利用"圆角"特征操作，在凸缘上绘制出 4 个圆角后，得到图 6-24 所示的凸缘大致结构，保存"箱体"。

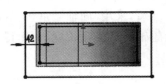

图 19-22　凸缘结构的草图　　图 19-23　拉伸出的凸缘特征　　图 19-24　凸缘上制出的圆角

步骤 12　在箱体上设计大、小轴承座。

选定箱体前端的外壁为基准面,分别绘大、小轴承座外廓的草图,以带拔模属性的方式位伸凸台特征,生成大、小轴承座的三维轮廓,如图 19-25 所示。根据滚动轴承的外径尺寸,确定轴承座孔的内孔直径,并以拉伸切除方式生成轴承座孔的结构,如图 19-26 所示;分别以箱体前端的外壁面、后端的外壁作为第一参考平面和第二参考平面,定义箱体结构的对称面(中面),并以该面为镜像平面,采用"镜像"特征的操作方式,生成箱体后端面处的轴承座结构,如图 19-27 所示,保存"箱体"。

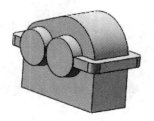
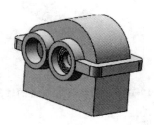
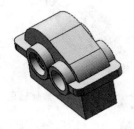

图 19-25　拉伸出轴承座　　图 19-26　制作轴承座孔　　图 19-27　镜像另一侧的轴承座

步骤 13　设计轴承座旁的螺栓连接用凸台。

选定箱体的上视基准面(与箱盖、箱体的结合面重合)为草图平面,在该平面内绘制轴承座旁的凸台草图,如图 19-28 所示;以拉伸凸台的特征操作并基于两侧对称的拉伸模式,生成前端面上的两轴承座间凸台的结构,如图 19-29 所示。采用上述同样方法,生成前端面两轴承座旁的另外两个凸台;通过"镜像"特征操作生成箱体后端面的凸台,再为各凸台制作圆角特征,则得图 19-30 所示的凸台结构。

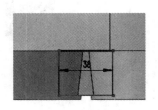
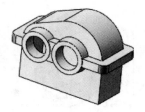
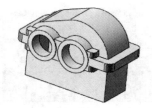

图 19-28　凸台的草图　　图 19-29　两轴承座间凸台　　图 19-30　完整的凸台三维结构

步骤 14　在凸缘和凸台上制作螺栓连接用通孔。

在"箱体"零件编辑的环境下,利用"异形孔向导"特征操作制作箱体前端凸缘及凸台上的各个螺栓连接用通孔。利用镜像特征操作方式生成后端凸缘及凸台上的螺栓用通孔,图 19-31 给出了各孔的位置配置情况,图 19-32 展示了所生成的螺栓连接用通孔。保存"箱体"。

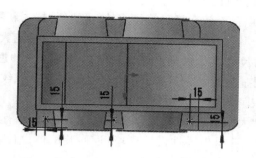

图 19-31　凸缘和凸台的螺栓用通孔布置

图 19-32　凸缘和凸台上的螺栓通孔

步骤 15　设计轴承座端面各螺纹连接孔。

在"箱体"零件编辑环境下,利用"异形孔向导"在箱体前部小轴承座的端面处制作一个螺纹孔,如图 19-33 所示;采用"圆周阵列"特征操作方式生成该轴承座上其他各螺纹孔,如图 19-34 所示;采用上述同样的方式,制出箱体前部大轴承座端面上的 4 个螺纹孔;最后利用镜像特征操作,生成箱体后部两轴承座端面上的螺纹孔,如图 19-35 所示。保存"箱体"并退出编辑环境,返回减速器装配体设计环境,同时退出"箱体"孤立显示状态,保存"减速器"。

  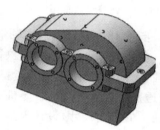

图 19-33　生成轴承座端面螺纹孔　图 19-34　阵列轴承座的螺纹孔　图 19-35　轴承座端面螺纹孔布置

步骤 16　设计并装配低速轴上的套筒。

在减速器装配体设计环境下,执行"隐藏"零件操作,将箱体及其他一些零件暂时隐藏,而仅显示低速轴、大齿轮及其滚动轴承。执行"插入新零件"操作,生成一个空零件并将其更名"套筒",保存"套筒"零件。进入"套筒"零件设计环境,选定套筒零件的上视基准面为草图基准面,参照滚动轴承的内圈高度并考虑大齿轮可靠的轴向定位要求,确定套筒的结构尺寸,进而绘制套筒的草图,如图 19-36 所示。利用旋转凸台的特征操作方式生成套筒的三维结构,如图 19-37 所示。退出"套筒"返回装配体环境,在装配体环境下定义套筒与低速轴"同轴"性配合,得到图 19-38 所示套筒装配状态。显示减速器的所有零件并保存"减速器"装配体。

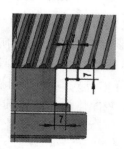  

图 19-36　套筒的草图设计　　图 19-37　套筒的三维结构　　图 19-38　套筒与低速轴间装配

步骤 17 设计和装配轴承座端部的大、小调整垫片。

在装配体设计环境下执行"孤立"操作,以孤立状态显示箱体零件,再执行"插入新零件"操作,生成一个空零件并将其命名为"大调整垫片"。进入"大调整垫片"编辑环境,选定大轴承座端面为草图平面,并根据轴承座的端面结构尺寸设计大调整垫片的草图,如图 19-39 所示,对该草图执行"拉伸凸台"特征操作,生成大调整垫片的结构外观;基于轴承座孔及螺纹孔的位置,并利用"异形孔向导"操作和"圆周陈列"操作,制作大调整垫片上的 4 个通孔,这样便得到大调整垫片的结构,如图 19-40 所示。保存"大调整片"。采用以上相同的方式,设计小调垫片的结构,如图 19-41 所示。保存"小垫片零件"并退出零件设计环境,返回装配体设计环境,退出"箱体"孤立状态。

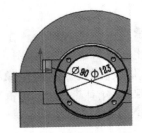
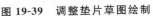

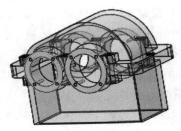

图 19-39 调整垫片草图绘制　　图 19-40 调整垫片三维结构　　图 19-41 调整垫片装配在轴承座端

步骤 18 设计和装配轴承盖-透盖与轴承。

在装配体设计环境下,执行"孤立"操作,以孤立方式显示"箱体",然后分别执行"显示"低速轴、大调整垫片、滚动轴承操作;再执行"插入新零件"操作,生成一个空零件并将其更名为"大透盖";进入"大透盖"零件编辑环境,选定大透盖的上视基准面为草图绘制平面,并依据滚动轴承的端面尺寸,设计大透盖外廓的草图,如图 19-42 所示。对该草图执行"旋转凸台"特征操作,则生成大透盖上的三维基体结构,如图 19-43 所示。

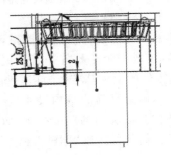

图 19-42 大透盖的外廓草图　　图 19-43 大透盖的三维基体　　图 19-44 大透盖的完整三维结构

对轴承盖基体执行"拉伸切除"和"圆周阵列"特征操作,即可生成大透盖一端的 4 个回油槽;采用"旋转切除"特征操作,则在基体上生成容纳密封毡圈的环形沟道,如图 19-44 所示,保存"大透盖"。将"大透盖"零件以"大闷盖"之名另作一个零件备份,通过对该备份做少量的修改,即可构建出大闷盖的三维模型,如图 19-45 所示。采用上述同样的方式,可以设计齿轮轴处的小透盖及小闷盖,如图 19-46 所示。保存各轴承盖并退出,返回装配体设计环境,退出"箱体"孤立状态,以显示装配体全部零件。

图 19-45　大闷盖的三维结构

图 19-46　安装在箱体上的轴承盖

步骤 19　分割整体式箱体(箱体＋箱盖)以生成剖分式箱体结构。

在减速器设计的当前工作目录下,为"箱体"零件制作一个备份,并该备份命名为"箱盖"零件。在减速器装配体设计环境下,先孤立"箱体"零件,再进入"箱体"编辑环境,执行"分割"特征操作,并采用箱体的上视基准面为切割平面对箱体进行分割,切除掉箱体中处于上视基准面以上部分的实体(即箱盖),如图 19-47 所示,便可得到箱体零件的基本结构,如图19-48所示,保存"箱体"零件,返回装配体设计环境,执行退出"箱体"孤立命令,以显示减速器各零件。

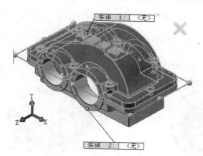

图 19-47　分割箱体零件以生成箱体

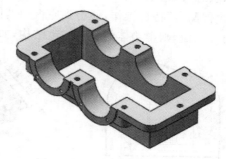

图 19-48　箱体零件的初步结构

步骤 20　分割整体式箱体以生成箱盖。

在 SolidWorks 工作区中打开前面已备份好的"箱盖"(即整体式箱体)零件,在零件设计环境下,同样地采用上视基准面对箱盖进行"分割"特征操作,切除箱盖中处于上视基准面以下的部分的实体,如图 19-49 所示,便得到箱盖的基本结构,如图 19-50 所示,保存"箱盖"。

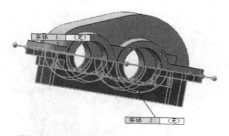

图 19-49　对整体箱体零件进行分割

图 19-50　分割出的箱盖初步结构

步骤 21　在减速器中装配箱盖零件。

在减速器装配体设计环境下,先孤立"箱体"零件,然后执行"插入零部件"操作,加载"箱盖"零件到装配体设计环境,再为"箱盖"和"箱体"零件的大轴承座孔定义"同轴心"配合,为"箱盖"和"箱体"前端面定义"重合"的配合,如图 19-51 所示,则得到箱盖与箱体的装配状态,如图 19-52 所示。退出"箱体"孤立零件状态,显示所有零件,并保存"减速器"装配体。

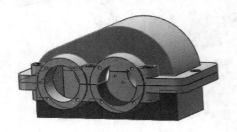
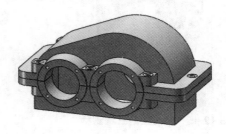

图 19-51　定义箱盖与箱体的配合　　　　图 19-52　箱盖与箱体安装状态

步骤 22　设计箱体的底板结构。

在装配体设计环境下先孤立"箱体"零件,再进入"箱体"编辑环境,然后对"箱体"的最基本的草图进行修改,并根据大齿轮齿顶圆到箱体底板距离应控制在 30～60 mm 内的润滑油液面高度设计要求,确定箱体内腔底面的位置,如图 19-53 所示;退出草图编辑状态,当箱体进入三维显示状态后,选定内腔底面为草图平面,设计箱体底板的草图,如图 19-54 所示,再对该草图执行"拉伸凸台"特征操作,便得到底板的基体结构;在该基体上利用"拉伸切除"操作,切除掉多余的加工面,则得箱体的底板完整结构,如图 19-55 所示;最后保存"箱体"。

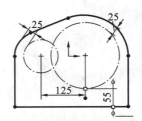
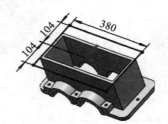

图 19-53　箱体高度的设计　　　图 19-54　箱体底板基体的草图　　　图 19-55　底板的三维结构

步骤 23　设计轴承座的加强肋。

在箱体零件设计环境下,以大轴承座孔的轴线为第一参考,并以箱体左端面为第二参考,如图 19-56 所示,为轴承座孔定义一个对称面,如图 19-57 所示。

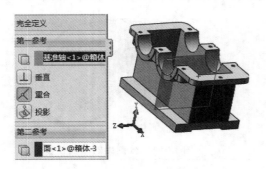
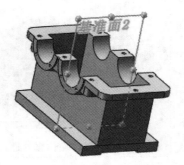

图 19-56　肋板的草图基准面的定义　　　　图 19-57　肋板草图绘制平面的位置

以该对称面为草图绘制平面,绘制加强肋的轮廓线,如图 19-58 所示;以该草图为基础,利用"筋"特征操作并设置拔模方式,生成大轴承座的加强肋板结构,如图 19-59 所示。采用以上同样的方式可生成小轴承座处的肋板,如图 19-60 所示。利用"镜像"特征操作方式可生成箱体后半部分的加强肋板。

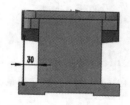  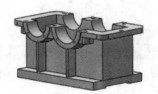

图 19-58　轴承座肋板草图　　　图 19-59　基于"筋"操作生成肋板　　　图 19-60　轴承座处的肋板

步骤 24　设计箱体的地脚螺栓孔及底板圆角。

通过"异形孔向导"特征操作生成箱体前端的两个地脚螺栓沉头孔,并以"镜像"方式生成箱体后端的两地脚螺栓通孔,如图 19-61 所示。选定底板的四根棱边,并利用"圆角"特征,生成底板的圆角,如图 19-62 所示,利用"倒角"特征操作生成轴承座孔倒角,如图 19-63 所示。保存"箱体"。

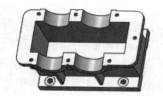 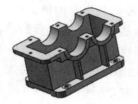 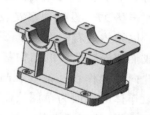

图 19-61　地脚螺栓孔的设计　　　图 19-62　制作底板上的圆角　　　图 19-63　制作轴承座孔处的倒角

步骤 25　设计箱体上的吊耳结构。

在箱体零件编辑环境下,选定箱体左端面为草图绘制平面,并在该平面绘制吊耳基体的草图,如图 19-64 所示,以拉伸凸台方式对该草图进行操作,则生成吊耳基体结构,如图 19-65 所示;然后,以拉伸切除方式生成钢丝绳环;采用特征镜像方式生成其他吊耳,为吊耳执行拔模操作并为吊耳制作圆角,则得到各吊耳的最终结构,如图 19-66 所示,保存"箱体"。

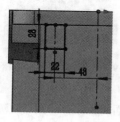 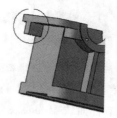 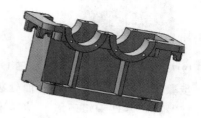

图 19-64　吊耳基体的草图　　　图 19-65　吊耳的基体结构　　　图 19-66　镜像生成四个吊耳

步骤 26　设计箱体上的油标尺台座。

选定箱体的右端面为草图平面,在该平面的适当位置绘制一条点画线,如图 19-67 所示,然后退出草图。再以该直线为第一参考,并且以箱体的右端面(角度)为第二参考,创建一个基准面,如图 19-68 所示。在该基准面上绘制油标尺座的草图,如图 19-69 所示,对该草图作拉伸凸台操作,则生成油标尺台座的基体结构,如图 19-70 所示。利用"异形孔向导"操作在台座基体上制作沉头座及螺纹孔,则得到油标尺台座的三维外观结构,如图 19-71 所示,而其内部则具有图 19-72 所示的结构,保存"箱体"。

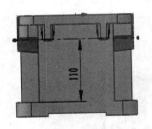
　图 19-67　在右端面画点画线

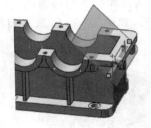
　图 19-68　油标尺台座草图绘制平面

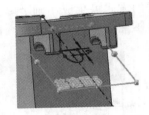
　图 19-69　油标尺台座的草图

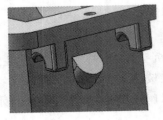
　图 19-70　油标尺台座基体结构

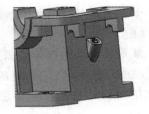
　图 19-71　油标尺台座的外观

　图 19-72　油标尺台座的内部结构

步骤 27　设计油塞安装凸台及箱体底板集油槽。

以箱体的右侧面为草图平面,绘制油塞安装凸台的草图,如图 19-73 所示,拉伸该草图则生成油塞安装凸台的结构基体;利用拉伸切除特征操作在该凸台基体制作沉头结构,并利用异形孔向导操作在油塞安装凸台上制出螺纹,则得油塞安装凸台的完整结构,如图 19-74 所示。选取箱体的底面为草图绘制平面,绘制矩形回油槽的草图,利用该草图对底板进行拉伸切除操作,则得箱体底板上的集油槽结构,如图 19-75 所示,保存"箱体"。退出箱体设计环境,并返回减速器装配体环境。

　图 19-73　油塞安装凸台的草图

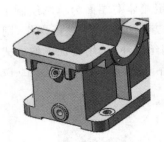
　图 19-74　油塞安装凸台三维结构

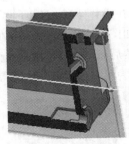
　图 19-75　箱体底板集油槽结构

步骤 28　设计箱体的结合面处集油槽。

在"箱体"零件编辑环境下,将箱体的结合面选定为草图绘制平面,分别绘制图 19-76 和图 19-77 所示集油槽的草图,且分别对它们执行拉伸切除特征操作,则将生成结合面处集油槽结构,如图 19-78 所示。保存"箱体",退出箱体编辑环境,返回减速器装配体设计环境。退出"箱体"孤立显示状态,显示减速器全部零件,并保存"减速器"装配体。

步骤 29　设计箱盖之上的视孔盖安装凸台。

在装配体设计环境下,执行"孤立"箱盖操作,独立显示箱盖,再进入箱盖零件编辑环境。选定箱盖顶部平面为草图基准面并在其上绘制视孔盖安装凸台草图,如图 19-79 所示,对该草图执行拉伸凸台操作,将生成视孔盖安装凸台的基体结构,如图 19-80 所示;在视孔盖安装凸台的基体,执行"拉伸切除"操作以生成窥视孔,并执行"异形孔向导"操作,生成视孔盖安装凸台上的 4 个螺纹孔;最后借助圆角特征操作,生成视孔盖安装凸台上的各圆角,这样便得到视孔盖台座的完整结构,如图 19-81 所示。保存"箱盖"。

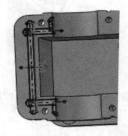

图 19-76　箱体结合面左端
油槽草图

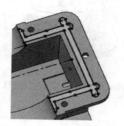

图 19-77　结合面右端集
油槽草图

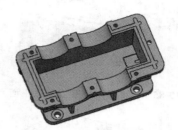

图 19-78　结合面集油槽三维展示

图 19-79　视孔盖安装台草图

图 19-80　视孔盖安装台基体

图 19-81　视孔盖安装台三维结构

步骤 30　设计箱盖上轴承座的肋板。

进入箱盖零件编辑环境,选定大轴承座孔的轴线为第一参考(重合),并选定箱盖的底面为第二参考(垂直),从而为加强肋板定义一个草图绘制基准面,如图 19-82 所示;在该基准面上绘制大轴承座处肋板的草图,如图 19-83 所示;执行"筋"特征操作,生成箱盖大轴承座处的加强肋;通过镜像特征生成另一侧肋板,如图 19-84 所示,保存"箱盖"。

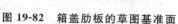

图 19-82　箱盖肋板的草图基准面

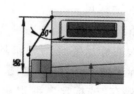

图 19-83　箱盖肋板的草图

图 19-84　轴承座肋板的结构

步骤 31　设计箱盖的吊环螺钉安装座。

以箱盖凸缘的上表面为参考平面,创建一个基准面,如图所示 19-85 所示,并以该基准面为草图绘制平面,绘制吊环螺钉安装座的草图,如图 19-86 所示;对该草图执行"拉伸"凸台特征操作并选定"成形到实体"拉伸方式作拉伸,将生成吊环螺钉安装座的基体结构;利用"异型孔向导"特征操作在吊环螺钉安装座基体上制作螺纹孔;用"拉伸切除"操作制出螺纹孔上部的沉头座;利用"圆角"功能为吊环螺钉安装座制作出铸造圆角,则得到吊环螺钉安装座的完整结构,如图 19-87 所示。采用类似的方法设计出轴承盖上的另外的吊环螺钉安装座,如图 19-88、图 19-89 所示,保存"箱盖"。

步骤 32　设计箱盖的回油斜槽及其铸造圆角。

执行"倒角"特征操作,生成箱盖在结合面处的回油斜槽,如图 19-90 所示;执行"圆角"特征操作,设计箱盖上各处铸造圆角,如图 19-91 所示。保存"箱盖",退出箱盖零件的编辑环境,返回减速器装配体设计环境;退出箱盖的"孤立"显示状态,显示减速器各零件,保存"减速器"。

图 19-85　定义吊环安装座草图平面

图 19-86　绘制吊环安装座草图

图 19-87　左侧吊环凸台座

图 19-88　右侧吊环凸台座的草图

图 19-89　右侧吊环螺钉凸台座结构

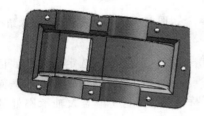

图 19-90　箱盖回油斜槽及内腔圆角

图 19-91　箱盖的铸造圆角设计

步骤 33　设计和安装减速器的油标尺。

在装配体设计环境下,执行"插入新零件"操作命令以生成一个空零件,并将该零件命名为"油标尺"。从装配体设计环境进入油标尺零件的编辑环境,主要采用"拉伸"凸台操作和"旋转"凸台操作等方法,先设计出油标尺的基体结构,如图 19-92 和图 19-93 所示,再设计油标尺的杆尺处结构,如图 19-94 所示。保存"油标尺",并退出油标尺编辑状态,返回减速器装配体设计环境,并保存"减速器"。

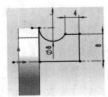

图 19-92　油标尺基体草图

图 19-93　油标尺基体结构

图 19-94 油标尺寸的三维模型

步骤 34　设计和安装油塞及封油垫。

在装配体设计环境下,执行"插入新零件"操作命令以生成一个空零件,将该零件命名为"油塞";"孤立"油塞零件并进入其编辑环境,选定油塞的右视基准面为草图平面,利用"多边形"工具绘制油塞的等边六边角形草图,如图 19-95 所示,对该草图执行"拉伸"凸台操作,则生成油塞的六角头,如图 19-96 所示;通过拉伸凸台的操作,可以设计油塞的螺纹退刀槽段及螺柱段;通过对六角头部进行倒圆角及对螺柱一端进行倒角处理,即可得六角头油塞的整体结构,如图 19-97 所示;保存"油塞",返回减速器装配体设计环境后保存"减速器"。为了设计油塞的封油垫,可在装配体设计环境下,先执行"插入新零件"操作,生成一个空零件并将其命名为"封油垫",再进入封油垫的编辑环境,选定其前视基准面为草图平面以绘制封油垫的草图,如图 19-98 所示;对该草图执行"拉伸"凸台操作,则生成封油垫的三维结构,如图 19-99 所示,保存封油垫零件并返回装配体设计环境。在减速器装配体环境下,先增加箱体的显示,再通过定义油塞与箱体间的圆柱面"同轴心"及相关端面"重合"等装配关系,即可安装油塞及封油垫,从而得到图 19-100 所示装配结构。显示所有零件并保存"减速器"。

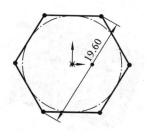

图 19-95　油塞的六角头草图

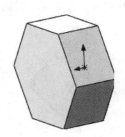

图 19-96　油塞的六角头造型

图 19-97　六角头油塞结构

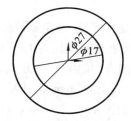

图 19-98　封油垫的草图

图 19-99　封油垫三维模型

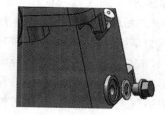

图 19-100　油塞及封油垫装配

步骤 35　设计视孔盖垫板。

进入减速器装配体设计环境,并以"孤立"方式显示箱盖零件,以供视孔盖垫片设计之参考。在装配体设计环境下,执行"插入新零件"操作,生成一个空零件,并将其命名为"视孔盖垫板";进入视孔盖垫板编辑环境,选定箱盖的视孔盖安装座的上表面作为平面绘制草图平面,绘制视孔盖垫板草图,如图 19-101 所示,对该草图执行"拉伸"凸台操作,即得视孔盖垫板的大致结构,如图 19-102 所示;对垫板的边线执行"圆角"操作,得到视孔盖垫板的三维结构,如图 19-103 所示;保存"视孔盖垫板",退出零件设计环境,返回装配体设计环境,退出"孤立"状态,显示装配体的全部零件并保存"减速器"。

图 19-101　视孔盖垫板的草图

图 19-102　视孔盖垫板的安装位置

图 19-103　视孔盖垫板三维模型

步骤36　设计视孔盖零件。

在减速器装配体环境下，以"孤立"的方式显示视孔盖垫板，作为视孔盖结构尺寸设计之参考。在装配体设计环境下，执行"插入新零件"操作而生成一个空零件，并将其命名为"视孔盖"；进入视孔盖编辑环境，选定视孔盖垫板的上表面为草图绘制平面，根据视孔盖垫板的结构尺寸绘制视孔盖草图，对该草图进行"拉伸"凸台操作，得到孔盖的基体；利用"异形孔向导"操作，生成视孔盖上的通气器安装通孔，便得到了视孔盖结构，如图19-104所示，保存"视孔盖"并返回装配体环境，增加箱盖的显示，基于装配体设计环境下的"异形孔向导"操作，并以"配钻"的方式生成视孔盖、视孔盖垫板的通孔，如图19-105所示，以及视孔盖安装座上的螺纹孔，如图19-106所示。退出有关"孤立"状态以显示所有零件，并保存"减速器"。

　　图19-104　视孔盖外廓设计　　　图19-105　视孔盖垫板安装孔　图19-106　视孔盖安装座上的螺纹孔

步骤37　通气器的设计与安装。

执行"新建零件"文件操作，打开新建零件设计界面以进入零件设计环境，选定零件的前视基准面为草图绘制平面，并借助"正多边形"草图工具，绘制通气器六角头的草图，如图19-107所示，对该草图执行"拉伸"凸台操作，生成六角头结构；通过绘制草图及"拉伸"凸台方式，设计通气器的其他实体结构，从而得到通气器的基体形式。再利用"异形孔向导"特征操作功能，分别生成通气器上的横向、纵向通气小孔，便得到通气器的最终结构，如图19-108所示，以"通气器"之名保存该零件。进入减速器装配设计环境，执行"插入"零部件操作，将通气器加载到装配体设计环境，并从设计库调入连接用螺母，再通过定义两圆柱面"同轴心"及两平面"重合"等配合关系，将通气器安装在视孔盖之上，则得图19-109所示的装配结构。显示全体零件，保存"减速器"。

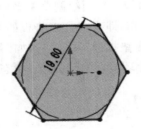

　图19-107　通气器的六角头　　　图19-108　通气器三维结构　　图19-109　通气孔与视孔盖的装配

步骤38　设计凸缘处的销孔并装配定位的圆锥销。

在减速器装配设计环境下，先"孤立"箱盖，再增加箱体的显示；进而利用装配体设计环境下的"次配体特征-简单直孔"功能，且以拔模的方式在箱盖和箱体上配钻出两个位置处的锥销孔，如图19-110所示。打开设计库，利用ToolBox的圆锥模板配置并生成圆锥销标准件，并以生成零件方式将其存放在当前的减速器装配体目录之下。在减速器装配设计环境下，以"插入"零部件方式加载圆锥销，并分别基于圆形表面同轴心配合，将两圆锥销装配到相应的锥销孔,则得定位销装配结构,如图 19-111 所示。

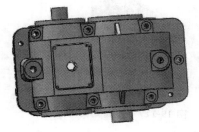

图 19-110　箱体上制作的定位销孔

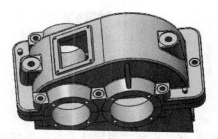

图 19-111　圆锥定位销的装配结构

步骤 39　设计大齿轮的细部结构。

在装配体环境下"孤立"大齿轮,并进入大齿轮零件编辑环境。先以大齿轮端面为草图平面,绘制齿轮辐板的草图,如图 19-112 所示,以"拉伸切除"操作方式生成齿轮辐板处环形槽,如图 19-113 所示;以镜像特征方式生成另一侧环形槽。

图 19-112　辐板处环槽草图

图 19-113　辐板结构

图 19-114　减重孔草图

19-115　减重孔三维结构

以辐板的板面为草图平面,绘制减重孔的草图,如图 19-114 所示,并以"拉伸切除"方式制出一个减重用孔,如图 19-115 所示,采用圆周陈列方法生成其他减重孔,如图 19-116 所示;以"倒角"特征操作生成辐板槽及毂轴孔处倒角;以"圆角"特征操作方式生成辐槽底部圆角,得到图 19-117 所示结构。在前视基准面上绘制齿轮外圆倒角草图,如图 19-118 所示,并以旋转切除方式制作齿轮外圆处倒角,如图 19-119 所示,保存"齿轮",返回装配体环境,退出大齿轮"孤立"状态,保存减速器。

图 19-116　阵列减重孔

图 19-117　圆角和倒角

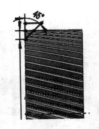

图 19-118　外圆倒角草图

图 19-119　外圆处倒角

步骤 40　安装大齿轮的毂孔与低速轴之间的键连接。

进入 SolidWorks 的设计库,利用 ToolBox 中的平行键模板配置键的结构尺寸,如图 19-120 所示,以生成轴毂连接中所需的普通平键,并保存"平键"。在减速器装配体设计环境下,先"孤立"大齿轮,再以"插入"零部件的方式将平键零件加载到减速器装配体环境中,通过定义毂孔上的键槽与平键间的配合,便得到键与轮毂键槽之间的装配关系,如图 19-121 所示。退出"孤立"状态,保存"减速器"。

图 19-120　利用 ToolBox 生成普通平键

图 19-121　键与大齿轮键槽间的配合

步骤 41　设计低速轴的键槽。

在减速器装配体设计环境下,先"孤立"低速轴,再在工作区增加键、大齿轮的显示;从装配体环境进入低速轴编辑环境,并过键的底面为低速轴定义一个草图绘制基准面,如图 19-122 所示,在该基准面上利用直槽口草图绘制工具绘制键槽的草图,如图 19-123 所示,基于该草图以"拉伸切除"方式生成轴上与齿轮配合段的键槽,如图 19-124 所示;以同样的方式设计与联轴器相配合段的键槽,为轴端进行"倒角"处理,得到图 19-125 所示结构,保存"低速轴",返回装配体设计环境,退出零件"孤立"状态,显示所有零件,保存"减速器"。

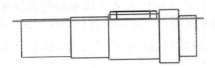

图 19-122　定义键槽草图基准面

图 19-123　键槽的草图

图 19-124　齿轮配合段键槽的三维结构

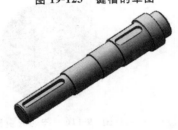

图 19-125　联轴器配合段键槽的三维结构

19.3　传动齿轮及齿轮轴的三维设计与建模

1. 齿轮结构设计应考虑的因素

大齿轮和齿轮轴是减速器的两个核心零件,其设计质量好坏对减速器的性能及其制造工艺具有直接的影响。理论上讲,根据经典的齿轮传动疲劳强度设计理论计算就可以计算出齿轮的模数、齿数、分度圆直径、中心距、宽度等齿轮等基本参数,从而能大致地确定齿轮的外形。但是,齿轮作为典型的通用机械零件,其结构参数的确定不仅要满足强度要求,而且还必须满足加工工艺性、易于装配、质量小、经济性好等多方面的要求,故大、小齿轮的结构方案及其几何结构要素应是在充分考虑以上各方面因素的基础上,通过结构设计和三维建模来确定。

2. 大齿轮的三维设计与建模

1)设计建模的总体思路

根据大齿轮的结构特点和工作要求,可以规划出大齿轮的三维设计与建模的思路,如表19-2 所示。

表 19-2　大齿轮的设计与建模的思路

序号	设 计 思 路		实 现 方 法
	设计过程	设计说明	
1		生成大齿轮基本结构	(1)配置齿轮基本参数; (2)配置毂孔相关参数
2		设计齿轮的辐板	(1)拉伸切除生成辐板处环槽; (2)镜像特征制成辐板
3		生成减重的小通孔	(1)拉伸切除以生成减重孔结构; (2)圆周阵列以生成减重孔系
4		细化的圆角和倒角设计	(1)圆角特征操作生成铸造圆角; (2)倒角特征操作生成毂孔倒角

2）主要设计步骤

步骤1　生成大齿轮基本结构。

打开 SolidWorks 设计库中的 ToolBox，进入"动力传动"文件夹，选定"螺旋齿轮"模板，以生成零件方式的方式配置大齿轮基本参数：模数、齿数、压力角、螺旋角、螺旋线方向、毂孔形式、毂孔直径等，生成大齿轮基本结构，如图 19-126 所示，并保存文件名为"大齿轮"的文件。

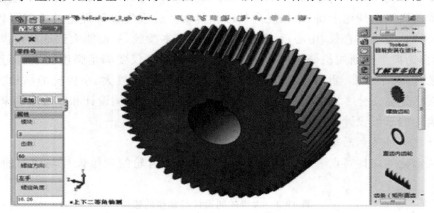

图 19-126　大齿轮的参数配置及生成

步骤2　设计辐板结构。

在 SolidWorks 软件环境下，打开"大齿轮"，进入大齿轮设计环境；在大齿轮的左端面绘制草图，如图 19-127 所示；基于该草图对齿轮左端面进行"拉伸切除"，则得到左端辐板处的凹槽结构，如图 19-128 所示；分别以齿轮的左、右端面为第一参考平面和第二参考平面，执行"基准面"特征操作，而为大齿轮定义一个齿轮宽度的对称面，如图 19-129 所示；以该对称面作为镜像平面，并利用"镜像"特征操作对左端的凹槽进行镜像，则生成右端的凹槽结构，同时也就生成了辐板结构，如图 19-130 所示。

图 19-127　辐板草图

图 19-128　左端面的凹槽（腹板）

图 19-129　定义齿宽对称面

图 19-130　镜像生成右端凹槽（腹板）

步骤3　制作辐板处减重孔。

在辐板上绘制减重孔草图，如图 19-131 所示，基于该草图对辐板进行"拉伸切除"特征操作,则生成辐板处减重孔结构,如图 19-132 所示;以齿轮的毂孔轴线作为旋转轴线,针对减重孔执行"圆周阵列"特征操作,则可制作出辐板上所有的减重孔;对辐板的边线执行"圆角"操作以生成铸造圆角,在毂孔处执行"倒角"操作以生成倒角,这样便得到齿轮的完整结构,如图 19-133 所示。

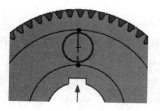　　

图 19-131　减重孔草图　　**图 19-132　拉伸切除出减重孔**　　**图 19-133 齿轮的三维结构**

3. 齿轮轴的三维设计与建模

1)设计思路

根据齿轮轴的结构特点和工作要求,可以规划出齿轮轴的三维设计与建模的思路,如表 19-3 所示。

表 19-3　齿轮轴的三维设计与建模的思路

序号	设 计 思 路		实 现 方 法
	设计过程	设计说明	
1		生成小齿轮基本结构	(1)打开设计库; (2)打开 ToolBox 工具箱; (3)配置小齿轮结构
2		设计齿轮的端两轴毂段	(1)拉伸凸台; (2)镜像特征
3		设计齿轮轴的两轴颈段	(1)拉伸凸台; (2)镜像特征
4		设计穿透轴承盖轴段,设计带轮安装的轴段	(1)拉伸凸台; (2)倒角操作
5		制作轴上的键槽	(1)绘制键槽草图; (2)拉伸切除生成键槽

2)设计步骤

步骤 1　生成小齿轮基本结构。

从 SolidWorks 软件环境中进入其设计库,打开其动力传动文件夹,选定螺旋齿轮制作模板,以生成零件的方式配置小齿轮的模数、齿数、宽度、压力角、螺旋角、旋向等基本参数,生成小齿轮的基本结构,并以"齿轮轴"的名称保存该零件。

步骤 2　设计轴毂段结构。

进入 SolidWorks 软件环境,打开"齿轮轴"文件以进入齿轮轴的设计和编辑状态;在小齿轮的右端面上绘制轴毂段的草图,如图 19-134 所示,对该草图进行"拉伸"凸台特征操作,生成右端轴毂段,如图 19-135 所示;分别以齿轮左、右端面为第一、二参考面,为齿轮定义齿宽对称面,如图 19-136 所示,并以该对称面为镜像平面,利用"镜像"特征操作,生成左轴毂段,如图 19-137 所示。

图 19-134　轴毂段的草图

图 19-135　右毂段三维结构

图 19-136　定义齿轮对称面

图 19-137　镜像出左毂段

步骤 3　设计与轴承配合的轴颈段。

根据齿轮轴所装入的滚动轴承的内孔尺寸,在左毂段端面绘制轴颈的草图,如图 19-138 所示;对该草图执行"拉伸"凸台特征操作,生成左端轴颈的三维结构,如图 19-139 所示;以齿宽对称面作为镜像平面,利用镜像特征操作,对左端轴颈进行镜像处理,生成右轴毂颈结构,如图 19-140 所示。

图 19-138　齿轮轴的轴颈段草图

图 19-139　齿轮轴的左轴颈段

图 19-140　齿轮轴的两轴颈段

步骤 4　设计穿越透盖的轴段及带轮安装轴段。

在右轴颈段绘制草图,并对其进行"拉伸"凸台操作,则可生成穿越透盖的轴段,如图 19-141所示。进一步在穿越透盖的轴段右端面绘制草图,并对其进行"拉伸"凸台操作,则可生成带轮安装轴段,如图 19-142 所示。

步骤 5　键槽段的设计(参照低速轴键槽的设计)。

图 19-141　穿越透盖轴段的设计

图 19-142　带轮安装轴段的设计

19.4　箱体零件和箱盖零件的三维设计与建模

1. 箱体设计与建模

1) 设计要求

减速器箱体起封装齿轮传动、支承轴系的作用。箱体的受力情况比较复杂,减速器工作时,箱体会产生压缩弯曲、扭转等复合变形。对箱体零件而言,其工作能力的重要指标首先是刚度,其次才是强度、抗振特性等。减速器箱体的结构尺寸可按经验公式、经验数据或类比法设计。减速器箱体的设计应便于其加工、装拆、吊装,保证其连接的可靠性等。减速器的箱体大致可设计成图 19-143 所示的形式。

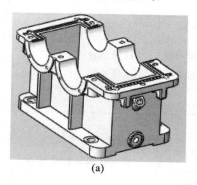

(a)

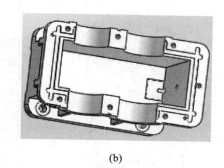

(b)

图 19-143　减速器箱体的三维结构

(a)箱体的外观;(b)内腔结构

2) 设计思路

根据减速器箱体的结构特点及其工作要求,可以梳理出齿轮轴的三维设计与建模的思路,如表 19-4 所示。

表 19-4　箱体的三维设计与建模的思路

序号	设计 思 路		实 现 方 法
	设计过程	设计说明	
1		生成箱体与箱盖整体的外廓	拉伸凸台

序号	设 计 思 路		实 现 方 法
	设计过程	设计说明	
2		生成箱体 的内腔	抽壳操作
3		设计箱体 凸缘结构	拉伸凸台
4		设计大、小 轴承座	拉伸凸台； 拉伸切除； 镜像特征
5		设计轴承座旁 螺栓连接凸台	拉伸凸台； 镜像特征
6		钻螺栓组 连接通孔	异型孔向导特征操作
7		钻轴承座 螺纹孔	异型孔向导特征操作； 圆周阵列； 镜像特征
8		生成箱 体基体	分割特征操作
9		设计箱体 底板	拉伸凸台； 拉伸切除； 异型孔向导； 镜像特征

续表

序号	设 计 思 路		实 现 方 法
	设计过程	设计说明	
10		设计轴承座加强肋	"筋"特征操作； 镜像特征
11		设计 4 个吊耳	拉伸凸台； 拉伸切除； 镜像特征； 圆角操作
12		设计油标座	拉伸凸台； 异型孔向导； 拉伸切除
13		设计油塞座	拉伸凸台； 拉伸切除； 异型孔向导
14		设计回油槽底板回油槽	拉伸切除

2. 箱盖设计与建模

1) 箱盖零件的结构形式

箱盖同样起到封装齿轮传动系统的作用,其设计要求也大致与箱体相同。根据齿轮的封装要求,可以将箱盖设计成图 19-144 所示的结构。

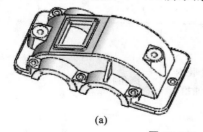
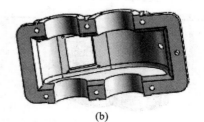

(a)　　　　　　　　　　　　　　　　　(b)

图 19-144　箱盖的三维结构

(a)箱盖的外廓;(b)箱盖的内腔

2）箱盖零件的设计思路

根据箱盖零件结构特点及其工作要求，可以梳理出箱盖的三维设计与建模的思路，如表
19-5 所示。

表 19-5　箱盖的三维设计与建模的思路

序号	设 计 思 路		实 现 方 法
	设计过程	设计说明	
1	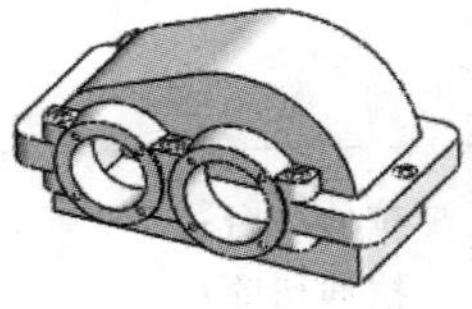	设计箱体结构	实现方法与表 19-4 所示的箱体设计的第 1 至第 7 步完全相同
2	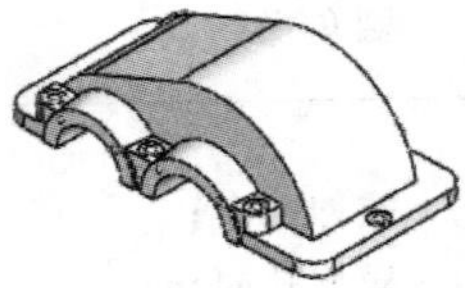	分离箱盖和基体结构	分割特征操作
3		设计视孔盖安装座	拉伸凸台；拉伸切除；异型孔向导；圆角特征
4		设计吊环螺钉安装座	拉伸凸台；异型孔向导；拉伸切除；圆角操作
5	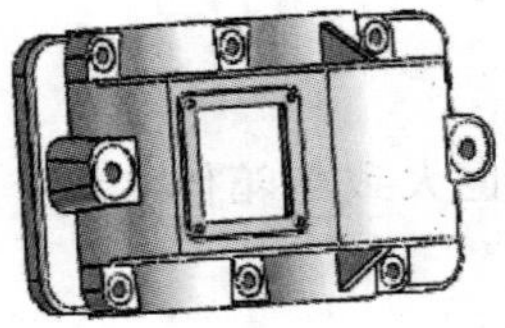	设计大轴承座旁肋板	"筋"特征操作；镜像特征操作
6	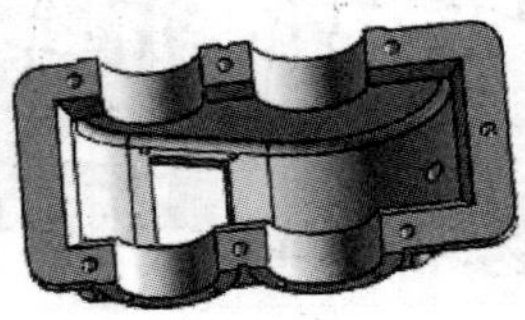	设计腔内集油槽	倒角特征操作

19.5　低速轴与轴承盖的三维设计与建模

1. 低速轴的设计与建模

1）低速轴的设计要求

低速轴是典型的转轴，其主要作用在于由支撑大齿轮以传递转矩，并保证齿轮具有较高的传动精度。作为减速器的关键零件之一，低速轴的结构形式及尺寸的确定，首先应保证轴上零件的正确定位和固定，同时应便于轴上零件的安装和卸拆，此外，低速轴的设计还应尽量减少应力集中。显然，低速轴的结构尺寸与轴上零件的结构尺寸是直接相关的，因此低速轴的设计与建模最好与轴上零件的设计与建模协同进行。

2）低速轴的设计思路

根据低速轴的结构特点及其工作要求，可以规划出低速轴的三维设计与建模的思路，如表 19-6 所示。

表 19-6　低速轴的三维设计与建模的思路

序号	设 计 思 路		实 现 方 法
	设计过程	设计说明	
1	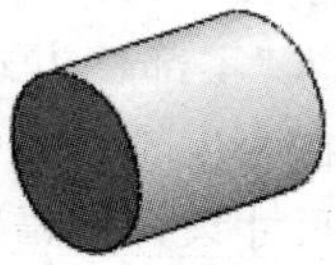	设计与大齿轮配合的轴段	拉伸凸台
2	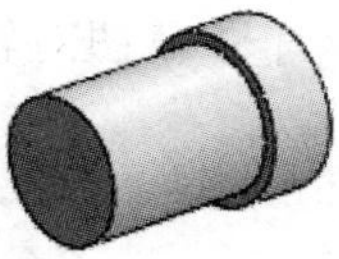	设计大齿轮定位的轴环段	拉伸凸台
3	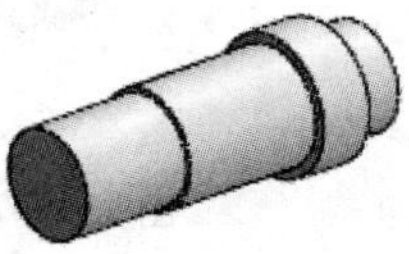	设计装配有套筒的轴段	拉伸凸台
4	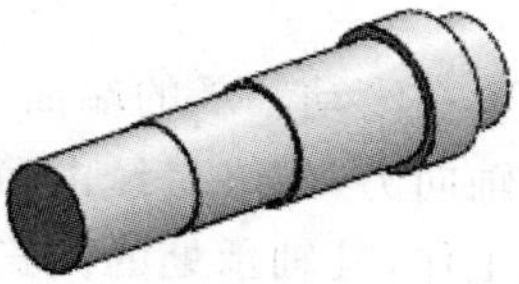	设计安装轴承的两轴颈段	拉伸凸台
5	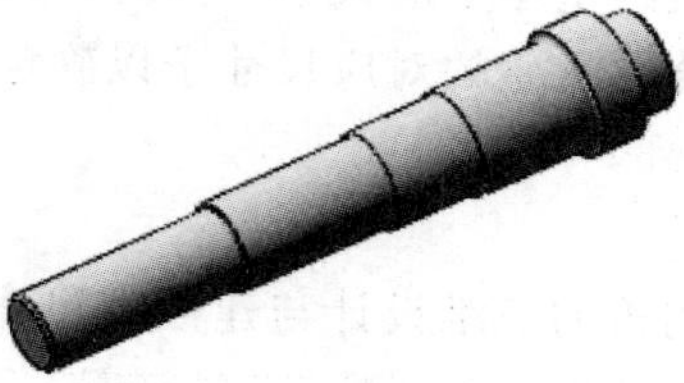	设计与带轮配合的轴段	拉伸凸台；圆角特征；倒角特征

序号	设 计 思 路		实 现 方 法
	设计过程	设计说明	
6		设计齿轮段键槽，设计带轮安装段键槽	拉伸切除
7		设计两端B型顶尖孔	拉伸切除

3）轴上的键槽建模方法

低速轴的各轴段三维建模比较简单，在此不再赘述。这里仅就键槽的设计及其建模方法作些介绍，并以齿轮配合轴段的键槽为例进行说明。考虑到轴上的键槽与键之间存在严格的配合关系，故在对轴上键槽进行设计和建模时，应先在设计库的 ToolBox 中配置和生成键，并保存为"键"零件。然后进入减速器装配体设计环境，并以"插入"零部件方式将键导入到装配体，并通过定义键与齿轮毂孔键槽之间的装配关系，将键安装在大齿轮轮毂的键槽内。在此基础上，从装配体进入低速轴编辑环境，并基于键的底面形状与尺寸设计键槽的草图。具体做法是：先执行基准面特征操作，并基于键的底面而为键槽定义一个草图绘制平面，如图 19-145 所示；然后在该平面上绘制键的草图，如图 19-146 所示，最后，基于该草图对轴做"拉伸切除"操作，生成轴上键槽的结构，如图 19-147 所示。

　　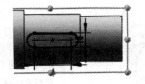　　

图 19-145　定义键槽的草图基准面　　　图 19-146　键槽的草图　　　图 19-147　生成的键槽

2. 闷盖的设计与建模

1）结构设计要求

闷盖安装在箱体和箱盖的轴承座端部，它的一端直接顶在滚动轴承的端面上，旨在防止滚动轴承及整个轴系产生轴向窜动，而且齿轮轮齿传过来的轴向力，最终是经由箱盖才能传递到箱体并为箱体所平衡。这就表明，为使减速器能够可靠地工作，其轴承处的闷盖及轴承处的透盖在结构上必须具有足够的刚度和强度，这就要求闷盖的壁厚不应太小。同时，考虑闷盖与轴承座存在严格的配合关系，故闷盖的不少尺寸必须结合轴承座的对应尺寸予以确定。通常，闷盖结构具有如图 19-148 所示的结构形式。

2）闷盖的设计思路

根据闷盖的结构特点及其工作要求，可以规划出闷盖的三维设计与建模的思路，如表19-7所示。

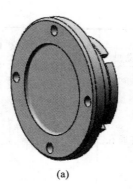
　　　　(a)　　　　　　　　　　　　　　　　(b)

图 19-148　闷盖的结构形式

（a）外观结构；（b）内部结构

表 19-7　闷盖的三维设计与建模思路

序号	设计思路		实现方法
	设计过程	设计说明	
1	30°　10　3.2　2　R56.50	绘制闷盖基体的草图	草图绘制
2		生成闷盖的基体	旋转凸台；圆角；倒角
3		设计闷盖导油槽	拉伸切除

序号	设 计 思 路		实 现 方 法
	设计过程	设计说明	
4		钻螺钉通孔	异型孔向导； 圆周阵列

3. 透盖的设计

1）透盖的结构形式

透盖的设计要求与闷盖完全相同，其设计方法和设计过程大致与闷盖相同。二者的主要区别：在透盖中心处须制出通孔以供轴的穿越；在透盖上还须加工出环形的毡圈容纳槽。可以在对闷盖结构做出少量修改的基础上完成透盖的结构设计。透盖的结构形式如图 19-149 所示。

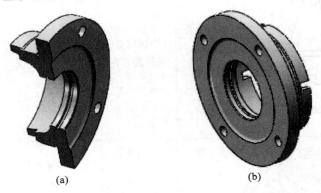

(a)　　　　　　　　　　　　　　(b)

图 19-149　透盖的结构形式

(a)容纳毡圈的环槽结构；(b)透盖结构外观

2）透盖的设计思路

根据透盖的结构特点及其工作要求，可以梳理出透盖的三维设计与建模的思路，如表 19-8 所示。

表 19-8　透盖的三维设计与建模的思路

序号	设 计 思 路		实 现 方 法
	设计过程	设计说明	
1		绘制闷盖 基体的草图	草图绘制

序号	设 计 思 路		实 现 方 法
	设计过程	设计说明	
2		生成闷盖的基体	旋转凸台
3		设计闷盖导油槽	拉伸切除； 圆角特征； 倒角特征
4		钻螺钉通孔	异型孔向导； 圆周阵列
5		制作毡圈容纳环槽	旋转切除

参 考 文 献

[1] 王昆,何小柏,汪信远.机械设计 机械设计基础课程设计[M].北京:高等教育出版社,1995.

[2] 陈秀宁,施高义.机械设计课程设计[M].4 版.杭州:浙江大学出版社,2012.

[3] 裘建新.机械原理课程设计[M].北京:高等教育出版社,2010.

[4] 许瑛,吴晖,刘文光.机械设计课程设计[M].北京:北京大学出版社,2008.

[5] 孟琴玲.机械设计基础课程设计[M].北京:北京理工大学出版社,2012.

[6] 刘毅.机械原理课程设计[M].武汉:华中科技大学出版社,2008.

[7] 朱玉.机械综合课程设计[M].北京:机械工业出版社,2012.

[8] 唐增宝,常建娥.机械设计课程设计[M].5 版.武汉:华中科技大学出版社,2017.

[9] 师忠秀.机械原理课程设计[M].北京:机械工业出版社,2003.

[10] 赵卫军,任金泉,陈刚.机械设计基础课程设计[M].北京:科学出版社,2010.

[11] 陈立德.机械设计基础课程设计指导书[M].北京:高等教育出版社,2000.

[12] 颜伟.机械设计课程设计[M].北京:北京理工大学出版社,2017.

[13] 高志,殷勇辉,章兰珠.机械原理课程设计[M].上海:华东理工大学出版社,2016.

[14] 谢黎明,邢冠梅.机械原理与设计课程设计[M].上海:同济大学出版社,2015.

[15] 张锦明.机械设计课程设计[M].南京:东南大学出版社,2014.

[16] 濮良贵,陈国定,吴立言.机械设计[M].9 版.北京:高等教育出版社,2013.

[17] 孙恒,陈作模,葛文杰.机械原理[M].8 版.北京:高等教育出版社,2013.

[18] 杨可桢,程光蕴,李仲生.机械设计基础[M].6 版.北京:高等教育出版社,2013.

[19] 闻邦椿.机械设计手册(1-6 卷)[M].5 版.北京:机械工业出版社,2010.

[20] 封立耀,肖尧先,贺红林.机械设计基础实例教程[M].北京:北京航空航天大学出版社,2007.

[21] 刘文光,贺红林.基于大工程观的机械设计教学探索[J].教育教学论坛,2018,(16):187-189.

[22] 刘文光,贺红林.创新创业型机械设计课程建设探讨[J].科技创新导报,2017,14(29):214-216.

[23] 刘文光,贺红林.全程体认式机械设计课程设计[J].科技创新导报,2017,14(15):234-237.